“十四五”国家重点出版物出版规划项目

基础科学基本理论及其热点问题研究

钱淑渠 武慧虹 黄宝勤 张汗洁 著

约束多目标智能优化

算法及应用

Constrained Multiobjective Intelligent Optimization

Algorithms and Application

中国科学技术大学出版社

内 容 简 介

本书概述了约束多目标优化算法的研究进展及趋势；介绍了智能优化算法的基本原理及框架；针对静态和动态的约束多目标优化问题，提出了多种改进型的智能优化算法，对每种新算法均以国际基准测试集进行了测试，并与国际同类算法进行了比较和分析，总结了算法的优越性，给出了进一步研究方向；针对具体的电力系统动态环境经济调度优化模型，从不同角度设计了智能优化算法，并用具体的数据进行了优化；附录部分给出了部分算法 C 语言/MATLAB 程序，可以帮助读者快速掌握算法基本原理、流程。

图书在版编目(CIP)数据

约束多目标智能优化算法及应用/钱淑渠等著. —合肥：中国科学技术大学出版社，2022.9

ISBN 978-7-312-05499-0

Ⅰ.约… Ⅱ.钱… Ⅲ.最优化算法—人工智能 Ⅳ.①O242.23 ②TP18

中国版本图书馆 CIP 数据核字(2022)第 123325 号

约束多目标智能优化算法及应用

YUESHU DUO MUBIAO ZHINENG YOUHUA SUANFA JI YINGYONG

出版 中国科学技术大学出版社
安徽省合肥市金寨路 96 号，230026
http://press.ustc.edu.cn
https://zgkxjsdxcbs.tmall.com

印刷 安徽国文彩印有限公司

发行 中国科学技术大学出版社

开本 787 mm×1092 mm 1/16

印张 15.75

字数 334 千

版次 2022 年 9 月第 1 版

印次 2022 年 9 月第 1 次印刷

定价 90.00 元

目　　录

第1章 绪　　论

1.1 引　　言

在控制工程与系统科学中，诸多模型属于约束多目标优化问题（constrained multiobjective optimization problems，CMOPs），涉及如车间调度、工程管理及工业控制等[1-3]领域。解决这类CMOPs需要决策者综合考虑实际问题中各种制约因素（约束条件），寻求满足多个目标和约束的最佳决策方案。在CMOPs中，这些目标是彼此冲突的，提高其中任何一个目标性能均将导致其他目标性能降低。因此，CMOPs一般不能获得绝对的最优解，而是寻求折中解，即为Pareto最优解。所有的Pareto最优解构成的集合称为Pareto最优集（Pareto-optimal set，PS），这些Pareto最优解映射到目标空间形成Pareto最优前沿（Pareto-optimal front，PF）。根据目标函数和（或）约束是否随环境（时间）变化，CMOPs可分为静态CMOPs和动态CMOPs。静态CMOPs的PS和PF不随环境（时间）变化而变化，而动态CMOPs的PS和（或）PF或其他参数随环境（时间）变化而变化。

设计CMOPs的难点为：一是约束处理策略的设计，要求优化算法能高效地探索和开采可行和不可行域，甚至是两者的边界区域；二是算法结构及运行机理的设计，使其能够获得分布性均匀且高精度逼近真实的PF。而对于动态CMOPs，除需要解决上述两个问题外，还包括环境变化检测及环境响应策略的设计，使得算法能快速识别和跟踪变化的环境[即动态的PS和（或）PF]。

因此，有效地解决CMOPs对优化技术提出了极高的要求。传统的数学规划法不再适合求解复杂的CMOPs，其原因在于：① 传统的规划法受CMOPs的目标函数的特性限制较多（如要求可微性、可导性等）；② 传统的规划法迭代一次仅能获得一个Pareto最优解，而在工程优化中决策者往往希望能有多个Pareto最优解，以便其根据实际情况或个人偏好选择最适合的Pareto最优解。要获得多个Pareto最优解，传统的方法必须经过多次循环，这必将增大计算开销。

近年来，基于群智能的优化算法在非约束多目标优化问题（unconstrained

multiobjective optimization problems,UCMOPs)中得到了广泛的应用[4-5],无论是对搜索区域的开采还是对 UCMOPs 的处理能力,其都优越于传统的数学优化方法。为此,大量的启发式群智能算法被提出以用于求解 UCMOPs。例如:遗传算法(genetic algorithm,GA)[6]、免疫算法(immune algorithm,IA)[7]、粒子群优化(particle swarm optimization,PSO)[8]、蚁群优化(ant colony optimization,ACO)[9]以及差分进化(differential evolution,DE)[10]等已广泛应用于求解复杂的 UCMOPs。经 20 多年的发展,求解 UCMOPs 的群智能优化算法已趋于成熟。然而,求解 CMOPs 的群智能算法的成果还比较少[11-12]。原因在于 CMOPs 的求解面临多方面挑战:一是由于约束的存在,确定非可行个体的评价策略成为算法设计的难点,其设计的合适性与否极大地影响算法的全局收敛能力;二是约束使得可行域相对整个搜索空间非常小,致使搜索种群中可行个体的比例小,算法极易陷入局部最优;三是约束使得问题的 Pareto 最优解位于可行域与非可行域的交界处,开采和探索能力弱的算法无法获得可行的 Pareto 最优解。因此,设计高级的约束多目标优化算法(constrained multiobjective optimization algorithms,CMOAs)解决复杂的 CMOPs 成为目前优化领域的研究热点和难点,此领域的研究在国内外引起了众多学者的关注,并出现了一些基于不同生物启发式的 CMOAs[13-14]。然而,已有的研究主要是将单目标约束处理技术嵌入非约束多目标优化算法,进而获得适合处理 CMOPs 的 CMOAs。因此,适合求解一般性 CMOPs 的 CMOAs 在国内外研究成果甚少,且系统性研究成果不多。已有的 CMOAs 仅针对特定性问题而设计,全面的理论分析及相关约束处理技术的研究尚处于初级发展阶段。设计 CMOAs 虽具有很大的挑战性,但已成为优化领域的研究趋势。实际上,设计 CMOAs 的重点是:如何提高种群的多样性,增强算法的开采和探索能力,避免算法陷入局部可行域的搜索;如何充分地挖掘和利用非可行个体的有用信息,提高算法对非可行个体的利用率。在生物启发式算法中,基于人工免疫系统的免疫算法是一种新兴的智能优化算法,其是基于生物免疫系统(本书简称为免疫系统)原理而构建的算法框架[15-16],De Castro 根据免疫系统的克隆选择和免疫网络原理分别提出了克隆选择算法(clone selection algorithm,CSA)[17]和免疫网络算法(artificial immune network algorithm,aiNet)[18]。这两类算法的设计初衷是用于机器学习和模式识别等领域,后来被推广到优化和控制领域。目前,这两类算法在 UCMOPs 的求解方面得到了广泛的应用[19],但其对 CMOPs 的求解研究成果比较少。根据文献[20-23],生物免疫系统是一种并行的生物系统,具有高度的辨别力,能精确地识别自己和非己物质,从而有效地维持生物机体的稳定功能,同时还能接收、传递、扩大、存储和记忆有关历史信息,是一种高度并行、分布、自适应和自组织的系统,表现出并行性、多样性、动态性和鲁棒性等优良特性,故其有很多机理可被充分挖掘用于 CMOAs 的设计。

为此,本书拟基于人工免疫系统的运行机制及其保护机体的功能,设计能处理一般性约束优化问题的免疫算法,使其适合静态 CMOPs 和动态 CMOPs 的求解;分析算法的收敛性、鲁棒性和稳定性，并通过国际通行的标准测试函数集测试和比较所提出的算法优越性；研究算法在工业控制、生产和调度等领域的应用。本书的研究体现了现代科学发展的多层次、多学科和多领域的相互渗透、相互交叉和相互促进的特点，对信息科学、控制理论及计算机科学技术的发展具有深远意义，同时也为工程实践人员提供了诸多富有成效的技术和方法，对实际工程优化问题的解决具有重要的现实意义。

1.2 约束多目标优化算法研究概述

约束多目标优化算法的设计是信息科学的一项重要研究内容，属于一类较难的优化算法设计问题，与非约束多目标优化不同，其除变量自身上下界(界约束)受限制外，还包括其他多条件的约束。在工程应用领域，很多模型的约束具有高度的非线性、非凸性和多模态性等特征，这些特征极大地增加了问题的求解难度。经 20 多年的发展，学者们提出了许多约束处理技术及相应的智能算法，以下分别从静态 CMOAs 和动态 CMOAs 两方面进行综述。

1.2.1 静态约束多目标优化算法

目前，静态 CMOAs 的研究主要围绕单目标约束处理技术开展相关的多目标算法的研究。在国内外出现了一些基于不同类自然启发式静态 CMOAs，主要包括进化优化、粒子群优化、免疫优化、蚁群优化、狼群优化等。提出的约束处理技术有罚函数法、约束支配规则法、随机排行法、ε 约束法以及其他混杂法。具体研究如下：

在国外的研究中，罚函数法在约束单目标优化中得到了广泛的应用，当其用于静态 CMOPs 时，非可行个体的违背度被加到各目标上，然后基于 Pareto 支配或其他方法对个体进行评价。在传统的罚函数法中，罚因子是固定的，故针对不同的问题需要经过多次试验比较以寻求合适的罚因子，这大大地限制了罚函数法的应用。为此，Woldesenbet 研究组[14]基于自适应罚因子和距离提出修改静态 CMOPs 的目标函数的处理方法，然后根据 Pareto 支配关系和被修改的目标函数评价个体的优劣，实验以二维的静态 CMOPs 测试函数集验证了算法的约束处理效果，但未能考虑算法的种群多样性，致使算法对高维静态 CMOPs 的求解具有一定的难度，不能获得满意的效果。Vargas 等[24]考虑 4 种自适应罚函数法：① 不考虑约束违背度，罚因子以固定代数间隔更新；② 考虑约束违背度，罚因子也以固定代数间隔更新；③ 不考虑约束违背度，罚因子随代数单调递增；④ 考虑约束违背度，罚因子随机更新。将这些处理策略嵌入 DE 框架，获得相应的静态 CMOAs，实验以 4 个简单的静态 CMOPs 验证了算法的有效性，结果表明多策略混杂能极大地提高算法的约束处理能力。

设计不同的约束处理规则是约束处理的另一种技术。Deb 等[25]提出了一种约束支配规则(constraint domination principle,CDP)。CDP 按如下规则评价两个个体的优劣:① 若两者均为可行的,则根据目标函数直接判断两者的 Pareto 支配关系;② 若一个可行另一个非可行,则可行的支配非可行的;③ 若两个均为非可行,则违背度小的支配违背度大的。该规则执行简单,易于结合其他的多目标优化算法求解静态 CMOPs,故被众多学者青睐。Deb 等在著名的非支配排序遗传算法(non-domination sort genetic algorithm Ⅱ,NSGA-Ⅱ)的基本框架下,采用 CDP 规则求解(constrained test problem,CTP)系列静态 CMOPs,实验测试了五维的 CTP 系列标准测试例子,结果表明 NSGA-Ⅱ 优越于其他两类算法。但该算法对高维的静态 CMOPs 求解具有一定的难度,甚至对某些 CTP 测试例子无法获得可行的解。Lin 等[26]将非可行驱动策略[27]和约束支配规则 CDP 嵌入著名的分解多目标进化算法(multiobjective optimization evolution algorithm based decomposition, MOEA/D)[28]中,提出一种约束多目标算法 MOEA/D-CDP-ID 解决静态 CMOPs,实验验证了该算法求解 CTP 函数集的可行性。另外,随机排行(stochastic ranking,SR)[29]及 ε 约束(ε-cosntraint) [30]近期也被很多学者用于静态 CMOPs 的处理。Jan 等[31]分别将 SR 和 CDP 替换 MOEA/D+DE[32]中的更新模块,获得解决静态 CMOPs 的算法 CMOEA/D+DE+SR 和 CMOEA/D+DE+CDP,实验通过 CTP 函数集和 2009 年 CEC 会议提出的 CF 函数集[33]验证了被提出算法的有效性。当比较 CMOEA/D+DE+CDP 和 CMOEA/D+DE+SR 的优越性时,结果发现 CMOEA/D+DE+CDP 优越于 CMOEA/D+DE+SR,这说明对于这些测试问题约束处理策略 CDP 优于 SR。Jiao 等[34]考虑非可行解的保持和利用,提出一种基于可行率的目标函数修改方法,待优化问题的目标函数与个体违背度通过可行率转化为一种新的目标函数,基于新的目标函数评价个体的优劣,另外设计一种非可行解处理策略引导非可行个体向可行域移动,以 NSGA-Ⅱ 为基本框架,提出一种修改的静态 CMOA。Liu 等[12]提出一种离散空间非等效和连续空间等效松弛的约束处理方法,将约束转移到目标函数,从而将约束多目标问题转化为非约束多目标问题。该方法自然增加了目标函数的数目,只适合求解许多目标问题能力强的静态 CMOAs。Qiang 等[11]以个体逼近真实 Pareto 最优解的程度、多样性及可行性三个指标评价个体的优劣设计静态 CMOA。Zamuda 等[35]基于 DE 基本框架,提出了自适应变化的压缩因子 F 和交叉概率 CR,获得求解静态 CMOPs 的自适应 DE 算法,该文从算法本身出发设计静态 CMOAs,未涉及约束策略的设计。

国内对静态 CMOPs 的研究主要有西安电子科技大学焦李成、公茂果团队和王宇平、刘淳安团队,贵州大学张著洪团队,中南大学蔡自兴、王勇团队,东北大学汪定伟团队,哈尔滨工程大学莫宏伟团队等。他们在静态 CMOAs 方面均做出了巨大的贡献,且目前研究团队正逐渐壮大。例如:王跃宣等[36]针对已有的多目标 GA 仅考虑如何处理多个目标，而很少考虑约束处理策略，提出一种新的约束多目标 GA。在算法设计中，利用邻域比较与存档技术处理多个目标，利用非可行度选择处理约束，采用约束主导原理指导算法向最优区域搜索。实验将两个典型的静态 CMOPs 进行仿真比较，结果表明该算法能以较大的概率获得可行的 Pareto 最优解。马永杰等[37]针对 EA 收敛速度慢、容易陷入早熟等问题，提出一种新的快速进化算法处理静态 CMOPs，并用 Markov 链证明了算法的收敛性。数值仿真实验选用 3 种低维的静态 CMOPs 作为测试函数，仿真结果表明该算法能够快速收敛到 Pareto 最优前沿，并能很好地维持种群的多样性，但该算法仅适用低维的静态 CMOPs 的求解，且作者未与其他算法做比较。刘淳安等[38]利用序值和约束度设计个体适应度，给出多父体单形杂交策略，从而提出一种高效的静态 CMOA，并从概率论角度证明了算法的收敛性。采用 5 个标准函数进行了仿真测试，结果表明，被提出的算法对静态 CMOPs 求解具有良好的搜索性能，但该算法未与其他同类算法做比较，其对复杂的静态 CMOPs 求解效果有待进一步检验。毕晓君等[39]提出一种人工蜂算法（constrained multiobjective artificial bee colony，CMABC）解决静态 CMOPs。为了处理约束，采用外部集存储可行和非可行个体，确保搜索种群保持一定比例的非可行个体。为提高 CMABC 的收敛性和所获 Pareto 最优集的分布性，对外部种群的更新方式、迭代种群的更新方式进行了改进。实验仿真以 CTP 系列测试集作为测试函数，分析了改进前后算法的优化效果，同时与同类算法比较表明 CMABC 获得的 Pareto 最优集具有更均匀的分布性和更广的覆盖范围。尚荣华等[40]采用修正技术对个体的目标函数值进行修正，以克隆选择算法为基本框架，可行的非支配解保存于独立种群中。在优化过程中，既保留了非支配可行解，也充分利用了约束偏离值小的非可行解，同时引进整体克隆策略提高解分布的多样性。通过对静态 CMOPs 的各项性能指标测试，表明了该技术在处理静态 CMOPs 时所获解的多样性得到了一定的提高。另外，尚荣华等[40]将静态 CMOPs 的约束条件作为一个目标而使原问题转化为非约束多目标问题，并引入免疫克隆和免疫记忆机制，实现抗体群和记忆群并行演化，实现了抗体间的协作，促使个体向着约束 Pareto 最优前沿逼近。通过 4 个标准测试函数仿真表明了被提出的策略能保持最优解的多样性、均匀性以及收敛性。张著洪等[41]基于生物免疫系统中抗体应答抗原，提出具有动态性能的多目标约束优化算法解决静态 CMOPs。该算法的特征是充分模拟免疫系统的应答机制构建各算子模块，并提出约束处理和聚类策略有效地处理静态 CMOPs。仿真结果验证了该算法的有效性及处理高维优化问题的能力。凌海风[42]等提出一种改进的约束多目标粒子群算法（constrained multiobjective particle swarm optimization，CMOPSO）。约束处理方法采用动态 ε 非可行度许可约束支配关系，提出一种新的全局向导选取策略，提高了算法的收敛性和解的多样性。数值仿真实验选取 2 个简单的标准测试函数进行仿真比较，结果表明了 CMOPSO 可获得分布性、均匀性及逼近性均较好的 Pareto 最优前沿，但对其他复杂问题的测试有待进一步研究。张勇等[43]提出一种简化的约束多目标 PSO(BB-MOPSO)。该算法无惯性权重和学习因子,利用全局最优解的高斯分布方法更新微粒的位置;利用非可行外部集保存非可行解,并提出改进的外部集更新方法;采用线性递减策略分配微粒从非可行外部集中选择全局最优解的概率,加强算法对未知区域的搜索。实验通过 8 个测试函数验证了 BB-MOPSO 的有效性,但由于算法涉及外部集的更新,相对于其他不使用外部集的算法增加了额外的计算开销。毕晓君等[44]针对现有的静态 CMOAs 存在收敛性、所获 Pareto 最优解的分布性差等问题,提出一种基于云 DE 的静态 CMOA。该算法通过云模型对 DE 的参数进行自适应调节;利用优秀可行解和非可行解的方向信息引导突变,增强算法的探索能力。实验以 CTP 函数集测试为例,并与两种优秀的静态 CMOAs 比较,结果表明该算法显著提高了 Pareto 最优集的分布性,且更接近于真实的 PF。孟红云等[45]首先给出一种改进的 DE,然后提出一种基于双群体搜索机制的 DE 求解静态 CMOPs。该算法使用一个群体保存可行解,另一个种群记录具有某些优良特性的非可行解。通过与 NSGA-Ⅱ 比较,验证了该算法的优势。

1.2.2 动态约束多目标优化算法

动态 CMOAs 的研究在国内外刚处于起步阶段,研究成果甚少。目前主要的成果是已有算法的直接应用,而且动态 CMOAs 的测试函数非常少,标准测试集尚未被提出,部分学者对动态 CMOPs 的基本概念和特征在相关文献虽有所提及,但深入研究还未出现。具体研究概述如下:

国外的研究,Deb 等[46]首次研究了水热电调度问题(hydro-thermal power scheduling problem,HTPSP),该问题原为静态 CMOP,作者考虑电力系统的电能需求在不同时段发生变化,进而将其修改为动态 CMOP,研究了 NSGA-Ⅱ 的两个提高版本 NSGA-Ⅱ-A 和 NSGA-Ⅱ-B 求解动态 CMOPs 的差异,在算法实现中对约束采用 CDP 规则进行处理,环境响应策略为每代插入一定比例的随机个体或突变个体。通过比较不同变化频率下 NSGA-Ⅱ-A 和 NSGA-Ⅱ-B 跟踪动态 HTPSP 的动态 PFs 的效果,得出 NSGA-Ⅱ-A 和 NSGA-Ⅱ-B 能获得理想的 PFs 的最小变化频率,并对比例因子的大小进行了敏感性分析,同时表明 NSGA-Ⅱ-B 在一定条件下具有优越于 NSGA-Ⅱ-A 的性能。2010 年 Zhang 等[47]基于克隆选择原理提出一种动态约束多目标免疫优化算法(dynamic constraintd multiobjective immune optimization algorithm,CMIOA),在 DCMIOA 中,一些自适应免疫算子被设计以加速算法跟踪动态的 PFs。实验通过修改静态的 CTP1 和飞机齿轮减速器(speed reducer)为动态 CMOPs,测试验证 DCMIOA 求解这两类问题的有效性。继后,Zhang 等[47]从环境检测、环境响应和免疫算子三个方面设计 DCMOAs。基于 CTP 系列函数,通过修改其中的 g 函数获得一系列动态 CMOPs,并用所设计的算法求解这些动态 CMOPs 来验证它们跟踪动态 PFs 的有效性。Kadkol 等[50]基于文化粒子群算法基本框架设计情景空间(situational space)、规范空间(normative space)、地形空间(topographic space)和历史空间(historical space)分别保存动态问题的不同信息,这些信息被用于改变粒子的飞行参数和产生新一代种群,以加速算法的跟踪速度。数值仿真实验以一种修改的BNH和PID控制器设计问题为动态CMOPs验证算法的有效性。Wei等[51]提出一种超矩形搜索粒子群算法(RPSO),在算法中超矩形搜索机制用于预测下一个环境最优解的位置,粒子群交叉算子用于处理各种约束。数值仿真实验以变量维数为5的动态CTP4和动态CTP7为测试函数,验证了算法跟踪各环境动态PFs的效果。继后,Wei等[52]又提出了一种局部搜索粒子群算法。据所查阅的资料,目前仅这些文献对动态CMOPs的算法进行了研究,正如文献[53]提及,动态CMOPs是一类极其困难的约束优化,其测试函数和测试算法还极不完善,很多科学的问题需要进一步探索。

从国内的研究来看,刘淳安、王宇平等学者[54-56]从动态CMOPs的约束条件出发构造新的动态熵函数,利用熵函数将动态CMOPs转化为两目标的非约束动态多目标问题,并给出一类定义在离散环境上的非线性EA,通过对两个非线性动态CMOPs的计算仿真,表明了算法的有效性。杨亚强等[57]定义了动态环境下进化种群中个体的序值和约束度,结合这两个定义给出了一种选择算子,在环境变化判断算子下给出了求解环境变量取值于正整数集的一类多目标动态CMOPs的EA,通过测试函数对算法的性能进行了测试,其结果表明提出的算法能够较好地求出动态CMOPs在不同环境下质量较好、分布较均匀的Pareto最优集。张著洪等[58]借鉴生物免疫系统的自适应学习、动态平衡、免疫克隆及记忆等角度设计免疫算法求解动态CMOPs,并借助三种性能指标评价所提出的算法搜索效果和环境跟踪能力,结果表明所提出的算法能获得满意的效果。陈善龙等[59]研究了可变决策空间约束动态多目标免疫优化算法,算法中设计了抗体识别环境机制,引入两级概率控制突变策略提高抗体的多样性,数值仿真实验以修改的CTP7和压力容器设计(pressure vessel design)作为动态CMOPs测试了算法跟踪动态PF的效果。

综上,在CMOAs的研究中,已有的算法或借助于单目标约束处理技术直接嵌入非约束多目标优化算法,或是将约束作为目标,或是简单的修改非约束多目标优化算法。然而,CMOPs的目标函数为向量(最优解为Pareto最优解),这些技术直接嵌入非约束多目标算法对复杂的CMOPs的求解效果不佳,算法性能不能得到较大的提高。特别是在CMOAs中对动态CMOAs的研究成果较少,标准的测试函数集还未被提出。一方面,该领域的研究仅从进化机理设计算法已不再满足要求,借鉴其他智能算法的生物机理设计适合动态CMOAs已成趋势;另一方面,上述动态CMOAs中约束处理机制均直接沿用单目标约束处理技术(constrained handling technologi,CHTs),还未出现专门研究动态CMOAs的约束处理方法及动态CMOAs的标准框架。笔者近几年一直从事多目标免疫算法的研究,通过各种搜索引擎,查阅了国内外大量的关于该领域的文献资料,跟踪国内外研究动态,发现基于免疫算法的CMOAs研究非常少。而免疫系统能维持机体正常运行主要是其具有多样性抗体的功能，上述关于 CMOAs 的研究概述也表明其解决 CMOPs 具有一定的优势，且引起了众多研究者的兴趣。

为此，本书拟进一步挖掘免疫系统的其他机理设计高级的 CMOAs，主要考虑：① 分析 CMOPs 的特征，提出适合于 CMOPs 的约束处理策略和方法；② 深入挖掘免疫系统其他运行机理，结合 CMOPs 的特征，通过引入其他策略，设计混杂的约束多目标免疫算法，分析探讨算法的优越性；③ 挖掘免疫系统机理，考虑并行处理策略，设计并行免疫算法，分析探讨算法的优越性；④ 探讨约束多目标优化算法评价准则及收敛性；⑤ 应用算法解决实际控制或工程问题，测试分析比较算法的性能及优缺点，进而改进和提高算法解决 CMOPs 的能力。

1.3 约束多目标优化标准测试集

标准测试函数集用于测试新算法的性能。在智能优化研究领域，一种新算法的提出，其优越性必须通过国际上认可的标准测试集(benchmark test sets)的验证，并与其他同类算法展开比较分析其优势和不足。本节首先分别描述静态/动态 CMOPs 一般数学模型，然后给出国际上常用的测试函数，并对每个测试函数的求解困难给予分析。

1.3.1 静态约束多目标优化测试集

不失一般性，考虑极小化静态 CMOPs，其一般数学模型和具体测试实例如下：

1. 静态 CMOPs 一般数学模型

$$\begin{cases}\min \boldsymbol{f}(\boldsymbol{x}) = (f_1(\boldsymbol{x}), f_2(\boldsymbol{x}), \cdots f_m(\boldsymbol{x}))^{\mathrm{T}} \\ \text{s. t. } c_i(\boldsymbol{x}) \leqslant 0 \quad (i = 1, 2, \cdots, p) \\ c_j(\boldsymbol{x}) = 0 \quad (j = p+1, p+2, p+q) \\ \boldsymbol{x} = (x_1, x_2, \cdots, x_n)^{\mathrm{T}} \in [l_k, u_k]^n \quad (k = 1, 2, \cdots, n)\end{cases} \tag{1.1}$$

式中，$\boldsymbol{x} \in \mathbf{R}^n$ 为决策向量(decision vector)，l_k 和 u_k 分别表示变量 x_k 的上下界，n 为向量维数，Ω 为可行域；$\boldsymbol{f}(\boldsymbol{x}) \in \mathbf{R}^n$ 为目标向量(objective vector)，m 为目标维数；$c_i(\boldsymbol{x})$为不等式约束函数，p 为不等式约束数；$c_j(\boldsymbol{x})$为等式约束函数，q 为等式约束数。

2. 具体测试实例

静态 CMOPs 的测试例子主要包括 2001 年印度学者 Deb 等提出的 SRN，TNK，OSY 以及 CTP 系列测试函数集[25]和 2009 年进化计算国际会议(CEC)上中国学者张青富等提出的 CF 系列测试函数集[26]。

测试问题 SRN(式(1.2))：SRN 为两非线性目标静态 CMOP，包含 2 个约束，其中1个约束为非线性，变量维数为2。其决策空间(decision space)和目标空间(objective space)如图1.1(a)所示。图中给出了SRN的决策空间可行域和Pareto最优集(PS)。该问题的PS为$x_1=-2.5, x_2\in[2.5, 14.79]$。图1.1(b)中给出了SRN的目标空间可行域(feasible region)和Pareto最优前沿(PF)。

$$\text{SRN:}\begin{cases}\min f_1(\boldsymbol{x}) = 2+(x_1-2)^2+(x_2-1)^2 \\ \min f_2(\boldsymbol{x}) = 9x_1-(x_1-2)^2 \\ \text{s. t. } c_1(\boldsymbol{x}) = x_1^2+x_2^2-225 \\ c_1(\boldsymbol{x}) = x_1-3x_2+10\leqslant 0 \\ -20\leqslant x_1\leqslant 20 \\ -20\leqslant x_2\leqslant 20\end{cases} \tag{1.2}$$

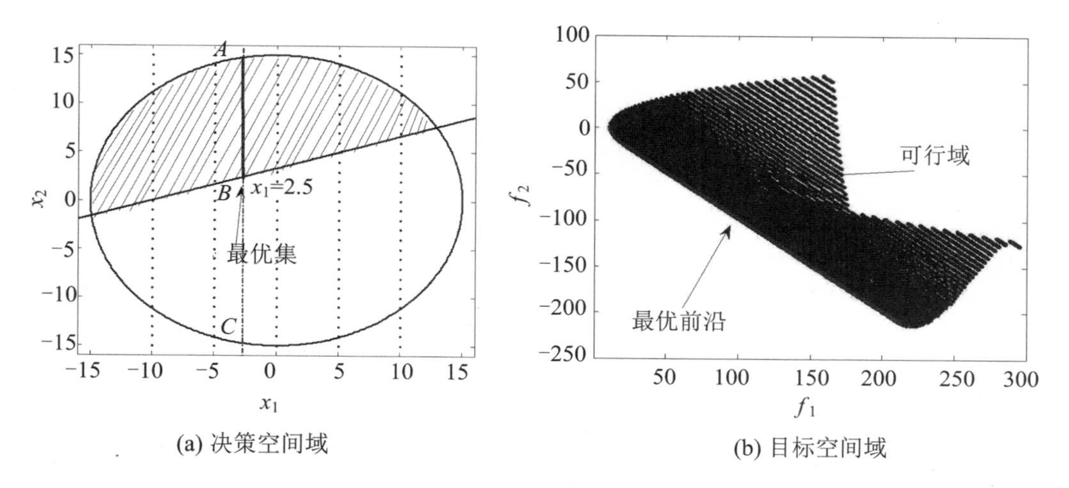

图1.1 SRN:目标和决策空间的可行域和Pareto最优前沿

根据方程(1.3)可获得SRN的PS为$x_1^*=-2.5, \frac{x_1^*+10}{3}\leqslant x_2^*\leqslant\sqrt{225-x_1^*}$。其推导过程为

$$\frac{\mathrm{d}f_1/\mathrm{d}x_1}{\mathrm{d}f_1/\mathrm{d}x_2}=\frac{\mathrm{d}f_2/\mathrm{d}x_1}{\mathrm{d}f_2/\mathrm{d}x_2}\Rightarrow\frac{x_1-2}{x_2-1}=-\frac{9}{2(x_2-1)}$$
$$\Rightarrow x_1=2-4.5=-2.5 \tag{1.3}$$

该问题的求解困难在于:约束条件使得SRN的PS为非约束条件下的PS的一部分，如图1.1(a)中线段AB和AC。其中AC为非约束情形下的PS，而AB为约束情形下的PS。

测试问题TNK(式(1.4)):TNK为两线性目标SCMOP，包含2个非线性约束，变量维数为2。由于$f_1=x_1, f_2=x_2$，故其决策空间(decision space)和目标空间(objective space)是相同的。图1.2给出了TNK的决策空间、目标空间的可行域和Pareto最优前沿。该问题在无约束情形下，决策空间是$0\leqslant(x_1, x_2)\leqslant\pi$，其唯一的Pareto最优解是$x_1^*=x_2^*=0$。然而，在约束情况下，其Pareto最优集在第一个约束的边界且在第二个约束内部。由于第一个约束是周期的且要满足第二个约束，致使约束条件下的 PF 为离散的曲线。

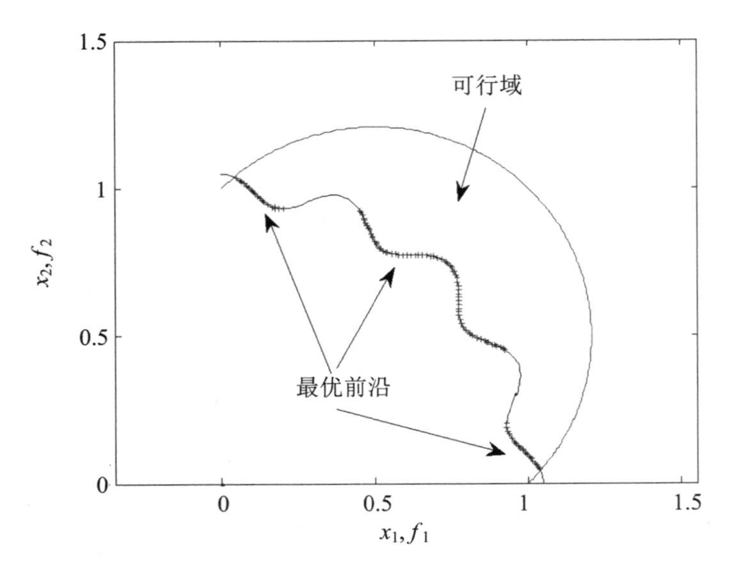

图 1.2　TNK：目标空间的可行域和 Pareto 最优前沿

该问题的求解困难在于：由于第一个约束 $c_1(\boldsymbol{x})$ 的非线性，致使算法不易寻找到所有不连续的 PF。

$$\text{TNK:}\begin{cases}\min f_1(\boldsymbol{x}) = x_1 \\ \min f_2(\boldsymbol{x}) = x_2 \\ \text{s. t. } c_1(\boldsymbol{x}) = 0.1\cos\left(16\arctan\left(\dfrac{x_1}{x_2}\right)\right)x_1^2 - x_1^2 + 1 \leqslant 0 \\ c_2(\boldsymbol{x}) = (x_1 - 0.5)^2 + (x_2 - 0.5)^2 - 0.5 \leqslant 0 \\ 0 \leqslant x_1 \leqslant \pi, 0 \leqslant x_2 \leqslant \pi\end{cases} \tag{1.4}$$

测试问题 OSY（式(1.5)）：OSY 为两非线性目标 SCMOP，包含 6 个约束，其中 2 个为非线性的（c_5 和 c_6），变量维数为 6，故其决策空间（decision space）不易描绘，其目标空间的可行域和 Pareto 最优前沿（PF）如图 1.3 所示。其 PF 由 5 段连接而成，每段由一个约束的边界构成。但是对于整个 PF 均有 $x_4^* = x_6^* = 0$，每段上 Pareto 最优解列于表 1.1。该问题的求解困难在于：包含多个约束，并且每段 Pareto 最优解在其中一个约束的边界上，若算法的开采和探索能力差，则不易寻找到所有段的 PF，往往仅能获得一部分 PF 或不能收敛到真实的 PF。

$$
\text{OSY:}\begin{cases}
\min f_1(\boldsymbol{x}) = -[25(x_1-2)^2+(x)_2-2)^2 \\
\qquad\qquad\quad +(x_3-2)^2+(x_4-2)^2+(x_5-2)^2] \\
\min f_2(\boldsymbol{x}) = \sum_{i=1}^{6} x_i^2 \\
\text{s.t.}\ c_1(\boldsymbol{x}) = x_1-x_2+2 \leqslant 0 \\
c_2(\boldsymbol{x}) = x_1+x_2-6 \leqslant 0 \\
c_3(\boldsymbol{x}) = -x_1+x_2-2 \leqslant 0 \\
c_4(\boldsymbol{x}) = x_1-3x_2-2 \leqslant 0 \\
c_5(\boldsymbol{x}) = (x_3-3)^2-x_4+4 \leqslant 0 \\
c_6(\boldsymbol{x}) = -(x_5-3)^2-x_6+6 \leqslant 0 \\
0 \leqslant x_1,x_2,x_6 \leqslant 10 \\
0 \leqslant x_3,x_5 \leqslant 5, 0 \leqslant x_4 \leqslant 6
\end{cases} \tag{1.5}
$$

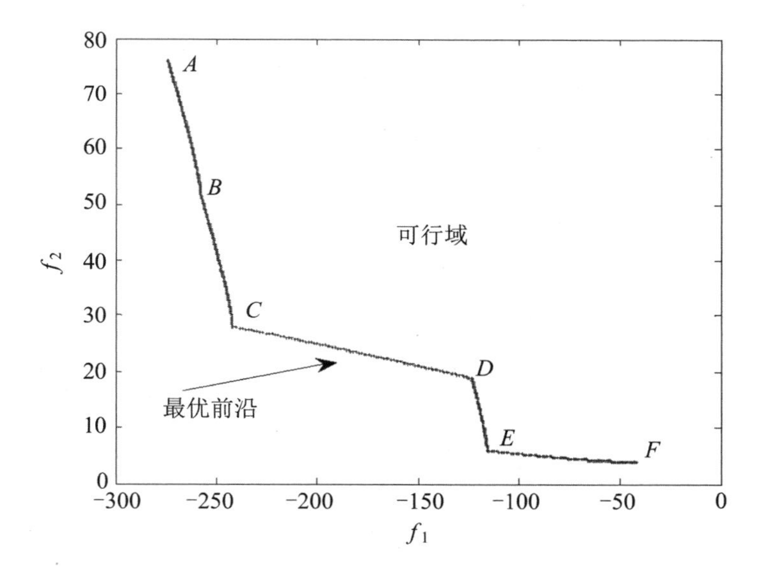

图 1.3　OSY:目标空间的可行域和 Pareto 最优前沿

表 1.1　OSY 的各段 Pareto 最优解

段	x_1^*	x_2^*	x_3^*	x_5^*
AB	5	1	(1,5)	5
BC	5	1	(1,5)	1
CD	(4.056,5)	$\frac{x_1^*-1}{3}$	1	1
DE	0	2	(1,3.732)	1
EF	(0,1)	$2-x_1^*$	1	1

测试问题 CTP1～CTP8：CTP 系列测试例子为一类约束测试函数集，其与上述测试问题不同，主要包括：① 决策变量的维数是可升级的，维数升高将增大问题的难度；② PF 为不连续的，或由离散的段或由离散的点构成；③ 具有一定的欺骗性，算法极易陷入局部 PF。具体例子如下：

测试问题 CTP1(式(1.6))：CTP1 为两目标 SCMOP，其中 f_2 为非线性的，g 函数决定该问题的难度，一般选取高度多模态的 Rastrigin 函数[6]。约束包含 $J(J=1,2,\cdots)$ 个非线性不等式，其约束中的参数 a_j 和 b_j 可由算法 1.1 获得。当约束数取 $J\geqslant 2$ 时，其目标空间的可行域和 Pareto 最优前沿(PF)如图 1.4 所示。其中，曲线段 ABE 为无约束下的 PF，曲线段 $FBCD$ 为第一个约束的边界，曲线段 MCQ 为第二个约束的边界。因此，在这些约束下，CTP1 的 PF 由三段构成，即图 1.4 的 AB，BC，CQ 段。该问题的 g 函数最优值为 1，一般算法只能获得局部最优值，所以算法要解决该问题必须能具备解决多模态问题的能力。因此，对于该问题的 AB 段一般算法均较易搜索到，而 BC，CQ 段为约束的边界，算法极难搜索到，或即使搜索到但所获得的 Pareto 最优前沿分布也不均匀。

$$
\text{CTP1:}\begin{cases}
\min f_1(\boldsymbol{x}) = x_1\\
\min f_2(\boldsymbol{x}) = g(\boldsymbol{x})\exp(-f_1(\boldsymbol{x})/g(\boldsymbol{x}))\\
\text{s.t. } c_j(\boldsymbol{x}) = a_j\exp(-b_j f_1(\boldsymbol{x})) - f_2(\boldsymbol{x}) \leqslant 0 \quad (j=1,2,\cdots,J)\\
g(\boldsymbol{x}) = 1+10(n-1)+\sum_{i=2}^{n}[x_i^2 - 10\cos(4\pi x_i)]\\
x_1\in[0,1], x_i\in[-5,5] \quad (i=2,3,\cdots,n)
\end{cases} \tag{1.6}
$$

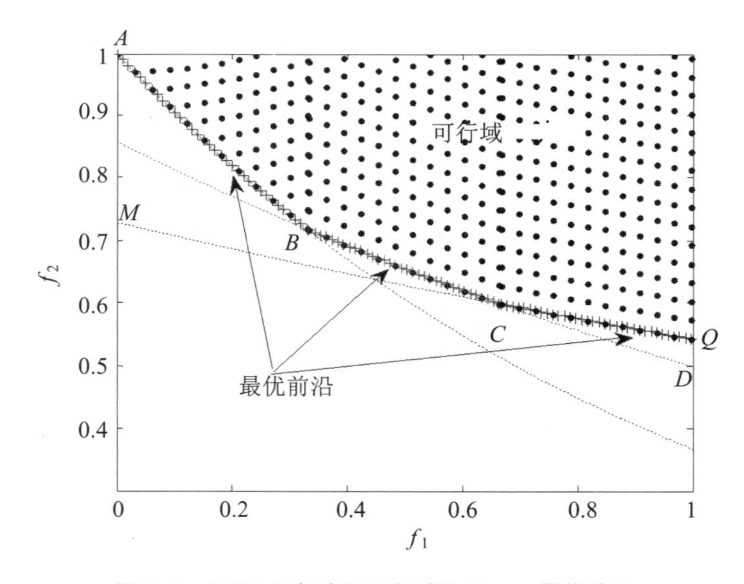

图 1.4　CTP1：目标空间可行域和 Pareto 最优前沿

算法 1.1　参数 a_j 和 b_j

---

1. 初始化 $j=0, a_j=b_j=1$. 设 $\Delta=\frac{1}{J+1}$，令 $x=\Delta$。
2. While $j<J$ do
3. 计算 $y=a_j\exp(-b_j x)$；
4. 计算 $a_{j+1}=\frac{a_j+y}{2}, b_{j+1}=-\frac{1}{x}\ln\left(\frac{y}{a_{j+1}}\right)$；
5. 置 $x=x+, j=j+1$；
6. end while

测试问题 CTP2～CTP5(式(1.7))：CTP2～CTP5 类似于 CTP1 也为两目标测试例子，其中 f_2 表达式不同于 CTP1，约束函数为一个高度非线性不等式，其包含 5 个参数(a,b,c,d,e)，不同组的参数值对应不同的测试问题，其对应如表 1.2 所示。这些测试问题的目标空间可行域(feasible region)及 Pareto 最优前沿如图 1.5 所示。由图 1.5(a)～(d)可以看出：CTP2 的 PF 由 13 个离散的段构成；CTP3～CTP4 由 13 个离散的点构成；CTP5 由一个连续曲线段和 14 个离散点构成，且离散点的分布不均匀，f_1 方向较 f_2 更稠密。该 4 个测试问题的 Pareto 最优解均在可行域与不可行域的边界处，且具有高度的不连续性，算法若不能保存较好的种群多样性，则很难搜索到 Pareto 最优解所处的尖端处。其中，CTP2 相对于其他 3 测试问题易于求解，CTP4 由于其 Pareto 最优解在非常狭窄的可行域尖端，其引起算法的搜索难度非常大。

$$
\text{CTP2}\sim\text{CTP5:}\begin{cases}
\min f_1(\boldsymbol{x}) = x_1 \\
\min f_2(\boldsymbol{x}) = g(\boldsymbol{x}) - \dfrac{f_1(\boldsymbol{x})}{g(\boldsymbol{x})} \\
\text{s. t. } c_j(\boldsymbol{x}) = a\mid \sin\{b\pi[\sin(\theta)(f_2(\boldsymbol{x})-e)+\cos(\theta)f_1(\boldsymbol{x})]^c\}\mid^d \\
\qquad\qquad -[\cos(\theta)(f_2(\boldsymbol{x})-e)+\sin(\theta)f_1(\boldsymbol{x})]\leqslant 0 \\
g(\boldsymbol{x}) = 1+10(n-1)+\displaystyle\sum_{i=2}^{n}[x_i{}^2-10\cos(4\pi x_i)] \\
x_1\in[0,1], x_i\in[-5,5]\quad(i=2,3,\cdots,n)
\end{cases}
\tag{1.7}
$$

测试问题 CTP6～CTP8(式(1.8)和(1.9))：CTP6 和 CTP7 为两目标一个约束 SCMOPs，其中 f_2 和约束为非线性的，而 CTP8 为两目标两个约束问题。CTP6 的可行目标空间内包含不同宽度的不可行洞，如图 1.6(a)所示，其 PF 位于最下方可行区域的边界上，算法在搜索 PF 过程中必须跳出这些不可行洞，否则，极易陷入其他可行域的边界上。CTP7 类似于 CTP6，但 CTP7 的这些不可行洞使得其 PF 为多个不连续的段(如图 1.6(b)所示)。CTP8 包括两个约束，其搜索难度比 CTP6 和 CTP7 更大，其可行目标空间含有不同宽度的不可行块，其 PF 位于最下边各块的边

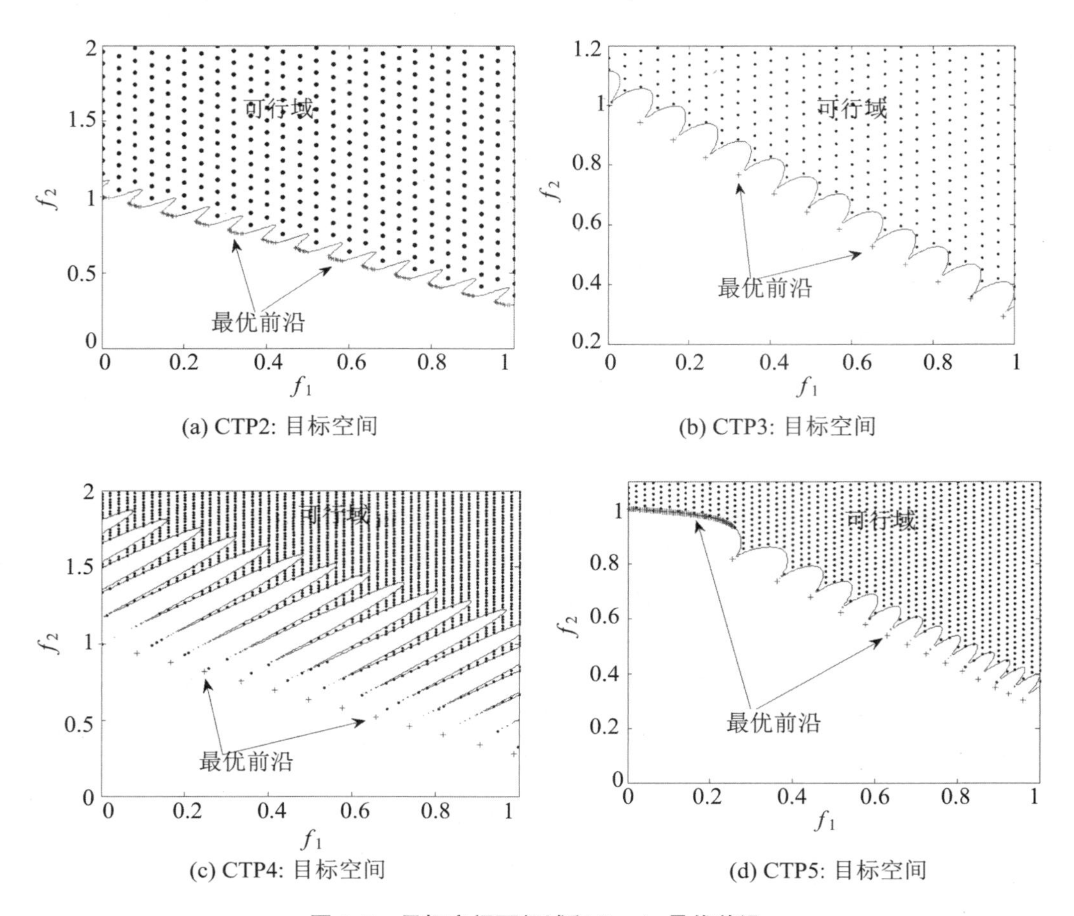

图 1.5　目标空间可行域和 Pareto 最优前沿

界(如图 1.6(c)所示),该问题极易欺骗算法搜索其他局部可行块的边界。

$$
\text{CTP6} \sim \text{CTP7}: \begin{cases} \min f_1(\boldsymbol{x}) = x_1 \\ \min f_2(\boldsymbol{x}) = g(\boldsymbol{x}) - \sqrt{\dfrac{f_1(\boldsymbol{x})}{g(\boldsymbol{x})}} \\ \text{s.t. } c_1(\boldsymbol{x}) = a_1 \mid \sin\{b\pi[\sin(\theta_1)(f_2(\boldsymbol{x}) - e) + \cos(\theta) f_1(\boldsymbol{x})]^c\} \mid^d \\ \qquad - [\cos(\theta)(f_2(\boldsymbol{x}) - e) + \sin(\theta) f_1(\boldsymbol{x})] \leqslant 0 \\ g(\boldsymbol{x}) = 1 + 10(n-1) + \sum_{i=2}^{n} [x_i^2 - 10\cos(4\pi x_i)] \\ x_1 \in [0,1], x_i \in [-5,5] \quad (i = 2,3,\cdots,n) \end{cases} \tag{1.8}
$$

$$
\text{CTP8:}\begin{cases}
\min f_1(\boldsymbol{x}) = x_1 \\
\min f_2(\boldsymbol{x}) = g(\boldsymbol{x}) - \sqrt{\dfrac{f_1(\boldsymbol{x})}{g(\boldsymbol{x})}} \\
\text{s.t. } c_1(\boldsymbol{x}) = a_1 \mid \sin\{b\pi[\sin(\theta_2)(f_2(\boldsymbol{x}) - e_1) + \cos(\theta_2) f_1(\boldsymbol{x})]^{c_1}\} \mid^{d_1} \\
\qquad - [\cos(\theta_1)(f_2(\boldsymbol{x}) - e_1) + \sin(\theta) f_1(\boldsymbol{x})] \leqslant 0 \\
c_2(\boldsymbol{x}) = a_2 \mid \sin\{b\pi[\sin(\theta)(f_2(\boldsymbol{x}) - e_2) + \cos(\theta) f_1(\boldsymbol{x})]^{c_2}\} \mid^{d_2} \\
\qquad - [\cos(\theta)(f_2(\boldsymbol{x}) - e_2) + \sin(\theta_2) f_1(\boldsymbol{x})] \leqslant 0 \\
g(\boldsymbol{x}) = 1 + 10(n-1) + \sum_{i=2}^{n} [x_i^2 - 10\cos(4\pi x_i)] \\
x_1 \in [0,1], x_i \in [-5,5] \quad (i = 2,3,\cdots,n)
\end{cases}
\tag{1.9}
$$

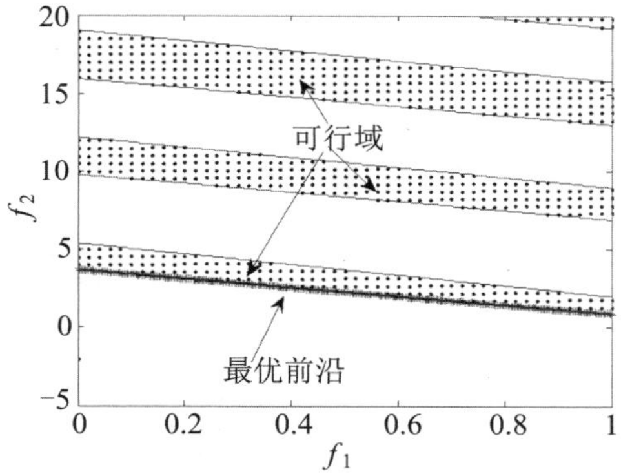

(a) CTP6: 目标空间

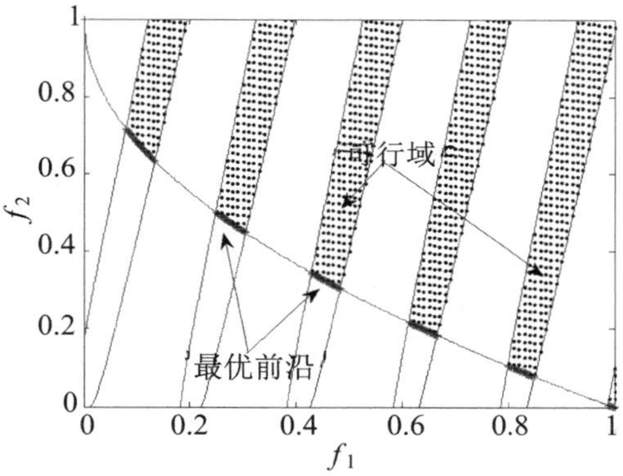

(b) CTP7: 目标空间

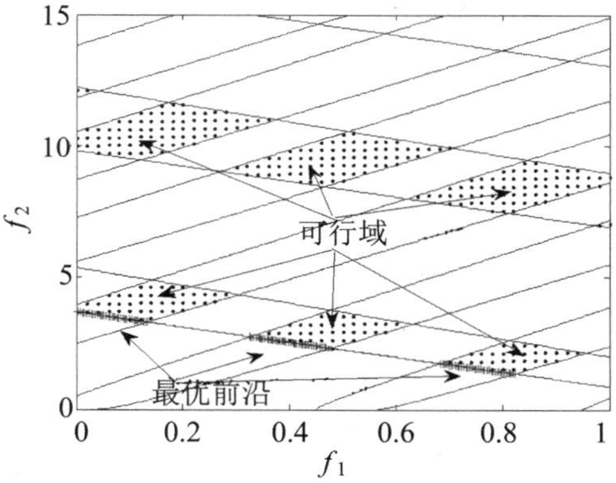

(c) CTP8: 目标空间

图 1.6 CTP6～CTP8:目标空间可行域和 Pareto 最优前沿

表 1.2 CTP1～CTP8 的参数值

CTP1	$a_1=0.858$	$a_2=0.728$	$b_1=0.541$	$b_2=0.295$		
CTP2	$\theta=-0.2\pi$	$a=0.2$	$b=10$	$c=1$	$d=6$	$e=1$
CTP3	$\theta=-0.2\pi$	$a=0.1$	$b=10$	$c=1$	$d=0.5$	$e=1$
CTP4	$\theta=-0.2\pi$	$a=0.75$	$b=10$	$c=1$	$d=0.5$	$e=1$
CTP5	$\theta=-0.2\pi$	$a=0.1$	$b=10$	$c=2$	$d=0.5$	$e=1$
CTP6	$\theta=-0.1\pi$	$a=40$	$b=0.5$	$c=1$	$d=2$	$e=-2$
CTP7	$\theta=-0.05\pi$	$a=40$	$b=5$	$c=1$	$d=6$	$e=0$
CTP8	$\theta_1=-0.1\pi$	$a_1=40$	$b_1=0.5$	$c_1=1$	$d_1=2$	$e_1=-2$
	$\theta_1=-0.05\pi$	$a_1=40$	$b_1=2.0$	$c_1=1$	$d_1=6$	$e_1=0$

1.3.2 动态约束多目标优化测试集

类似上述讨论，本小节考虑极小化动态 CMOPs，其一般模型和具体实例如下：

1. 动态 CMOPs 一般模型

动态 CMOPs 的数学模型可描述为式(1.10)，其与静态 CMOPs 的不同在于目标函数或约束条件是关于变量 t 的函数，而 t 与算法迭代数 τ 满足关系 $t=\frac{1}{n_T}\cdot[\tau/\tau_T]$，这里 n_T 称为环境变化幅度，τ_T 称为环境变化频率，均为预先给定，$[\cdot]$表示取整。为了便于描述，称 $\sigma=\left[\frac{\tau}{\tau_T}\right]$为环境指数，因此，$t$ 即为关于环境指数 σ 的函数。

$$\begin{cases}\min \boldsymbol{f}(\boldsymbol{x},t)=(f_1(\boldsymbol{x},t),f_2(\boldsymbol{x},t),\cdots,f_m(\boldsymbol{x},t))\\ \text{s. t. } c_i(\boldsymbol{x},t)\leqslant 0 \quad (i=1,2,\cdots,p)\\ c_j(\boldsymbol{x},t)=0 \quad (j=p+1,p+2,\cdots,p+q)\\ t=\dfrac{1}{n_T}\sigma,\sigma=\left[\dfrac{\tau}{\tau_T}\right]\\ \boldsymbol{x}=(x_1,x_1,\cdots,x_n)^T\in[l_k,u_k]^n \quad (k=1,2,\cdots,n)\end{cases} \tag{1.10}$$

式中，$\boldsymbol{x}\in\mathbf{R}^n$ 为决策向量(decision vector)，l_k 和 u_k 分别表示变量 x_k 的上下界，n 为向量维数，Ω 为可行域；$\boldsymbol{f}(\boldsymbol{x},t)\in\mathbf{R}^m$ 是关于变量 t 的目标向量(objective vector)，m 为目标维数；$c_i(\boldsymbol{x},t)$是关于变量 t 的不等式约束函数，p 为不等式约束数；$c_j(\boldsymbol{x},t)$是关于变量 t 的等式约束函数，q 为等式约束数。

由式(1.10)可以看出，τ_T 越小，则 t 变化越快；n_T 越小，则 t 变化的幅度越大。这两个参量控制动态 CMOPs 的变化频率和变化大小，因此，其值的设定直接关系到动态 CMOPs 的优化难度。

2. 具体测试实例

目前,国内外关于动态 CMOPs 的测试例子极少,据所查阅的资料,Zhang 等团队[47-48]基于 CTP 系列函数提出对应的一系列动态 CMOPs,其主要考虑 g 函数随变量 t(环境)变化而变化。具体描述如下:

测试问题 DCTP1(式(1.11)):这个动态 CMOPs 由 CTP1 修改而成,PS 和 PF 其随变量 t 变化而变化,t 为可变决策向量维数。a_j 和 b_j 的产生方式类似于 CTP1,如算法 1.2。DCTP1 的 PS 为 $x_1\in[0.1]$,$x_i=\sin(0.05\pi t)$,对于所有环境 PF 均与 $i=2,3,\cdots$ 相同。DCTP1 的求解难度仅在于 g 函数最优值 1 的寻求,这里的 g 函数多模态性不强,而且该问题的 $x_i\in[-1,1]$极大地缩小了搜索空间,降低了问题的难度。

$$\text{DCTP1:}\begin{cases}\min f_1(\boldsymbol{x})=x_1\\ \min f_2(\boldsymbol{x},t)=g(\boldsymbol{x},t)\exp\left(-\dfrac{f_1(\boldsymbol{x})}{g(\boldsymbol{x},t)}\right)\\ \text{s.t. } c_i(\boldsymbol{x},t)=a_j\exp(-b_jf_1(\boldsymbol{x}))-f_2(\boldsymbol{x},t)\leqslant 0\quad (j=1,2,\cdots,J)\\ g(\boldsymbol{x},t)=1+\displaystyle\sum_{i=2}^{k(t)}[x_i-\sin(0.05\pi t)]^2\\ t=0,1,\cdots\\ x_1\in[0,1],x_i\in[-1,1]\quad(i=2,3,\cdots,n)\end{cases}\tag{1.11}$$

测试问题 DCTP2～DCTP7(式(1.12)):这 6 个问题由 CTP2～CTP7 修改而成,其 PF 分别与 CTP2-CTP7 相同,仅 PS 随变量 t 发生变化,其最优解与 CTP1 相同。这 6 个问题的求解难度类似于 CTP2～CTP7。

$$\text{DCTP2}\sim\text{DCTP7:}\begin{cases}\min f_1(\boldsymbol{x})=x_1\\ \min f_2(\boldsymbol{x},t)=g(\boldsymbol{x},t)\exp\left(-\dfrac{f_1(\boldsymbol{x})}{g(\boldsymbol{x},t)}\right)\\ \text{s.t. } c_i(\boldsymbol{x},t)=a_1\mid\sin\{b\pi[\sin(\theta_1)(f_2(\boldsymbol{x})-e)\\ \qquad\qquad +\cos(\theta)f_1(\boldsymbol{x})]^c\}\mid^d\\ \qquad\qquad -[\cos(\theta)(f_2(\boldsymbol{x})-e)+\sin(\theta)f_1(\boldsymbol{x})]\leqslant 0\\ g(\boldsymbol{x},t)=1+\displaystyle\sum_{i=2}^{k(t)}[x_i-\sin(0.05\pi t)]^2\\ t=0,1,\cdots\\ x_1\in[0,1],x_i\in[-1,1]\quad(i=2,3,\cdots,n)\end{cases}\tag{1.12}$$

注:Wei 等[52]也根据 CTP 系列问题提出修改的动态 CMOPs,其分别修改 CTP1 和 CTP2 的目标函数和 g 函数为

$$\text{DF1}:\begin{cases}\min f_1(\boldsymbol{x}) = tx_1 \\ \min f_2(\boldsymbol{x},t) = (1-t)g(\boldsymbol{x},t)\exp\left(-\dfrac{f_1(\boldsymbol{x})}{g(\boldsymbol{x},t)}\right) \\ g(\boldsymbol{x}) = 41 + \sum\limits_{i=2}^{5}[x_i^2 - 10\cos(2\pi x_i)]\end{cases} \tag{1.13}$$

$$\text{DF2}:\begin{cases}\min f_1(\boldsymbol{x}) = tx_1 \\ \min f_2(\boldsymbol{x},t) = (1-t)\cdot g(\boldsymbol{x})\left(1-\dfrac{f_1(\boldsymbol{x})}{g(\boldsymbol{x},t)}\right) \\ g(\boldsymbol{x}) = 41 + \sum\limits_{i=2}^{5}[x_i^2 - 10\cos(2\pi x_i)]\end{cases} \tag{1.14}$$

获得两类动态约束多目标测试问题 DF1 和 DF2，这里的 $t\in[0,1]$。

测试问题 BNHD[50]（式(1.15)）：Kadkol 通过修改 BNH 问题获得动态约束多目标问题 BNHD，并分别设置线性变化（linear dynamic）、随机变化（random dynamic）和周期变化（circular dynamic）三种动态类型，分别获得 DF3，DF4 和 DF5。具体如下：

$$\text{BNHD}:\begin{cases}\min f_1(\boldsymbol{x},t) = 4((x_1+\delta_i(t))^2 + (x_2+\delta_i(t))^2) \\ \min f_2(\boldsymbol{x},t) = (x_1+\delta_i(t)-5)^2 + (x_2+\delta_i(t)-5)^2 \\ \text{s. t. } c_1(\boldsymbol{x},t) = (x_1-5)^2 + x_2^2 \leqslant 0 \\ c_2(\boldsymbol{x},t) = 7.7 - (x_1-8)^2 - (x_2+3)^2 \leqslant 0\end{cases} \tag{1.15}$$

$$\text{DF3}:\begin{cases}\delta_i(0) = 0 \quad (\forall i \in 1,2,\cdots,n) \\ \delta_i(t) = \delta_i(t-1) + s\end{cases} \tag{1.16}$$

$$\text{DF4}:\begin{cases}\delta_i(0) = 0 \quad (\forall i \in 1,2,\cdots,n) \\ \delta_i(t) = \delta_i(t-1) + s \times N_i(0,1)\end{cases} \tag{1.17}$$

$$\text{DF5}:\begin{cases}\delta_i(0) = \begin{cases}0 & (i\text{ 为奇数}) \\ s & (i\text{ 为偶数})\end{cases} \\ \delta_i(t) = \delta_i(t-1) + s \times c(i,t)\end{cases} \tag{1.18}$$

式中

$$c(i,t) = \begin{cases}\sin\left(\dfrac{2\pi t}{v}\right) & (i\text{ 为奇数}) \\ \cos\left(\dfrac{2\pi t}{v}\right) & (i\text{ 为偶数})\end{cases} \tag{1.19}$$

这里的 $s=\dfrac{1}{n_{\mathrm{T}}}$ 为变化幅度，$\dfrac{1}{v}=\dfrac{\tau}{\tau_{\mathrm{T}}}$ 为变化频率。

1.4　智能优化算法对电力系统调度的应用

动态环境经济调度(dynamic economic emission dispatch,DEED)模型源于电力系统调度问题,由于考虑调度周期内各时段负荷需求及各机组的爬坡率限制,使得DEED模型属一类含大规模约束的高维DCMOPs,是一类典型代表实例。求解DEED模型的传统优化方法包括二次规划、梯度法和Lagrange松弛法等,但采用这些方法需要对模型进行简化且强依赖于初始点,往往难于获得较为准确的决策。然而,群体智能算法不受优化问题模型特征限制,可直接进行优化且一次循环可获多个POSs,可提供多个可选择的决策方案。因此,基于群体智能的DEED优化算法备受电力调度人员青睐。如Basu首次应用NSGA-Ⅱ求解DEED[86],仿真结果表明NSGA-Ⅱ能获得PF,但延展效果差,原因是NSGA-Ⅱ仅适用于非约束优化,作者为了应对约束,采用反复交叉和突变的方式获得尽可能多的可行个体,该方法极大地增加计算开销且不能有效处理约束。Zhu等[87]提出改进的分解多目标进化算法(IMOEA/D-CH),引入机组出力实时调整和约束违背惩罚的策略,仿真表明该算法能获得分布均匀的PF,但其收敛性和延展性不理想。李晨等[88]将DEED问题按时段分解为多个子问题,对各子问题独立优化,该方法降低了求解难度,但往往所获的POSs具有局部性。Basu采用二次方程求根法处理功率平衡约束,提出改进的多目标差分进化算法(MODE)[89],实验结果表明其所获的PF延展性优于NSGA-Ⅱ,但收敛速度较慢。Shen等[90]改进DE的变异因子和变异方式,结合目标归一化策略,提出改进的DE算法(EFDE),仿真表明EFDE能获得分布均匀的PF。闫李等[91]提出学习和小概率变异机制,提高鸽群算法求解DEED问题的能力,实验表明该算法仅能求解低维DEED。然而,随着可再生能源的开发利用,含风电的DEED优化备受社会及电力公司关注,由于风电的随机性和波动性,使得DEED优化变得更加复杂,约束处理难度增大。如Qu等[92]提出一种集成选择的DE算法求解含风电的DEED问题,该算法采用集成选择和非支配排序法按概率选择优秀个体,可有效提高算法鲁棒性。张大等[93]利用分子间相互作用势能改进DE中的变异机制,提出改进的DE算法求解含风电的DEED问题,实验表明该算法在求解含10台火电机和100台1 MW的风机构成的混合系统时需要迭代5000次才能获得PF。Qiao等[94]构建了电车与风电融合的DEED模型(WE-DEED),提出自适应和非支配排序局部搜索策略的DE算法求解WE-DEED,实验测试了10机系统的有效性。Liu等[95]改进随机聚类中心、差分变异、个体交叉策略,提出头脑风暴改进算法IMOBSO,验证了该算法求解含风电DEED问题的优越性。

1.5 本书主要研究内容及结构

本书研究的主要内容如下：

通过分析已有的约束多目标优化算法(CMOAs)研究现状，从生物进化机理出发，充分挖掘其内部运行机制，提出多种 CMOAs 处理静态和动态约束多目标优化问题，并研究了算法在电力系统动态环境经济模型调度中的应用，本书共有 9 章。

第 1 章为绪论。首先，给出了 CMOAs 的研究意义及本书的研究目的；接着，综述了 CMOAs 的国内外研究现状，阐述了静态约束多目标优化算法和动态约束多目标优化算法目前已获得的研究成果；然后，介绍了约束多目标优化标准测试函数集，包括静态约束多目标优化测试问题和动态约束多目标优化测试问题；最后，阐述了群体智能算法在电力系统动态环境经济调度优化问题中的实际应用情况。

第 2 章为本书算法涉及的相关生物学理论。首先，介绍了遗传算法基本理论，遗传算法基本模型和流程、基本算子。然后，介绍免疫算法的基本概念和理论，免疫学的相关概念以及基本原理，进而给出免疫算法基本流程和基本算子的设计。

第 3 章设计了一种新型多层响应约束多目标免疫优化算法(CMIGA)解决静态 CMOPs。充分挖掘免疫系统的固有免疫和自适应免疫响应过程，提出多层响应免疫模型，基于该模型提出多层响应免疫优化算法，并对各算子进行了设计。数值仿真实验将所提出的算法 CMIGA 应用于求解 18 个标准静态 CMOPs 测试函数。通过与著名的 6 种约束多目标算法展开比较，结果充分表明 CMIGA 对不同类型的静态 CMOPs 具有不同的优化效果，总体性能优越于其他已有算法，并表现极其优越的收敛能力。

第 4 章提出了目标和约束融合的并行多目标免疫优化算法(PCMIOA)。数值仿真实验将 PCMIOA 与 3 种著名的静态 CMOAs 对 12 个约束双目标测试函数集进行实验仿真比较，同时为了测试 PCMIOA 求解非约束多目标问题(UCMOPs)的能力，PCMIOA 也与 5 个非约束多目标算法对 4 个三目标 UCMOPs 测试集进行了仿真比较。实验结果表明 PCMIOA 求解静态 CMOPs 和 UCMOPs 具有较强的潜力，与其他同类算法相比，其所获的 Pareto 最优前沿能较好地近似真实的 PF，且分布性和延展性均较优越。

第 5 章提出了一系列动态约束多目标优化测试问题，基于免疫遗传进化理论提出了一种并行的免疫算法——DCMOIA。在 DCMOIA 中，重点设计一种邻域搜索策略加速算法对动态 CMOPs 不可行域边界的开采和探索，提出高斯迁移方法响应环境的变化，提高算法跟踪变化的 PF 能力。数值仿真实验将 DCMOIA 应用于提出的动态 CMOPs，并与两种同类动态约束多目标进化算法进行了比较，根据性能评价指标及所获的 Pareto 最优前沿分布，表明了提出的测试问题对比较的算法具有一定的挑战性，算法 DCMOIA 虽不能获得期望的跟踪性能，但所获的结果相对于其他两类算法表现出一定的优势。

第 6 章针对传统的优化算法求解实际约束多目标动态环境经济调度(multiobjective dynamic economic emission dispatch，MODEED)模型时极难获得高质量的可行解，且收敛速度慢等问题进行研究。首先，根据 MODEED 模型约束特征，设计了一种约束修补策略；其次，将该策略嵌入非支配排序算法(NSGA-Ⅱ)，进而提出一种修补策略的约束多目标优化算法(CMEA/R)；然后，借助模糊决策理论给出了多目标问题的最优解决策解；最后，以经典的 10 机系统为例，验证了 CMEA/R 的求解能力，并比较了不同群体规模下 CMEA/R 与 NSGA-Ⅱ的性能。结果表明，在不同群体规模下，与 NSGA-Ⅱ相比，CMEA/R 的污染排放平均减少了 4.8e+2 磅(约为 0.4536 千克)，燃料成本平均减少了 7.8e+3 美元，执行时间平均减少了 0.021 s；HR 性能优于NSGA-Ⅱ，且收敛速度较 NSGA-Ⅱ快。

第 7 章针对电力系统动态环境经济调度(DEED)优化为一类非线性大规模约束的多目标优化问题进行研究，由于已有算法不能获得较高质量的 Pareto 前沿，故结合免疫系统的克隆选择原理和遗传进化机制，提出了一种免疫克隆进化算法(ICEA)。ICEA 建立了克隆选择算法与进化算法的动态结合机制，引入动态免疫选择和自适应非均匀突变算子，并针对 DEED 问题设计了不同的等式和不等式约束的修补策略，使其适合大规模约束的 DEED 问题求解。数值实验将 ICEA 应用于 10 机系统进行测试，并与同类算法展开比较，仿真结果表明 ICEA 具有较好的收敛性和优化效果，获得的 Pareto 前沿具有较好的均匀性和延展性，能为电力系统调度人员提供较为高效的调度决策方案。

第 8 章为有效解决复杂多目标动态环境经济调度问题，提出一种基于精英克隆局部搜索的多目标动态环境经济调度差分进化算法。以传统的差分进化(differential evolution，DE)算法为框架，为了提高 DE 算法的开采和探索能力，增设精英群的克隆和突变机制，采用动态选择方式确定精英群，有效增强算法的全局搜索能力。数值试验以 IEEE-30 的 10 机、15 机系统为测试实例，并将提出的算法与三种代表性算法比较。结果表明，新算法所获的 Pareto 前沿具有较好的收敛性和延展性，可为电力系统调度人员提供更灵活的决策方案。

第 9 章为总结与展望，主要对所做工作进行总结，并对下一步研究的主要工作做简要阐述，期望对读者有所启发和激励。

参考文献

[1] Ponsich A, Jaimes A L, Coello C A C. A survey on multiobjective evolutionary algorithms for

the solution of the portfolio optimization problem and other finance and economics applications [J]. IEEE Transactions on Evolutionary Computation, 2013, 17(3):321-344.

[2] Ishibuchi H, Akedo N, Nojima Y. Behavior of multiobjective evolutionary algorithms on many-objective knapsack problems[J]. IEEE Transactions on Evolutionary Computation, 2015, 19(2):264-283.

[3] Meza J L C, Yildirim M B, Masud A S. A multiobjective evolutionary programming algorithm and its applications to power generation expansion planning[J]. IEEE Transactions on Systems, Man, and Cybernetics, Part A: Systems and Humans, 2009, 39(5):1086-1096.

[4] Shim V A, Tan K C, Tang H. Adaptive memetic computing for evolutionary multi objective optimization[J]. IEEE Transactions on Cybernetics, 2014, 45(4):610-621.

[5] Li B, Li J, Tang K, et al. Many-objective evolutionary algorithms: A survey[J]. ACM Computing Surveys, 2015, 48(1):1-35.

[6] Konak A, Coit D W, Smith A E. Multi-objective optimization using genetic algorithms: A tutorial[J]. Reliability Engineering & System Safety, 2006, 91(9):992-1007.

[7] Khaleghi M, Farsangi M M, Nezamabadi-pour H, et al. Pareto-optimal design of damping controllers using modified artificial immune algorithm[J]. IEEE Transactions on Systems, Man, and Cybernetics, Part C: Applications and Reviews, 2011, 41(2):240-250.

[8] Cheng R, Jin Y. A social learning particle swarm optimization algorithm for scalable optimization[J]. Information Sciences, 2015, 291(2):43-59.

[9] Li J Q, Pan Q K, Tasgetiren M F. A discrete artificial bee colony algorithm for the multiobjective flexible job-shop scheduling problem with maintenance activities[J]. Applied Mathematical Modelling, 2014, 38(3):1111-1132.

[10] Wang J, Liao J, Zhou Y, et al. Differential evolution enhanced with multiobjective sorting-based mutation operators[J]. Neurocomputing, 2014, 44(12):2792-2805.

[11] Long Q. A constraint handling technique for constrained multi-objective genetic algorithm[J]. Swarm & Evolutionary Computation, 2013, 15:66-79.

[12] Liu L, Mu H, Yang J. Generic constraints handling techniques in constrained multi-criteria optimization and its application[J]. European Journal of Operational Research, 2015, 244(2): 576591.

[13] Chen R, Zeng W. Multi-objective optimization in dynamic environment: A review[C]//16th International conference on Computer Science & Education (ICCSE). IEEE, 2011:78-82.

[14] Woldesenbet Y G, Yen G G, Tessema B G. Constraint handling in multiobjective evolutionary optimization[J]. IEEE Transactions on Evolutionary Computation, 2009, 13(3):514-525.

[15] 莫宏伟，金鸿章. 人工免疫系统：一个新兴的交叉学科[J]. 计算机工程与科学，2004，26(5): 70-73.

[16] 莫宏伟，左兴权，毕晓君. 人工免疫系统研究进展[J]. 智能系统学报，2009，4(1):21-29.

[17] De Castro L N, Von Zuben F J. Learning and optimization using the clonal selection principle [J]. IEEE Transactions on Evolutionary Computation, 2002, 6(3):239-251.

[18] De Castro L N, Timmis J. An artificial immune network for multimodal function optimization [C]//Evolutionary Computation, 2002. CEC'02. Proceedings of the 2002 Congress on. 2002,

1:699-704.

[19] Garza-Fabre M, Rodriguez-Tello E, Toscano-Pulido G. Constraint-handling through multiobjective optimization: The hydrophobic-polar model for protein structure prediction [J]. Computers& Operations Research, 2015, 53:128-153.

[20] Freschi F, Repetto M. Multiobjective optimization by a modified artificial immune system algorithm[C]//International Conference on Artificial Immune Systems. 2005:248-261.

[21] Freschi F, Coello C A C, Repetto M. Multiobjective optimization and artificial immune systems: A review[J]. Handbook of Research on Artificial Immune Systems and Natural Computing: Applying Complex Adaptive Technologies, 2009, 4:1-21.

[22] Coello C A C, Cortes N C. Solving multiobjective optimization problems using an artificial immune system[J]. Genetic Programming and Evolvable Machines, 2005, 6(2):163-190.

[23] Gao J, Wang J. WBMOAIS: A novel artificial immune system for multiobjective optimization [J]. Computers & Operations Research, 2010, 37(1):50-61.

[24] Vargas D E, Lemonge A C, Barbosa H J C, et al. Differential evolution with the adaptive penalty method for constrained multiobjective optimization [C]//Evolutionary Computation (CEC), 2013 IEEE Congress on. 2013:1342-1349.

[25] Deb K, Pratap A, Meyarivan T. Constrained test problems for multi-objective evolutionary optimization[C]//Evolutionary Multi-Criterion Optimization, 2001:284-298.

[26] Lin H, Fan Z, Cai X, et al. Hybridizing infeasibility driven and constrained-domination principle with MOEA/D for constrained multiobjective evolutionary optimization[M]//Technologies and Applications of Artificial Intelligence. Berlin: Springer, 2014:249-261.

[27] Ray T, Singh H K, Isaacs A, et al. Infeasibility driven evolutionary algorithm for constrained optimization[M]//Constraint-handling in evolutionary optimization. Berlin: Springer, 2009: 145-165.

[28] Zhang Q, Li H. MOEA/D: A multiobjective evolutionary algorithm based on decomposition [J]. IEEE Transactions on Evolutionary Computation, 2007, 11(6):712-731.

[29] Runarsson T P, Yao X. Search biases in constrained evolutionary optimization[J]. IEEE Transactions on Systems, Man, and Cybernetics, Part C: Applications and Reviews, 2005, 35 (2):233-243.

[30] Takahama T, Sakai S. Constrained optimization by the ε constrained differential evolution with an archive and gradient-based mutation[C]//Evolutionary Computation. 2010:389-400.

[31] Jan M A, Khanum R A. A study of two penalty-parameterless constraint handling techniques in the framework of MOEA/D[J]. Applied Soft Computing, 2013, 13(1):128-148.

[32] Li H, Zhang Q. Multiobjective optimization problems with complicated pareto sets, MOEA/D and NSGA-Ⅱ[J]. IEEE Transactions on Evolutionary Computation, 2009, 13(2):284-302.

[33] Zhang Q, Liu W, Li H. The performance of a new version of MOEA/D on CEC09 unconstrained MOP test instances[C]//IEEE Congress on Evolutionary Computation. 2009, 1:203-208.

[34] Jiao L, Luo J, Shang R, et al. A modified objective function method with feasible-guiding strategy to solve constrained multi-objective optimization problems[J]. Applied Soft Compu-

ting,2014, 14:363-380.

[35] Zamuda A, Brest J, Boskovic B, et al. Differential evolution with self-adaptation and local search for constrained multiobjective optimization[C]//2009 IEEE Congress on Evolutionary Computation,2009:195-202.

[36] 王跃宣，刘连臣，牟盛静，等. 处理带约束的多目标优化进化算法[J]. 清华大学学报(自然科学版)，2005，45(1):103-106.

[37] 马永杰，摆玉龙，蒋兆远. 快速约束多目标进化算法及其收敛性[J]. 系统工程理论与实践，2009，29(5):149-157.

[38] 刘淳安，王宇平. 约束多目标优化问题的进化算法及其收敛性[J]. 系统工程与电子技术，2007，29(2):277-280.

[39] 毕晓君，王艳娇. 约束多目标人工蜂群算法[J]. 吉林大学学报(工学版)，2013 (2):397-403.

[40] 尚荣华，焦李成，马文萍，等. 用于约束多目标优化的免疫记忆克隆算法[J]. 电子学报，2009，37(6):1289-1294.

[41] 张著洪，黄席樾. 多目标约束优化免疫算法研究及其应用[J]. 模式识别与人工智能，2003，16(4):452-458.

[42] 凌海风，周献中，江勋林. 改进的约束多目标粒子群算法[J]. 计算机应用，2012，32(5):1320-1324.

[43] 张勇，巩敦卫，任永强，等. 用于约束优化的简洁多目标微粒群优化算法[J]. 电子学报，2011，39(6):1436-1440.

[44] 毕晓君，刘国安，等. 基于云差分进化算法的约束多目标优化实现[J]. 哈尔滨工程大学学报，2012，33(8):1022-1031.

[45] 孟红云，张小华，刘三阳. 用于约束多目标优化问题的双群体差分进化算法[J]. 计算机学报，2008，31(2):228-235.

[46] Deb K, Udaya B R N, Karthik S. Dynamic multi-objective optimization and decision-making using modified NSGA-Ⅱ: A case study on hydro-thermal power scheduling[C]//International Conference on Evolutionary Multi-Criterion Optimization, 2007:803-817.

[47] Zhang Z, Qian S, Tu X. Dynamic clonal selection algorithm solving constrained multi-objective problems in dynamic environments[C]//2010 Sixth International Conference on Natural Computation, 2010, 6:2861-2865.

[48] Zhang Z, Qian S. Artificial immune system in dynamic environments solving time-varying nonlinear constrained multi-objective problems[J]. Soft Computing, 2011, 15(7):1333-1349.

[49] Zhang Z, Liao M, Wang L. Immune optimization approach for dynamic constrained multiobjective multimodal optimization problems[J]. American Journal of Operations Research, 2012,2(2):193.

[50] Yen G G, Kadkol A A. A culture-based particle swarm optimization framework for dynamic, constrained multi-objective optimization [J]. International Journal of Swarm Intelligence Research,2012, 3(1):1-29.

[51] Wei J, Wang Y. Hyper rectangle search based particle swarm algorithm for dynamic constrainedmulti-objective optimization problems[C]//Evolutionary Computation, 2012, 1:1-8.

[52] Wei J, Jia L. A novel particle swarm optimization algorithm with local search for dynamic constrained multi-objective optimization problems[C]//Evolutionary Computation (CEC), 2013 IEEE Congress on. 2013, 1:2436-2443.

[53] Cruz C, Gonzalez J R, Pelta D A. Optimization in dynamic environments: a survey on problems, methods and measures[J]. Soft Computing, 2011, 15(7):1427-1448.

[54] Liu C, Wang Y. Multiobjective evolutionary algorithm for dynamic nonlinear constrained optimizationproblems[J]. Journal of Systems Engineering and Electronics, 2009, 20(1): 204-210.

[55] Liu C A. New method for solving a class of dynamic nonlinear constrained optimization problems[C]//2010 Sixth International Conference on Natural Computation, 2010, 5:2400-2402.

[56] 刘淳安. 一类动态非线性约束优化问题的新解法[J]. 计算机工程与应用, 2011, 47(22).

[57] 杨亚强, 刘淳安, 等. 一类带约束动态多目标优化问题的进化算法[J]. 计算机工程与应用, 2012:45-48.

[58] Zhang Z, Chen S. Dynamic constrained multiobjective optimization immune algorithm and its application[C]//Intelligent Control and Automation, 2008. Wcica 2008. World Congress on. 2008:8727-8732.

[59] 陈善龙, 张著洪. 基于免疫机制的动态约束多目标优化免疫算法[J]. 贵州大学学报(自然科学版), 2008, 25(3):262-267.

[60] Zhang Q, Zhou A, Zhao S, et al. Multiobjective optimization test instances for the CEC-2009special session and competition[J]. University of Essex, Colchester, UK and Nanyang Technological University, Singapore, Special Session on Performance Assessment of Multi-Objective Optimization Algorithms, Technical Report, 2008, 264:1-30.

[61] Pohlheim H. GEATbx: Genetic and evolutionary algorithm toolbox for use with Matlab[J]. Ifac Symposium on System Identification Sysid, 2006.

[62] 付冬梅, 位耀光, 郑德玲. 基于双因子调节的免疫控制器的设计、实现与分析[J]. 信息与控制, 2006, 35(4):526-531.

[63] 付冬梅, 位耀光, 郑德玲. 识别强化的双因子免疫控制器及其特性分析[J]. 控制理论与应用, 2007, 24(4):530-534.

[64] 李韡, 付冬梅. 一种粗糙规则化的双因子免疫控制器[J]. 北京科技大学学报, 2009,31(8): 1072-1076.

[65] 郑蕊蕊, 赵继印, 赵婷婷, 等. 基于遗传支持向量机和灰色人工免疫算法的电力变压器故障诊断[J]. 中国电机工程学报, 2011 (7):56-63.

[66] 莫宏伟, 吕淑萍, 管凤旭, 等. 基于人工免疫系统的数据挖掘技术原理与应用[J]. 计算机工程与应用, 2004, 40(14):28-33.

[67] Schutten M J, Torrey D A. Genetic algorithms for control of power converters[C]//Power Electronics Specialists Conference, 1995. PESC'95 Record., 26th Annual IEEE. 1995, 2: 1321-1326.

[68] 沈煜, 陈柏超, 袁佳歆, 等. 基于免疫遗传算法的逆变器控制策略及其DSP实现[J]. 电力自动化设备, 2006, 26(6):40-43.

[69] 袁佳歆, 陈柏超, 田翠华, 等. 基于免疫遗传算法的逆变器控制[J]. 中国电机工程学报,

2006，26(5):110-118.

[70] 袁佳歆，陈柏超，田翠华，等. 基于免疫算法的定频三电平全桥逆变器最优控制的研究[J]. 电工技术学报，2006，21(3):42-46.

[71] 袁佳歆，苏小芳，陈柏超，等. 基于免疫算法的三相逆变器最优空间矢量 PWM 控制[J]. 电工技术学报，2009，24(9):114-119.

[72] 袁佳歆，费雯丽，魏亮亮，等. 基于免疫算法的逆变器无死区控制优化[J]. 电工技术学报，2013，28(9):247-254.

[73] 袁佳歆，赵震，费雯丽，等. 基于免疫算法的逆变器多目标 Pareto 最优控制策略[J]. 电工技术学报，2014，29(12):33-41.

[74] Yuan J, Chen B, Rao B, et al. Possible analogy between the optimal digital pulse width modulation technology and the equivalent optimisation problem[J]. IET Power Electronics, 2012,5(7):1026-1033.

[75] Yuan J, Pan J, Fei W, et al. An immune-algorithm-based space-vector PWM control strategy in a three-phase inverter[J]. IEEE Transactions on Industrial Electronics, 2013, 60(5):2084-2093.

[76] 吴聪聪，贺毅朝，陈嶷瑛，等. 求解 0-1 背包问题的二进制蝙蝠算法[J]. 计算机工程与应用，2015，51(19):71-74.

[77] Changdar C, Mahapatra G S, Pal R K. An ant colony optimization approach for binary knapsackproblem under fuzziness[J]. Applied Mathematics & Computation, 2013, 223(223): 243-253.

[78] 孔祥勇，高立群，欧阳海滨，等. 无参数变异的二进制差分进化算法[J]. 东北大学学报(自然科学版)，2014，35(4):484-488.

[79] Bansal J C, Deep K. A modified binary particle swarm optimization for knapsack problems[J]. Applied Mathematics & Computation, 2012, 218(22):11042-11061.

[80] Kong M, Tian P, Kao Y. A new ant colony optimization algorithm for the multidimensional knapsack problem[J]. Computers & Operations Research, 2008, 35(8):2672-2683.

[81] 常新功，刘文娟. 结合远离最差策略的自适应量子进化算法[J]. 计算机科学与探索，2014,8(11):1373-1380.

[82] Sharma A, Sharma D. Solving dynamic constraint optimization problems using ICHEA[C]//International Conference on Neural Information Processing. 2012:434-444.

[83] Nguyen T T, Yao X. Solving dynamic constrained optimisation problems using repair methods[J]. IEEE Transactions on Evolutionary Computation, 2010.

[84] Simoes A, Costa E. Improving the genetic algorithm's performance when using transformation[M]. Berlin: Springer Vienna, 2003:175-181.

[85] Simoes A, Costa E. An immune system-based genetic algorithm to deal with dynamic environments: diversity and memory[C]//Artificial Neural Nets and Genetic Algorithms. 2003: 168-174.

[86] Basu M. Dynamic economic emission dispatch using nondominated sorting genetic algorithm-II[J]. International Journal of Electrical Power & Energy Systems, 2008, 30(2):140-149.

[87] Zhu Y S, Qiao B H, Dong Y, et al. Multiobjective dynamic economic emission dispatch using

evolutionary algorithm based on decomposition[J]. IEEE Transactions on Electrical and Electronic Engineering, 2019, 14(9):1323-1333.

[88] 李晨，胡志坚，仉梦林. 电力系统动态环境经济调度问题的建模与求解[J]. 电力系统及其自动化学报，2017 ，29 (7):53-59.

[89] Basu M. Multi-objective differential evolution for dynamic economic emission dispatch[J]. International Journal of Emerging Electric Power Systems, 2014, 15(2):141-150.

[90] Shen X, Zou D X, Duan N, et al. An efficient fitness-based differential evolution algorithm and a constraint handling technique for dynamic economic emission dispatch[J]. Energy, 2019, 186:115-128.

[91] 闫李，李超，柴旭朝，等. 基于多学习多目标鸽群优化的动态环境经济调度[J]. 郑州大学学报(工学版)，2019，40(4):8-14.

[92] Qu B Y, Liang J J, Zhu Y S, et al. Solving dynamic economic emission dispatch problem considering wind power by multi-objective differential evolution with ensemble of selection method[J]. Natural Computing, 2019, 18:695-703.

[93] 张大，彭春华，孙惠娟. 大规模风电机组并网的多目标动态环境经济调度[J]. 华东交通大学学报，2019，36(5):129-135.

[94] Qiao B , Liu J . Multi-objective dynamic economic emission dispatch based on electric vehicles and wind power integrated system using differential evolution algorithm[J]. Renewable Energy, 2020, 154:316-336.

[95] Gang L , Yong L Z , Wei J . Dynamic economic emission dispatch with wind power based on improved multi-objective brain storm optimisation algorithm[J]. IET Renewable Power Generation, 2020, 14(13):2526-2537.

第2章　群体智能算法原理及一般框架

20世纪40年代以来，科学家们不断努力从生物学中寻找用于计算科学和人工系统的新思想、新方法，很多学者从生物进化和遗传的机理出发设计新算法使其适应世界复杂系统研究的计算技术——模拟进化算法（simulated evolutionary algorithm）等。人工免疫系统（srtificial immune systems, AIS）是近几年随着生物免疫系统研究的进步而逐步发展起来的一门新学科，随之而产生的免疫算法作为计算智能算法的一个新领域，提供了一种强大的信息处理和问题求解的新模式。这一领域的出现体现了现代科学的多层次、多学科和多领域的相互渗透、相互交叉和相互促进的特点，对智能科学的发展具有重要的意义。以下就其基本理论做简单概括。

2.1　遗传算法基本理论及概念

1962年，John Holland在*Outline for a Logic Theory of Adaptive Systems*一文中[4]提出所谓监控程序的概念，即利用群体进化模拟适应新系统的思想，并且引进了群体、适应值、选择、交叉和变异等。1966年，Fogel等[5]也提出了类似的思想，但其重点是放在变异算子而不是采用交叉算子。1967年，Holland的学生J. D. Bagley通过对跳棋游戏参数的研究，在其博士论文中首次提出"遗传算法（genetic algorithm, GA）"一词[6-7]。1975年之后，遗传算法作为函数优化器不但在各个领域得到广泛应用，而且还丰富和发展了若干遗传算法的基本理论，其与传统的启发式优化搜索算法（爬山法、模拟退火法等）相比，遗传算法的主要本质特征在于群体搜索策略和简单的遗传算子。群体搜索使遗传算法得以突破领域搜索的限制，可以实现整个解空间上的分布式信息采集和探索；遗传算子仅仅利用适应值度量作为运算指标进行随机操作，降低了一般启发式算法在搜索过程中对人机交互的依赖。在优化理论中，采取迭代算法求解一个特定问题，若该算法的搜索过程所产生的解或函数的序列的极限值是该问题的全局最优解，则该算法是收敛的，遗传算法的基础理论主要以收敛性分析为主，即遗传算法的随机模型理论和进化动力学理论。

2.1.1　随机模型理论

1987年，Goldberg和Segrest[8]运用有限马尔可夫链理论对遗传算法进行了收敛性分析；Eiben等证明了一类抽象遗传算法在Elitist选择情况下的概率收敛情况[9]；Rudolph用齐次有限马尔可夫链证明了带有选择、交叉和变异操作的标准遗传算法收敛不到全局最优解，但是如果让每代群体中最佳个体不参与交叉和变异操作而直接保留到子代，那么遗传算法是收敛的[10]；Fogel和Suzuki从进化计算的角度对遗传算法进行了研究[11-13]；Vose，Nix，Liepins等采用统计动力学方法分析了无穷群体下遗传算法收敛性[14]；Cerf等采用摄动理论和马尔可夫链对遗传算法的渐近收敛性进行了分析，得出了遗传算法运行及全局收敛性的一般性结论[15]。

但是，由于遗传算法搜索过程的统计抽象描述，使得随机模型的收敛性分析远离了遗传算法的设计与应用。尽管随机理论的研究成果非常丰富，对于遗传算法的应用和参数的设置所提供的指导信息却非常之少。

2.1.2　进化动力学理论

对于任何函数优化问题，我们期望算法在搜索过程中所获解的序列收敛于问题的全局最优解。然而，随机理论下的全局收敛性，并不能保证任何形式的算法在有限进化群体和有限代数下一定能搜索到问题的全局最优解。因此，Holland提出模式定理对其进行分析，后被称为进化动力学基本定理，模式定理描述了模式的生成模型，没有反应模式的重组过程，所以在有限群体下模式定理不能保证遗传搜索的全局收敛性，进一步地，建筑模式假说描述了遗传算法的重组过程。故模式定理和建筑模式假说构成了求解优化问题时遗传算法具备发现全局最优解的充分条件，也是分析遗传算法的进化行为的基本理论，统称为模式理论；但其在各种程度上存在模式欺骗性，故其有关理论还有待进一步研究。不管怎样，其对算法的设计具有一定的指导意义。

2.2　遗传算法基本流程

通常人们采用的遗传算法的工作流程和结构形式是Goldgerg在天然气管道控制优化应用中首次提出的模型[4,16]，其称为标准遗传算法，流程图结构如图2.1所示。

从图2.1可以看出，GA的运行过程为一个典型的迭代过程，其主要算子为选择、交叉和突变，步骤如下：

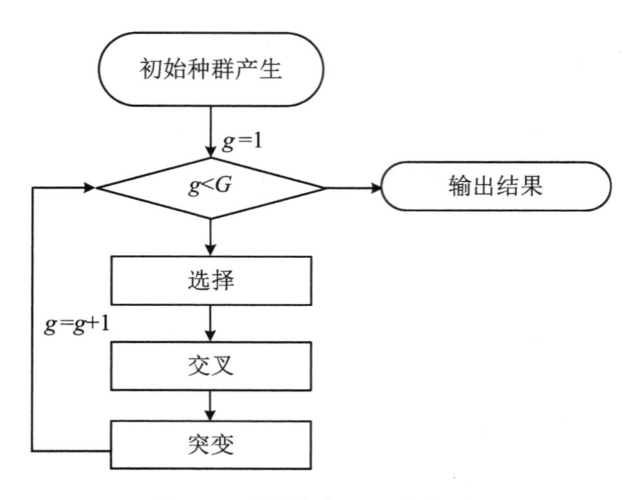

图 2.1 遗传算法(GA)基本流程

步骤 1:随机产生初始群体 A_0,置当前代数 $g=1$;

步骤 2:判断当前代数是否达到最大代数 G;若是,输出结果,结束算法;否则,进入步骤 3;

步骤 3:对当前群体 A_g 施行选择操作,获个体群 B_g;

步骤 4:对 B_g 实行交叉,获个体群 C_g;

步骤 5:变异算子作用于 C_g,获下一代个体群 A_{g+1}。置 $g=g+1$,并转入步骤 2。

2.3 遗传算法基本算子

标准遗传算法一般包括选择(selection, or reprocuction)、交叉(crossover, or recombination)和突变(mutation)三种基本形式。

2.3.1 适应度函数

适应度函数(fitness function)是遗传算法评价个体的标准,它设计的好坏会直接影响算法的搜索性能。对给定个体 $\boldsymbol{x}\in X$,适应度函数针对不同类型的优化问题一般可设计为式(2.1)和式(2.2)中的 $fit(x)$形式。

(1) 最小化问题

$$fit(x)=\begin{cases}c_{\max}-f(x) & (f(x)<c_{\max})\\ 0 & (\text{其他})\end{cases} \tag{2.1}$$

其中,$c_{\max}$为阈值,$f(x)$为染色体 x 对应的函数值。

(2) 最大化问题

$$fit(x)=\begin{cases}f(x)-c_{\min} & (f(x)<c_{\min})\\0 & (其他)\end{cases} \tag{2.2}$$

其中,$c_{\min}$为阈值,$f(x)$为染色体 x 对应的函数值。

2.3.2　选择

选择(selection)即从当前群体选择适应度高的个体以生成交配池(mating pool)的过程,目前主要有适应度比例选择(fitness proportionate selection)和联赛选择两种。

(1) 适应度比例选择

适应度比例选择是最基本的选择方法,其中每个个体被选择的期望数量与其适应值和群体平均适应值的比例有关,通常采用轮盘(roulette wheel)方式实现。其具体为对于给定的规模为 n 的群体 $A=\{a_1,a_2,\cdots,a_n\}$,个体 $a_i\in A$ 的适应值为 $fit(a_i)$,其选择概率为

$$p(a_i)=\frac{fit(a_i)}{\sum_{j=1}^{n}fit(a_j)}$$

该式决定后代种群中个体的概率分布。

(2) 联赛选择

联赛选择(tournament selection)是从当前群体中随机选择两个个体,然后选择适应度较高的个体进入交配池。对于给定的规模为 n 的群体 $A=\{a_1,a_2,\cdots,a_n\}$,个体 $a_i\in A$ 的适应值为 $fit(a_i)$,随机选择个体 a_i 和 a_j,若 $fit(a_i)>fit(a_j)$,则选择 a_i 进入交配池,否则选择 a_j,这样经过 n 次后就选择 n 个个体。

2.3.3　交叉

遗传算法中交叉(crossover)操作是模仿自然界有性繁殖的基因重组过程,其作用是将原有的优良基因遗传给下一代个体,并生成包含更复杂基因结构的新个体,通常的交叉操作有:

(1) 单点交叉(one-point crossover)

从交配池中随机选择两个个体(染色体),分别记为

$$c1=a_{11}a_{12}\cdots a_{1l_1}\ a_{1l_2}\cdots a_{1L}$$

$$c2=a_{21}a_{22}\cdots a_{2l_1}\ a_{2l_2}\cdots a_{2L}$$

其中,L 为染色体长度。

首先,随机选择一个交叉位 $k\in\{1,2,\cdots,L-1\}$,不妨设 $k=l_1$。

然后,对两个位串中该位置右侧那部分染色体进行对换,产生两个新个体

$$c1'=a_{11}a_{12}\cdots a_{2l_1}a_{1l_2}\cdots a_{1L}$$

$$c2' = a_{21}a_{22}\cdots a_{1l_1}a_{2l_2}\cdots a_{2L}$$

(2) 两点交叉(two-point crossover)

如单点交叉中随机选择两个点,然后将两点间的染色体相互对换后而获得新的个体,从而完成两点交叉任务,在很多情况下还可以采用多点交叉[17]。如随机产生两个点 l_1 和 l_2。

$$c1' = a_{11}a_{12}\cdots a_{2l_1}\cdots a_{2l_2}\cdots a_{1L}$$

$$c2' = a_{21}a_{22}\cdots a_{1l_1}\cdots a_{1l_2}\cdots a_{2L}$$

2.3.4 突变

变异操作模拟自然界生物进化中染色体上某位基因发生突变(mutation)现象,从而改变染色体结构和物理性状。对于二进制编码的染色体,现假设染色体

$$c1 = a_{11}a_{12}\cdots a_{1L}$$

受突变,其变异概率为 $p<1$,则突变程序为算法 2.1。

算法 2.1 突变

```
1: for i=1 : L
2:   if (r<p)
3:     if(a_1i=='1') then
4:       a_1i=0;
5:     else
6:       a_1i=1;
7:     end if
8:     i++;
9:   end if
10: end for
```

说明:r 为[0,1]间随机数;p 为交叉概率。

2.4 免疫算法基本理论及概念

免疫学作为一门独立地反映人体及其他动物免疫系统运动规律的学科,对人类做出了巨大贡献。免疫系统是一种高度并行的分布式、自适应信息处理学习系统,其结构及行为特性极为复杂,对其内在运行规律的认识,免疫学家们仍正在做不懈努力。这种系统的作用在于识别自我及非自我物质,清除和防御外来入侵的病毒物质或分子。其主要在巨噬细胞、抗原呈递细胞、主要组织相容性复合物及 B、T 细胞的作用下,通过抗体识别抗原的模式结构及抗体自身进化的方式完成匹配抗原的任

务。抗体与抗原的作用机制反映了免疫系统属于一种进化的防御系统，这种进化方式启发人们开发新的计算智能工具解决不断涌现的复杂非线性问题。

为了更好地挖掘生物免疫学的丰富资源，开发智能技术处理复杂的工程问题，本节从免疫学的基本概念及机理出发分别阐述免疫系统的基本特点、功能和基本原理。

2.4.1　免疫学基本概念

1. 抗原

通常指外来感染性病毒物质或分子，以及胚胎期未在与免疫系统接触中发生改变的自身物质，即自身抗原。抗原（antigen，Ag）由载体和半抗原组成，半抗原又称为抗原决定基或表位（图 2.2（a）），一个抗原可有一个或多个不同的表位，其表位成分数目和空间构型决定抗原的特异性，抗原的表位与机体免疫细胞表面的受体（对位）相结合引起免疫应答（图 2.2（c））。抗原具有两种性能：① 刺激机体产生免疫反应；②与相应抗体和/或淋巴细胞发生特异性结合。

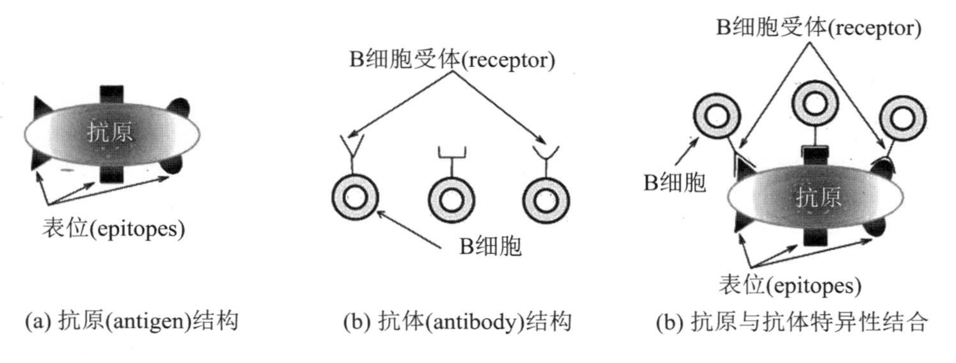

(a) 抗原(antigen)结构　(b) 抗体(antibody)结构　(b) 抗原与抗体特异性结合

图 2.2　抗原和抗体结构及其之间特异性结合

2. B 细胞

产生于骨髓并在骨髓中发育成熟的淋巴细胞。B 细胞（B cell）经由激活，分化为多个血浆细胞，每一浆细胞能分泌多个相同类型的免疫球蛋白，B 细胞的作用是产生抗体，并对入侵抗原做出应答。

3. 抗体

B 细胞接受抗原刺激后，分泌具有免疫功能并能与抗原发生特异性结合的免疫球蛋白。抗体（antibody，Ab）的基本结构是一种“Y”型的四肽链，如图 2.2（b）所示，其由两个完全相同的轻链和两个完全相同的重链及二硫链构成。抗体具有二官能性，即在抗体的结构上，有氨基酸数量和排列较保守的恒定区，另有因抗体不同而不同的可变区；在可变区中，有一部分为较容易改变氨基酸排列次序的高变区，这种高变区体现了抗体识别抗原的特异性及多样性。抗体的作用在于识别和清除抗原。

4. 自我抗体

免疫系统中随机产生的B细胞所携带的抗体。

5. T细胞

骨髓中分泌的部分淋巴液被分配到胸腺，这些淋巴液在胸腺中发育成熟后则为T细胞(T cell)。T细胞的作用在于调整其他细胞的行为和体内的感染性细胞袭击。这种细胞主要包含辅助性T细胞(T helper cells, TH)、杀伤性T细胞(T killer cells, TK)和抑制性T细胞(T suppressor cells, TS)。TH细胞帮助激活B细胞和其他T细胞；TK细胞能驱除微生物入侵者、病毒及癌细胞；TS细胞对维持免疫应答起重要作用，抑制其他免疫细胞的活动(即控制免疫系统的行为，抑制其他细胞)，没有TS细胞将导致免疫细胞松弛及过敏性反应和自治免疫疾病。

6. 免疫细胞

免疫细胞由来自骨髓的淋巴细胞和包含颗粒状化学物质的白细胞组成。

7. 淋巴细胞

淋巴细胞(lymphocyte)由B细胞、T细胞和自然杀伤细胞(natural killer cells, NK)等组成。

8. 巨噬细胞

一种大的且能阻塞和消化微组织和抗原的白细胞，其作用在于把抗原分泌为颗粒状(抗原肽)，并将这些物质送给淋巴细胞。

9. 抗原呈递细胞

抗原呈递细胞(antigen presenting cell, APC)能摄取、加工处理抗原，并将抗原肽呈递给淋巴细胞的一类免疫细胞；其主要作用在于将抗原肽提供给T细胞识别。

10. 免疫记忆

免疫系统的一个重要特征是好交往性，其不仅能记忆已出现抗原的结构，而且对相同抗原的再次入侵或相似抗原的出现做出快速反应，能成功地毁灭被识别的抗原。免疫记忆是免疫系统的重要特征，有助于加快再次免疫应答过程。

11. 免疫应答

免疫应答指的是外部有害病毒入侵机体并激活免疫细胞，使之增殖分化并产生免疫效应的过程，它可以分为感应阶段、增殖分化阶段和效应阶段三个部分。免疫应答分为先天性(固有)免疫和自适性免疫两种，前者由机体先天获得，可对病原进行快速清除；后者为特异性识别，并清除病原体，具有特异性、记忆、区分自我与非我、多样性和自我调节等优良特性。

12. 亲和度/亲和力

抗体的表位与抗原的对位的匹配程度。

2.4.2 免疫学的基本原理

1. 免疫应答原理

免疫应答是指免疫细胞对抗原分子的识别、活化、分化和产生免疫效应的全过程，这种应答包含先天性(固有)免疫应答和自适应免疫应答。先天性免疫应答又称为非特异性免疫应答，其是机体在遗传基因作用下，在长期的发育和进化中形成的一种应答方式；自适应免疫应答又称为特异性免疫应答，是机体接受抗原刺激后，机体自组织学习抗原的应答过程，其包含细胞免疫和体液免疫。

细胞免疫是指 T 细胞介导的免疫应答，这种应答过程主要通过巨噬细胞、抗原呈递细胞(antigen presenting cells, APC)、主要组织相容性复合物(major histocompatibility complex, MHC)及 T 细胞共同相互协调完成。

体液免疫是指抗体介导的免疫应答。这种应答包括初次应答和再次应答(图 2.3)。当免疫系统第一次遇到某一类型的抗原(A)时，只有少量的免疫细胞能够识别该抗原，能够识别该抗原的细胞受刺激，进行快速的自身复制(即克隆扩展)，在克隆扩展的同时伴随超变异，大部分克隆分化为浆细胞，这些浆细胞能产生抗体，其中能识别抗原的浆细胞中立入侵的抗原，识别能力弱的或产生自反应的浆细胞被清除，其余的浆细胞作为记忆细胞，这一过程称为初次应答；若有相同或相似的抗原入侵，免疫系统的记忆细胞被刺激后便以较快的速度对入侵抗原产生应答，更多的抗体产生，入侵抗原很快被清除，这一过程称为再次应答(或二次应答)。

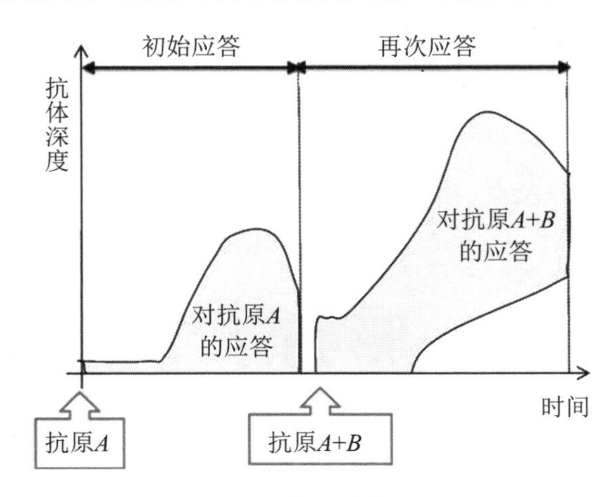

图 2.3　免疫应答原理

2. 克隆选择原理

机体在胚胎期，由于遗传和免疫细胞在增殖中发生基因突变，形成了多样性的免疫细胞，这些细胞经分化后，部分细胞变为记忆细胞，另一部分细胞不断增殖形成无性繁殖系，这种无性繁殖系被称为克隆，每一种抗原侵入机体后，机体内都能选出识别相应抗原的免疫细胞(特异性)，使之被激活、分化和繁殖，产生大量具有特异性的抗体，这些抗体中立、清除抗原，这叫细胞克隆选择学说。

克隆选择原理包含着免疫细胞应答抗原的几种机理。应答抗原能力强的免疫细胞被确定性地选择进行应答，在此称为克隆选择；被选择进行应答的免疫细胞依据其应答抗原能力强弱，繁殖一定数目的克隆细胞，免疫细胞繁殖克隆的数目与其亲和度成正比，这种机制称为细胞克隆；部分克隆细胞变为记忆细胞或长寿细胞，被保存于免疫系统中并更新已有的低亲和度记忆细胞，在此称为记忆细胞获取；记忆细胞产生免疫记忆，即能记忆已入侵的抗原的模式，其作用在于对同一抗原再次出现或相似抗原的出现做出快速反应；克隆细胞在其母体的亲和度影响下，按照与亲和度成反比的概率对抗体的基因多次重复随机突变及基因块重组，进而产生种类繁多的免疫细胞，并获得大量识别抗原能力比母体强的B细胞，这些识别抗原能力较强的细胞能有效缠住入侵的抗原，这种现象称为亲和成熟。此机理主要由抗体的突变完成，而突变受其母体的亲和度制约，这种突变称为亲和突变。突变方式有单点突变、超突变及基因块重组或基因块反序等。克隆选择原理解释了多样免疫细胞及高亲和度免疫细胞产生的过程，其相互作用机制如图2.4所示。

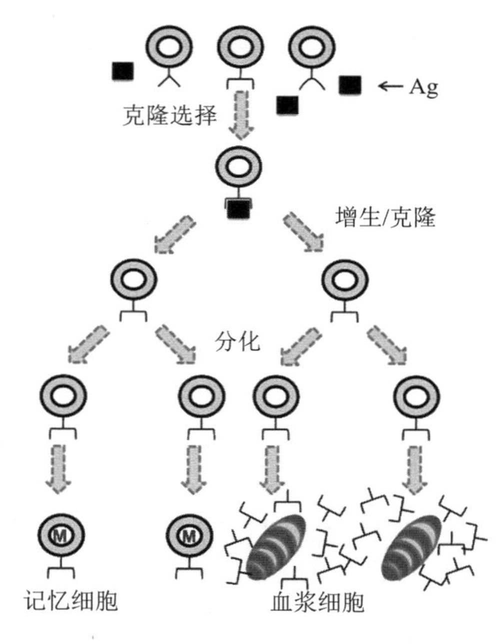

图2.4　克隆选择原理

3. 免疫网络原理

在免疫系统中，通过抗原的对位与抗体的表位以及抗体之间的表位与对位进行识别与被识别，抗体不仅识别抗原，同时又识别其他抗体和被其他抗体识别，因此抗体具有识别和被识别的特性（二重性）。抗体表面的表位又称为独特位或独特型（idiotype）抗原决定基（图2.2(b)），其作用在于识别其他抗体。通过抗体表面的受体，即对位（paratope），抗体识别抗原，抗体与抗体之间相互识别和被识别，并形成了独特型免疫网络。

在网络中，被识别的抗体受到抑制，识别抗原及其他抗体的抗体得到促进和增殖，这种机制便构成了独特型免疫网络调节。免疫网络调节主要反映了免疫系统中抗体分子之间相互协调、相互促进及相互抑制关系，该网络即使在没有抗原的作用下也能进行，因此又将能被其他抗体识别的抗体称为抗原的内影响。同时网络调节能使网络中抗体的总数目获得控制，并调节各种类型的抗体在免疫系统的数目，使所有抗体的数目达到总体上平衡。当抗原入侵免疫系统时，这种平衡遭到破坏，应答抗原能力强的B细胞进行增殖，并导致免疫应答，待抗原被清除后，依赖于免疫网络调节使抗体数目达到新的平衡，这种现象属于免疫调节。

独特型免疫网络原理主要包含两种抗体作用机制，即克隆抑制及抗体的动态平衡维持(简称为动态平衡维持)。

克隆抑制是指突变的克隆群中相似及相同抗体被确定性地抑制，促成产生具有相似度较低及细胞种类较多的免疫细胞群，这种机制类似于进化论中小生境技术，起到维持群体多样性作用。同时这种机制有利于减轻动态平衡维持中抗体选择压力。

动态平衡维持使母体群(即当前免疫细胞群体)与克隆细胞群共同竞争，依据免疫细胞的浓度及亲和度按概率方式随机选择存活的免疫细胞；这种机制主要体现了抗体之间相互抑制和相互促进机理，即亲和度高而浓度低的抗体受到鼓励，反之则受到抑制。另外，免疫系统随时产生自我抗体插入存活的抗体群，以便增强抗体群多样性及调节免疫系统中抗体数目。

从免疫网络理论描述获知，其包含的两种机制在免疫网络中起重要作用，克隆抑制能缩小抗体群的规模，促成抗体进化的作用，使得高亲和度或识别其他抗体能力强的抗体得到保存。动态平衡维持使免疫系统中抗体的总数目获得控制，同时多种抗体的数目达到平衡，相似或相同抗体出现的数目较少以及自我抗体的出现增强了免疫网络的动态平衡，这两种机制在体液免疫应答中起到调节免疫细胞群的作用。

4. 抗体多样性机理

在依赖于T细胞的体液免疫中，被激活的B细胞群体通过其表面抗体的基因超突变(somatic mutation)和受体编辑(receptor editing)产生多样B细胞，大量高亲和度B细胞被选入记忆池中，低亲和度及高浓度免疫细胞被抑制。经细胞繁殖后，B细胞表面的抗体遭受变异，抗体的变异受到严格限制，即亲和度越高，突变的可能性越小，反之，则突变的可能性越大，突变的目的在于提高抗体识别抗原的能力。研究结果还表明：免疫系统除了B细胞的克隆选择，偶尔发生受体分子选择，被选择的分子产生基因块重组(编辑过程)。即B细胞删去自反应受体后通过编辑可变区产生全新的受体。免疫系统通过超突变和受体编辑产生多样的抗体并消除抗原。消除过程如图2.5所示。假设A是初次应答抗体Ab所在的位置，当Ab受点突变后而发生领域搜索，由于在进化过程中低亲和度抗体被淘汰，这使得 Ab 逐渐朝局部最优点 A'靠近，经有限次点突变后到达 A'处。由于偶尔的受体编辑机制将使 Ab 发生很大的跳跃，Ab 可能跳跃到山的另一边 B 或 C 处。若 Ab 跳跃到 B 处，则经有限步点变异后爬到局部最优点 B'处；若 Ab 跳跃到 C 处，则经有限步点突变后爬到全局最优点 C'处。由此分析可知，点变异能达到局部搜索，而受体编辑营救全局搜索的功能。此两机制的相互结合产生多样性抗体，从而摧毁抗原。在免疫系统中，抗原约有 10^{16} 种类型，同时人体约有 10^5 种基因块；基因通过随机组合构成基因块，基因库则由基因块构成，抗体由基因块随机组合而成，因此尽管免疫系统中仅约有 10^5 种基因块，但基因块的随机组合却产生约 10^{15} 种不同类型的抗体，从而免疫系统能应答各种类型抗原，即免疫系统具有多样性特征。因此，通常增强多样性的变异方法有单点突变、超突变、基因逆转及受体编辑等。

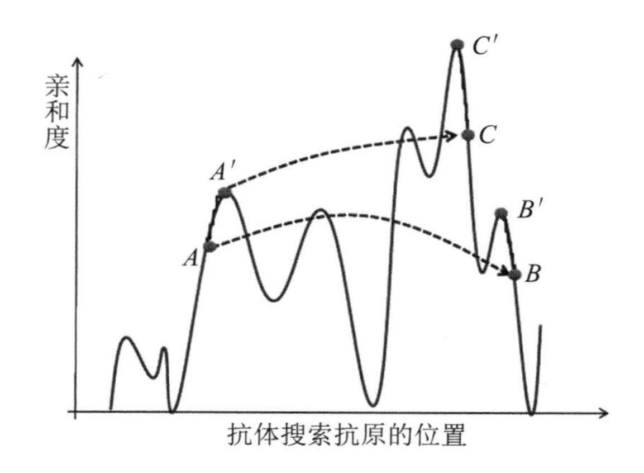

图 2.5　超突变和受体编辑机制

5. 免疫防御原理

免疫系统由先天性(固有)(innate)免疫系统和自适应(adaptive)免疫系统组成。固有免疫系统是一种与生俱有的天然防御系统，具有识别一定微生物和立即摧毁这种微生物的能力，这种系统的主要作用在于能辨析自我和非自我，参与自我和非自我辨析组织的识别，对推动自适应免疫起重要作用。自适应免疫系统是后天形成的一种防御系统，能自适应学习外来入侵病毒物质或分子的模式结构，清除或中立这种分子或物质。

2.4.3 人工免疫系统原理及应用

受到抗原与免疫系统作用机制及免疫学中基本概念的思想启发，开发智能方法解决工程问题已成为人工智能领域中出现的新研究方向。国内外不少学者致力于将免疫系统的特征和原理与实际问题结合，同时有不少研究成果在工程问题中获得了广泛应用。以下介绍免疫学中克隆选择原理、独特型免疫网络原理和 T 细胞免疫反馈调节原理与人工免疫系统相衔接的部分机制，这些机制在免疫算法构建中发挥重要作用。特别强调的是，由于 B 细胞表面仅携带一种类型抗体，因此，以后的叙述中将抗体和 B 细胞不加区别，相关名词介绍如下：

1. 抗体与抗原

体液免疫过程主要是抗体与抗原的相互作用，抗原作为被处理对象，抗体作为学习抗原的主体，抗体如何学习抗原成为研究的主要问题。借助于抗体学习抗原的思想，可将要解决的工程问题或问题的答案视为抗原，需获的候选答案视为抗体，模拟抗体学习抗原的机制可寻求所处理问题的答案。例如，在免疫网络聚类算法中，抗体视为进化的候选聚类点，抗原视为已知的样本数据。

2. 克隆选择

克隆选择是一种确定性的选择方式，这种方式引导识别抗原能力强的抗体参与免疫应答，提高识别抗原的能力，这种思想反映在免疫算法上则是进化群（候选解群）中较高亲和度的抗体（候选解群）被选择学习抗原（优化问题或进化群的最好解），即进化群体中较好的解参与进化。

3. 细胞克隆及记忆细胞获取

此机制主要作用在于分化免疫细胞，分化的细胞中，一部分细胞演变为记忆细胞，另一部分则繁殖大量的无性繁殖系（即克隆），这些克隆参与进化并演变为浆细胞。这种机制反映在算法上，记忆细胞则为算法进化到当前群体时所获得的较好解，这些解又逐渐被更好的解取代。记忆细胞的作用在于为相同或相似问题解决时提供初始个体，有助于提高算法搜索最优解的性能；免疫细胞所繁殖的克隆（即问题的候选解）的演变提供了探测更好解的机会，起到增强算法局部搜索能力的作用。

4. 亲和成熟

通过对克隆细胞的基因重复变异及基因块重组完成。其目的在于加速学习抗原的进程。其反映在算法上则是克隆细胞通过变异产生较好的候选解，以至于逐步获最优解。

5. 克隆抑制

对突变后的克隆群进行处理，相似的或亲和度低的克隆被消除，而高亲和度的克隆被保存。这种思想反映在算法上则为进化群体被划分为若干个独立的子群，每子群中相似度高且亲和度低的克隆被确定性地清除，这种机制有助于减轻母体群和突变的克隆群构成的混合群体的选择压力。

6. 动态平衡维持

这种机制是自我抗体参与并维持抗体群多样性的主要环节，即它保存一定数量较好和较差的抗体，同时调节抗体群规模。此思想反映在算法上则表现为按照特定的随机方式选择好、中、差抗体，并插入一定数量的自我抗体，调节被选中抗体构成的群体的规模及多样性。

7. T 细胞调节

TH、TS 细胞对 B 细胞的应答具有调节作用，这两种细胞被抗原激活的程度反映了 B 细胞被激活的程度，T 细胞对 B 细胞的调节可被用于反馈控制系统中设计控制器，即将实时系统的输出误差视为抗原，利用 T 细胞调节原理设计控制器，此控制器的输出作为实时系统的输入，通过控制系统的不断作用，系统的输出误差逐渐趋于 0。

2.5 免疫算法基本流程

1. 算法基本流程

免疫算法的工作原理如图 2.6 所示，此图中每一操作对应免疫系统中一种进化机制，这些操作相互作用便构成免疫算法，其反映在免疫学上，则为体液免疫应答过程，即抗体学习抗原并最终清除抗原的过程。将此进化过程中的抗体对应优化问题的候选解，抗原被视为问题本身，进而获得寻求最优解的免疫算法。

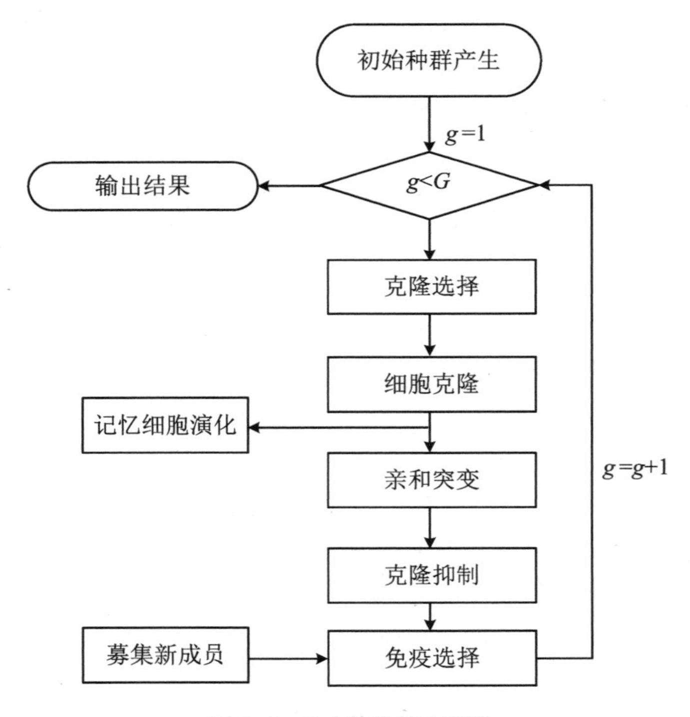

图 2.6 免疫算法基本原理

由图 2.6 可知，免疫算法作用于抗体群，而抗体群以抗体为对象进行进化；算法主要包含 7 个基本要素，即克隆选择、细胞克隆、亲和突变、克隆抑制、免疫选择、募集新成员以及记忆细胞演化。主要参数包括群体规模、克隆选择率、细胞克隆规模、克隆抑制半径、自我抗体插入群体的比率。

2. 算法步骤描述

根据图2.6,一般性免疫算法步骤可描述如下:

输入:N为种群规模;M为记忆集大小;α为克隆选择率。

输出:最优个体。

步骤1:若抗原为新抗原(即未处理过的优化问题),则随机产生N个抗体构成初始抗体群A_0,记忆池M_{set}为空集;若抗原为已出现过的抗原,则从记忆池M_{set}中选择部分记忆细胞,以及随机产生部分抗体构成规模为N的初始抗体群A_0;计算A_0中抗体的亲和度。设置$g=1$。

步骤2:判断$g<G$是否成立。若是,则输出结果;否则,执行步骤3。

步骤3:利用克隆选择算子在A_g中选择N_1个抗体构成群体B_g,$N_1\equiv$ round(αN_1)。

步骤4:细胞克隆算子作用于B_g繁殖M个克隆,B_g中的抗体进入记忆池M_{set},并更新M_{set}中亲和度低的抗体。

步骤5:依据亲和突变算子对各个克隆细胞进行突变,获突变的克隆集C_g。

步骤6:计算与母体不相同的克隆的亲和度,克隆抑制算子作用于C_n,获克隆集C_n^*。

步骤7:由募集新成员算子任取N_3个自我抗体插入C_g^*,并计算此N_3个自我抗体中与C_g^*中不相同抗体的亲和度。

步骤8:免疫选择作用于C_g^*,获下一代种群A_{g+1},$g=g+1$。

注:免疫选择中的选择规则可改用其他概率选择规则,如以抗体激励度作为概率进行选择。从免疫机制的角度,免疫选择反映了抗体选择的不确定性以及抗体的抑制与促进机制。

2.6　免疫算法基本算子

免疫学中几个基本概念在免疫算法的设计中得到有效应用,即亲和度、相似度、浓度及激励度。在此,从应用的角度,根据算法设计的需要给出数学描述。

2.6.1　亲和度

亲和度指抗体与抗原的匹配程度。反映在优化问题上,抗体的亲和度定义为函数$aff:S\to(0,1)$,$aff(x)$与$f(x)$成反比,一般设置为

$$aff(x)=\frac{1}{1+e^{\eta f(x)}}\quad(0<\eta<1)$$

这里,$f(x)$为抗体x的目标函数值,η为调节系数。

2.6.2 克隆选择

克隆选择是指在给定的选择率$\alpha(0<\alpha<1)$下，在抗体群中选择部分抗体的确定性映射$T_s: S^N \to S$。即设X_0为抗体群X中$N_1 \equiv \text{round}(\alpha|X|)$个亲和度较高的抗体构成的群体，按如下概率规则选择抗体：

$$P(T_s(X)_i = X_i) = \begin{cases} 1 & (X_i \in X_0) \\ 0 & (X_i \notin X_0) \end{cases}$$

其中，round为取整函数，以后出现此函数将省略其说明。

从免疫机制出发，克隆选择仅选择群体中亲和度较高的抗体参与繁殖及突变，而亲和度低的抗体仍存于免疫系统中，并逐渐被驱除。

2.6.3 细胞克隆

设X为给定抗体群，$|X|=m(m<N)$，所谓细胞克隆是指在给定的繁殖数M下，X中所有抗体依据各自的亲和度及繁殖率共繁殖M个克隆的映射，$T_c: X \subset S \to 2^S$，它是确定性映射，即设$r: S^m \to R$为抗体群的繁殖率函数，$X=\{x_1, x_2, \cdots, x_m\}$为抗体群，则定义抗体$x_i$繁殖$m_i$个克隆，$T_c(x_i)=clone(x_i)$。其中，$clone(x_i)$为$m_i$个与$x_i$相同的克隆构成的集合，$m_i$由下式确定：

$$m_i = Nr(X) \cdot aff(x_i), \quad \sum_{i=1}^{m} m_i = M$$

由上式可看出，繁殖率函数表示为

$$r(X) = \frac{M}{N}\Big(\sum_{i=1}^{m} aff(x_i)\Big)^{-1}$$

抗体群X繁殖的克隆细胞构成的群体为

$$T_c(X) = \{x \in X \mid x \in T_c(x_i), 1 \leqslant i \leqslant m\}$$

细胞克隆说明抗体群中较好抗体被确定性地选择参与进化，以便提高其自身的亲和度；对于给定抗体群X，各抗体繁殖的克隆个数与其亲和度成正比。细胞克隆算子是确定免疫算法运行速度的重要环节，M过大，则算法搜索速度较慢，M过小，则群体的多样性受影响。

2.6.4 亲和突变

所谓亲和突变是指抗体空间到自身的随机映射，即$T_m: S \to S$，其作用方式是抗体按与其亲和度成反比的可变概率独立地改变自身的基因。

此模块中突变概率函数设计要求$p(1 \geqslant p \geqslant 0)$；此条件容易满足，如可选取为$p(x)=\exp(-aff(x))$，本书选择此函数作为突变概率函数。

2.6.5 克隆抑制

克隆抑制是指在抗体群中依据抗体的亲和度和相似度抑制部分抗体的确定性映射，$T_r: S^M \to S$。克隆抑制算子的设计是，设 X 是规模为 M 的抗体群，依据抗体的相似度、抑制半径 σ 及 $aff(u,v) < \sigma$，将 X 划分为子群，不妨设获 q 个子群 $P_i(1 \leqslant i \leqslant q)$，利用处罚函数对 P_i 中亲和度低的抗体进行处罚，进而设 X 中未被处罚的抗体构成的集合为 M_r。于是按下列规则抑制 $M-M_r$ 个抗体：

$$P\{T_r(X)=u\}=\begin{cases}1 & (u \in M-M_r)\\ 0 & (u \in M_r)\end{cases}$$

2.6.6 激励度

激励度是指抗体群中抗体应答抗原和被其他抗体激活的综合能力，其可定义为函数 $act: X \subset S \to \mathbf{R}^+$

$$act(x) = aff(x)\,\mathrm{e}^{-\frac{c(x)}{\beta}}$$

其中，β 为调节因子，$\beta \geqslant 1$。由上式可看出，抗体应答抗原的综合能力与其亲和度成正比，与其在抗体群中的浓度成反比。从应用角度，此式可调节抗体群多样性。

2.6.7 免疫选择

免疫选择是指在抗体群中依据抗体的激励度选择抗体的随机映射，$T_{is}: S^N \to S$，其按下列概率规则：

$$P\{T(X)_i = X_i\} = \frac{act(x_i)}{\sum\limits_{x_i \in X} act(x_i)} \tag{2.3}$$

或

$$P\{T(X)_i = x_i\} = \frac{\exp\left(\dfrac{act(x_i)}{T_n}\right)}{\sum\limits_{x_j \in X}\exp\left(\dfrac{act(x_j)}{T_n}\right)},\quad T_n = \ln\left(\frac{T_0}{n}+1\right) \tag{2.4}$$

选择抗体群 X 中的抗体。式(2.3)为比例选择规则；式(2.4)为模拟退火选择，T_0 为初始温度，n 为迭代数。在此，与遗传算法和模拟退火算法的选择规则不同在于，免疫选择引入了抗体浓度概念，增强群体多样性。

注：免疫选择中的选择规则可改用其他概率选择规则，如以抗体激励度作为概率进行选择。从免疫机制的角度来说，免疫选择反映了抗体选择的不确定性以及抗体的抑制与促进机制。

为便于理论分析，以下将募集新成员操作定义为算子：

2.6.8 募集新成员

所谓募集新成员是指在抗体空间 S 中随机选择一个自我抗体的映射。用$T(S)$表示选择的抗体,用 $T_d(S)$表示选择的 d 个抗体的集合。

募集新成员主要在于维持群体的动态平衡,起到微调群体多样性的作用。特别地,当进化群体出现多样性差时,自我抗体的产生有助于使群体沿更好的解所在区域转移。

2.6.9 突变规则

抗体突变是产生高亲和度抗体及多样化抗体的主要环节,对于二进制编码的字符串,抗体基因的突变与基本遗传算法突变规则的主要区别在于抗体基因的突变率与抗体的亲和度成反比,此有助于产生更好解,而基本遗传算法突变率为固不变的很小值,因此基本遗传算法中的突变规则可被采用,抗体的基因信息通过突变获取,其突变概率与亲和度成反比,此表明抗体的基因突变概率被自适应调节。另外介绍几种适用于编码为多字符串的组合优化的突变算子,这些算子的抗体由字符集的元素的全排列表示。

(1) 换位算子:对于抗体 $\mathrm{Ab}=(a_1,a_2,\cdots,a_N)$,以概率 P_{c} 随机取 r 对字符换位。当 $r=1$ 时,为单对字符换位;当 $r>1$ 时,为多对字符换位。

(2) 逆转算子:对抗体 $\mathrm{Ab}=(a_1,a_2,\cdots,a_N)$,随机取两个正整数 p,q,从 Ab 中取出一字符串 A_1,$A_1=(a_p,a_{p+1},\cdots,a_{q-1},a_q)$,以 p_1 的概率对 A_1 中的各个字符首尾倒置。

(3) 移位算子:对抗体 $\mathrm{Ab}=(a_1,a_2,\cdots,a_N)$,随机取两个正整数 p,q,从 Ab 中取出一字符串 A_1,$A_1=(a_p,a_{p+1},\cdots,a_{q-1},a_q)$,以 P_{m} 的概率依次往左(或右)移动字符串 A_1 中和的各字符。

(4) 优质子串保留算子:如果若干个抗体与抗原之间的亲和度都很大,且这些抗体包含了相同的字符串 A_1,则在新抗体产生的过程中,以 P_{s}的概率将字符串保留下来,操作时使 A_1 不受破坏。

以上四种突变规则的共同特点是,抗体的基因突变是在抗体的基因之间进行,突变的概率不变。对于二进制编码的字符串,若使用以上突变操作,当初始群体中抗体的基因几乎相同时,所对应的算法易陷入局部搜索。以下介绍一种基因库重组策略:

(5) 基因块重组:对于二进制串或由多字符集的元素构成的全排列的字符串,同时随机选取长度相同的互不交叉的两块基因,并依次交换各基因位置上的基因,如图 2.7 所示。

A	B	C	D	E	F	G	H	I	J	K	L	M	N	O
N	O	C	J	K	L	G	H	I	D	E	F	M	A	B

图2.7　基因块重组

参考文献

[1] Holland J H. Outline for a logical theory of adaptive systems[J]. Journal of the Associationg for Computing Machinery, 1962,9(3):297-313.

[2] Forgel L J,Owers A J. Artificial intellegence through simulated evolution[M]. New Yorks: John Wiley & Sons,1966.

[3] Goldberg D E. Genetic algorithms in search, optimization and machine learning[M]. MA:Addion-Wesley Publishing Company,1989.

[4] Bagley J D. The behavior of adaptive systems which employ genetic and correlation algorithms [D]. Ann Arbor: University of Michigan, 1967.

[5] Goldgerg D E,Segrest P. Finite Markov Chain Analysis of Genetic Algorithm[C]//Proceedings of the second international conference on genetic algorithm. 1987, 1:1.

[6] Eiben A E,Arts E H, Van Hee K M. Global Convergence of Genetic Algorithm:An Infinite Markov Chain Analysis[C]//Parallel Problem Solving from Nature. Schwefel H P,Manner R. (eds.),Springer-Verlag, 1991:4-12.

[7] Rudolph G. Convergence Analysis of Canonical Genetic Algorithm[J]. IEEE Transactions on neural network,1994,5(1):102-109,120-129.

[8] Fogel D B. Asymptotic convergence of genetic algorithms[D]. Doctorial Dessertation,1993.

[9] Fogel D B. Evolutionary Computation:the Fossil record. Piscataway[M]. NJ:IEEE Press,1998.

[10] Suzuki J. A Markov Chain analysis on simple genetic algorithms[J]. IEEE Transactions on System,Man,and Cybernetics,25(4):650-659,1995.

[11] Melanie Mitchell. An inteoduction to genetic algorithms[M]. Cambridge:The MIT Press,1996.

[12] Cerf R. Asymptotic convergence of genetic algorithm[J]. Comptes Rendus De L Academie Desences Serie I-Mathematique,1994,319(3): 217-276.

[13] Nikolopoulos C, Fellrath P,et al. Hybrid ecpert for investment advising[J]. Expert System, 1992,11(4):245-248.

[14] 张文修,梁怡,等. 遗传算法数学基础[M]. 西安:西安交通大学出版社,1992.

[15] 肖人彬, 王磊. 人工免疫系统:原理、模型、分析及展望[J]. 计算机学报,2002,25(12): 1281-1293.

第3章　多层响应约束多目标免疫优化算法及性能测试

本章基于生物免疫系统的运行机制，提炼一种多层响应的免疫应答模型，根据该模型，提出一种多层响应免疫优化算法以解决约束多目标优化问题。算法的设计中，针对可行和非可行个体，采取可行群和非可行群独立进化策略，进化过程中可行与非可行个体间通过通信达到全局搜索。为了加强对非可行域边界 Pareto 最优解的搜索，设计了一种转换算子，以记忆细胞中优秀基因段作为遗传基因段，对进化群中部分优秀个体进行转移，提升进化群对约束边界的开采和搜索能力。数值实验以 18 个标准测试问题验证被提出的算法优化效果，并与 6 种著名的约束多目标算法进行比较，以不同的评价指标，分析被提出算法求解约束多目标问题的优势与不足。实验结果表明，被提出的算法在解决约束多目标优化问题时具有较大的优势，对大多数测试问题均能收敛于真实的 Pareto 最优前沿。通过非参数统计分析表明所提出的算法优于其他同类算法解决约束多目标优化问题的能力。

3.1　引　　言

工程优化中通常遇到诸如投资组合[1]、电力系统调度[2]等复杂的静态 CMOPs。传统的数学规划方法解决静态 CMOPs 时往往存在：① 复杂的目标函数或约束（如高度的非线性等）不易求解，必须通过等价或其他变换才能求解；② 采用权重系数法，一次迭代难于获得多个解（Pareto 最优解）。由于上述原因，群体智能算法更适合静态 CMOPs 的处理，因为群体智能算法一次迭代能获多个 Pareto 最优解，而且它比较适合于复杂的非线性约束多目标优化。因此，群体智能算法在静态 CMOPs 的求解方面得到广泛应用。

目前，出现的群体智能算法主要包括进化算法（evolutionary algorithm，EA）[3-4]、人工蜂（artificial bee colony，ABC）[5]、粒子群优化（particle swarm optimization，PSO）[6]算法以及多种机制混杂的智能算法[7-8]。然而，近些年，基于免疫系统的免疫算法（immune algorithm，IA）[9]在 MOPs 中也得到应用，但诸多是针对非约束的静态 MOPs 的求解。这是因为 IA 应用于静态 CMOPs 时，不仅需要考虑约束处理技术(CHTs)，而且涉及抗体亲和度的设计。只有设计合适的 CHT 和亲和度函数，才能有效地提高 IA 处理静态 CMOPs 的能力。

静态 CMOAs 发展至今，其 CHTs 主要来源于约束单目标的 CHTs[10-13]。诸如流行的静态/动态/自适应的罚函数方法[14-15]、约束支配规则(CDP)[16]和随机排行(SR)[17]等。譬如，Ray 等[18]和 Singh 等[19]基于非支配概念处理可行和不可行解。Qu 和 Suganthan 使用多种 CHTs 的组合解决 CMOPs[20]。Asafuddoula 等[21]提出一种自适应的 CHT，并将此 CHT 直接嵌入著名的无约束多目标算法 MOEA/D[22]中求解静态 CMOPs。最近，Jan 等[23]首次将 MOEA/D+DE 与 CDP 或 SR 结合形成两个版本的静态 CMOAs：CMOEA/D-DE-CDP 和 CMOEA/D+DE+SR。在 CMOEA/D+DE+CDP 中，CDP 被用于评价可行和不可行个体；在 CMOEA/D+DE+SR 中，使用修改的 SR 作为 MOEA/D+DE 的更新策略。其提出的两个算法应用于 CTP[16]和 CF[24]系列问题，但实验中 CTP 测试例子仅考虑了 2 维的变量。然而，更高维变量的优化效果有待验证。Martinez 和 Coello 也基于 MOEA/D+DE 基本框架，提出 ε 约束选择的静态 CMOAs[25]。Liu 等[26]基于变量空间分解理论提出 DMOEADD，在 DMOEADD 中，可行域被分解为多个子域，算法在每个子域内搜索次优解，然后通过次优解的通信达到全局搜索的能力，该算法更适用于并行机处理。Jiao 等[27]基于 Woldesenbet 等[28]提出的目标修改法，结合一种可行引导策略，提出约束多目标算法 MCMOEA。在 MCMOEA 中，目标和约束通过进化群的可行率修改为新的目标函数，算法直接评价修改的目标函数引导种群向非可行域边界搜索，对于不可行个体采用可行个体引导策略使其尽可能朝可行域进化。以上各方法主要从约束处理方面考虑，但很少从生物运行机制出发设计静态 CMOAs 求解静态 CMOPs[29]。

实际上，解决静态 CMOPs，关键是如何提高可行群的多样性和对不可域边界的开采和探索。而基于免疫系统的 IA 具有高度的并行性和分布性，抗体具有不断学习抗原的能力[30]。高亲和度抗体的克隆和重组加速局部探索的能力。染色体的编辑能力能使抗体逃脱局部最优。记忆的抗体能加速相似抗原的消除能力。IA 对复杂 UCMOPs 的处理已得到充分的验证[31-32]。Xiao 等[33]也试探性比较了 IA 与 SR 和 CDP 结合分别提出 MOAIS+SR 和 MOAIS+CDP 解决静态 CMOPs，实验结果说明了 MOAIS+SR 比 MOAIS+CDP 优越，但其验证的测试问题为低维的 CTP 测试例子。因此，本章基于 IA 的基本框架，提出一种新的免疫系统模型，并设计相应的约束多目标免疫算法 CMIGA 求解静态 CMOPs。

3.2 多目标约束处理方法

近年来，约束处理策略受到众多学者的关注，相继出现了很多约束处理技术[34]。最传统的约束处理策略是罚函数法。若罚函数仅由约束违背度决定，则称其为静态惩罚法。相反，若罚函数随进化过程发生变化，则称其为动态惩罚法。无论是何种惩罚法，罚函数法均是将所有约束的违背度强加到目标函数以对不可行解给予一定的惩罚，虽然该方法实现简单，但是在解决实际约束问题时需要选择合适的罚因子，而且不同的问题合适的罚因子是不同的，这就给该方法带来了极大的应用限制。为了提高惩罚法的适应性，Woldesenbet 等[28]提出了一种自适应的惩罚法解决静态CMOPs。在该方法中，种群的可行率被结合到目标函数构成新的目标函数，个体直接根据新目标函数进行非支配排序，促使算法有效地探索非可行区域，而不像传统的罚函数方法直接拒绝非可行个体，这种自适应方法目的是加大非可行个体的接受概率，增强非可行域的开采，以期加强非可行域的边界搜索，提高算法处理静态CMOPs的能力和效率。类似的设计思想还有文献[35-37]。但是自适应思想也有一定的局限性，因为自适应因子随当前群的搜索行为发生自适应的变化，若在算法进化后期，种群基本收敛到最优解附近，此时自适应策略几乎失去功能。因此，算法的后期探索能力得以丧失，不易于算法的精确搜索[34]。

最流行的多目标约束处理策略是 Deb 等[16]提出的约束支配规则(CDP)。其实现非常简单，无额外参数。定义如下：

定义 $\boldsymbol{x}$ 约束支配 $\boldsymbol{y}$(记为 $\boldsymbol{x} \prec_c \boldsymbol{y}$)。当且仅当满足下列条件之一：

(1) $\boldsymbol{x}$ 约是可行的，$\boldsymbol{y}$ 不可行；

(2) $\boldsymbol{x}$ 约和 $\boldsymbol{y}$ 均不可行，但 $\boldsymbol{x}$ 约有更小的约束违背度；

(3) $\boldsymbol{x}$ 约和 $\boldsymbol{y}$ 均可行，但 $\boldsymbol{x}$ 约支配 $\boldsymbol{y}$。

在文献[16]中，Deb 将 CDP 嵌入 NSGA-Ⅱ 中求解 CTP 系列测试函数并与 Jimenez 算法和 Ray 等算法进行了比较。仿真结果验证了基于 CDP 约束处理策略的 NSGA-Ⅱ优越于其他两种约束多目标算法。近来，一些基于 CDP 约束处理策略的 EMOAs 相继被提出。如文献[38]将 CDP 直接嵌入 GA 中而获得一种跳动基因遗传算法用于静态 CMOPs 求解；在文献[39]中，一种基于 CDP 的 PI-NSGA-Ⅱ-VF 用于求解许多目标优化问题。Zhang 等[31]基于 CDP 规则提出一种动态环境约束多目标免疫优化算法。但根据 CDP 定义，可以看出 CDP 也是一种偏爱可行解的约束处理策略。例如：两个非可行解间约束违背度低的解有更大的机会被选取。因此，该方法依然不能充分利用不可行解的有用信息。为此，Runarsson 和 Yao[17]提出一种随机排行(SR)的约束处理策略。SR 设计的目的是为了平衡算法对不可行区域的搜索，克服已有算法偏向于可行个体的缺点。通过预定义的参数 $p_f \in [0,1]$ 控制算法接受不可行个体的概率。Zhang 等在文献[40]中基于 SR 提出一种新的偏爱搜索策略解决静态 CMOPs。在文献[41]中 SR 结合 PSO 解决约束数值优化和工程问题。仿真比较表明基于 SR 的约束策略解决静态 CMOPs 收敛速度较慢，原因是没有任何引导策略，算法完全依赖一定的概率接受非可行解。因此，其工程应用价值受到一定的限制。

3.3　约束多目标优化相关定义

不失一般性，对于极小化静态 CMOPs，相关定义如下：

定义 3.1　[Pareto 支配]对于向量 $\boldsymbol{x}$ 和 $\boldsymbol{y}$（$\boldsymbol{x},\boldsymbol{y} \in \Omega$），称 $\boldsymbol{x}$ 支配 $\boldsymbol{y}$（记为 $\boldsymbol{x} \prec \boldsymbol{y}$），当且仅当满足下列两个条件：① 对任意 $i \in \{1,2,\cdots,m\}$ 均有 $f_i(\boldsymbol{x}) \leqslant f_i(\boldsymbol{y})$；② 至少存在一个 $j \in \{1,2,\cdots,m\}$ 使得 $f_i(\boldsymbol{x}) < f_j(\boldsymbol{y})$。

定义 3.2　[Pareto 最优]称向量 $\boldsymbol{x}^* \in \Omega$ 是 Pareto 最优的，如果不存在向量 $\boldsymbol{y} \in \Omega$，使得 $\boldsymbol{y} \prec \boldsymbol{x}^*$。所有 Pareto 最优解构成 Pareto 最优解集（Pareto-optimal set，PS），这些 Pareto 最优解集映射到目标空间，便构成 Pareto 最优前沿（Pareto-optimal front，PF）。

定义 3.3　[非支配解集和非支配前沿]设集合 $X \in \Omega$，令 $p(X)=\{\boldsymbol{x} \in X \mid \boldsymbol{x}$ 关于 X 是非支配的$\}$。则称集合 $p(X)$ 是关于 X 的非支配解集，其对应的目标向量集 $F(p(X))$ 称为是关于 X 的非支配前沿。由此可知，若 $X=\Omega$，则 $p(X)$ 即为 PS，$F(p(X))$ 即为 PF。

3.4　免疫系统多层响应机制

本部分主要介绍与 CMIGA 相关的免疫系统机制，关于其他方面的机理读者可参考文献[42-43]。免疫系统由许多复杂的细胞、分子和器官构成。这些组织能应对外来病毒的感染，从而实现保护机体健康稳定的功能[44]。免疫系统内部包括固有（先天性）免疫（innate immune）和自适应免疫（adaptive immune）两个内部关联的子系统，该两子系统的有机结合能识别、消除外来病毒、细菌等，以实现防御的功能。这些感染物以下统称为抗原（antigen，Ag）。

图 3.1 为固有免疫和自适应免疫相互作用机制示意图，当 Ag 入侵机体时，固有免疫系统中一种特定性抗原呈递细胞（antigen presenting cells，APCs）能快速识别

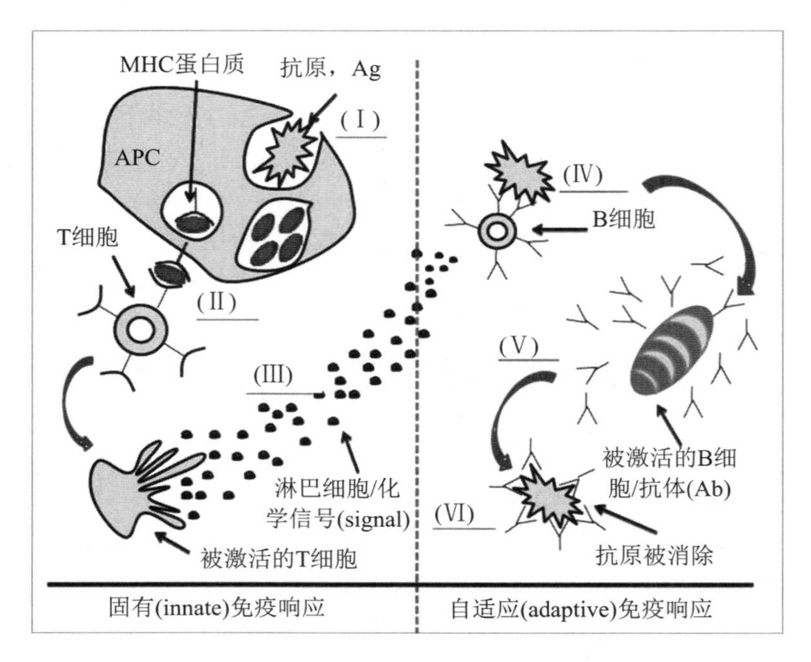

图 3.1　固有免疫和自适应免疫相互作用机制

入侵的 Ag，并将其吸收分解为许多基因段(gene segment)，这些被分解的基因段吸附于细胞主组织复合体(major histocompatibility complex，MHC)而形成 MHC 蛋白受体，这些受体呈现在 MHC 的表面[45]，而免疫系统中的 T 细胞表面也有一种受体分子，它能识别不同的 MHC 复合体。T 细胞一旦识别到 MHC 复合体就被激活而分泌或分化为淋巴细胞或其他化学信号，这些细胞或化学信号刺激免疫系统中其他元素而促进自适应免疫响应的发生。

自适应免疫促进机体内细胞的分化和重组，发生细胞克隆和突变而产生两类淋巴细胞：B 细胞和 T 细胞。B 细胞表面也有特定的受体分子，它不需要 MHC 复合体而直接识别外来抗原，每个 B 细胞产生一种抗体(antibody，Ab)，这些抗体黏附于抗原并对抗原发生中和反应，进而消除抗原。抗体和抗原的黏附程度定义为亲和度(affinity)，亲和度越大，抗体黏附抗原的能力越强，抗原越易于被抗体消除。为了中和多样的 Ags，被激活的 B 细胞分化为大量相同的 B 细胞，这一过程称为亲和成熟。成熟的 B 细胞变为血浆细胞分泌为抗体蛋白消除 Ags。同时，部分 B 细胞和 T 细胞变成记忆细胞周游于机体内部，当相同或相似 Ags 再次入侵时，这些记忆细胞发生快速响应，并中和这些入侵的 Ags，这称为再次应答。

由以上抗体消除抗原的原理可知，免疫响应中 Abs 是担负着重要角色的免疫球蛋白，Ab 包含两个相同的轻链和重链[42]，其独特型链由多个基因段组成，这些基因段来自免疫系统的基因段库。因此，在 Abs 的基因重组过程中，基因库中的基因段随机组合产生 Abs 分子，这个过程叫作转换(transformation)[46]。生物学中的转换是器官中的 DNA 片段的转移，这些 DNA 片段的转移，促使多样性染色体的产生，其中有些染色体变成存活率更高的染色体，有些变成存活率低或死亡的染色体。

上述免疫响应规律，启发构建图 3.2(a)的多层免疫响应模型，主要包括固有免疫响应和自适应免疫响应，每个响应过程由多个模块相互作用而完成。固有免疫响应中包括 APC 模块和 T 模块，自适应免疫响应中包括 B 模块和 M 模块。通过模拟获得图 3.2(b)的免疫算法拓扑结构，基于此提出 CMIGA 算法。由图 3.2(b)模仿和借鉴图 3.2(a)的机制详述如下：首先，抗原入侵视为 CMIGA 中的初始化基因库（基因段池），它包含 n_{seg} 个基因段，每个基因段长度为 l_{seg}；抗原被分解吸收视为 CMIGA 的基因段池的更新，每次迭代均进行更新操作；然后，进入主要模块的模仿，在 APC 模块中，被分解的基因段吸附于细胞主组织复合体（MHC）而形成 MHC 蛋白受体，该过程模仿为 CMIGA 中的非可行或被支配群的产生；在 T 模块中，基因段黏附于 MHC 蛋白形成 MHC 分子，MHC 分子被 T 细胞识别后，T 细胞被激活分化为淋巴细胞或化学信号，这个过程视为 CMIGA 中的 T 细胞遗传进化（包括突变和重组过程）；在 B 模块中，B 细胞受这些化学信号刺激发生 B 细胞克隆、突变等免疫过程，模仿为 CMIGA 中部分高亲和度的 B 细胞被选中，发生比例克隆和亲和突变；在 M 模块中，部分优秀个体保留于机体并发送再次响应，该过程在 CMIGA 中模仿为可行且非支配群的形成，同时，部分高亲和度的抗体留存于记忆池并执行记忆池更新，同时记忆的个体促进了基因段池的更新。最后，B 模块的转换模仿为 CMIGA 中组合群发生转换操作，该操作增加抗体的多样性，提高 CMIGA 中非可行解朝可行区域和不可行边界移动，提高其逃脱局部最优的能力。

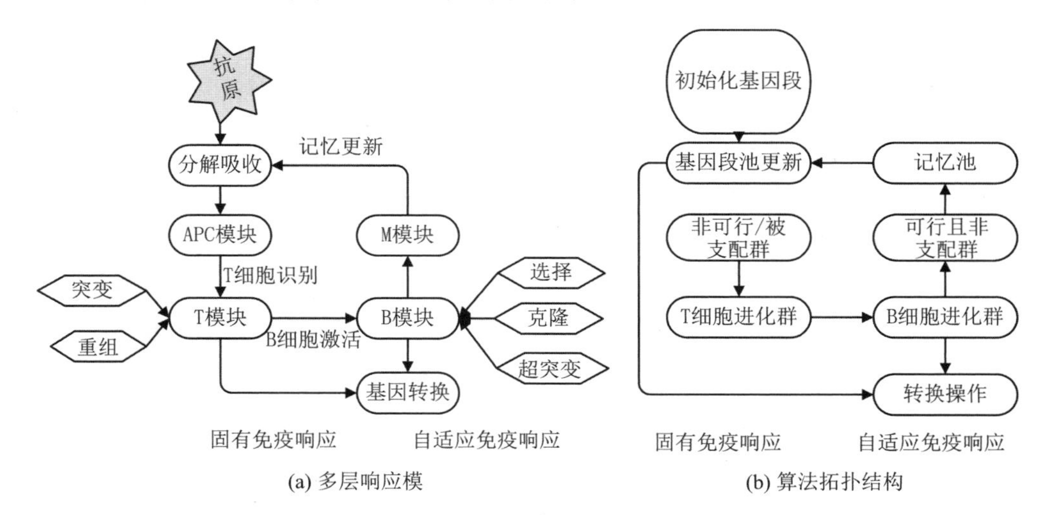

图 3.2　多层响应模型和算法拓扑结构

其中 APC 模块、T 模块、B 模块和 M 模块分别对应非可行/被支配群、T 细胞进化群、B 细胞进化群、可行且非支配群

3.5 CMIGA实现步骤和主要模块描述

本部分描述CMIGA的实现步骤及算子设计。

3.5.1 CMIGA的实现步骤

在CMIGA的实现步骤中，抗原(Ag)视为约束多目标优化问题(CMOP)，B细胞视为实数编码的可行非支配候选解，T细胞视为非可行/被支配解。于是，CMIGA的步骤描述如下，其中τ表示迭代数，符合(X^τ,n)表示第τ代种群X^τ，n为种群规模。$T^{(\cdot)}$表示操作算子，括号内表示操作，如$T^{(D)}$指分离种群操作。CMIGA的具体描述如下：

输入：N为种群规模，n_{seg}为基因段池规模，n_{fea}为可行群规模，n_c为抗体的克隆规模，τ_{max}为最大迭代数。

输出：P为Pareto最优解集。

步骤1：初始化，设置初始代数$\tau=1$。随机产生初始种群$X^\tau=(x_1,x_2,\cdots,x_N)$和基因段池$Y^\tau=(y_1,y_2,\cdots,y_N)$。记忆池$M^\tau=\varnothing$。

步骤2：判断$\tau\leqslant\tau_{max}$是否成立。若是，转入步骤3；否则，算法终止，输出Pareto最优解集P。

步骤3：评价。计算X^τ中每个抗体的目标向量$\boldsymbol{F}(x_i)=(f_1(x_i),f_2(x_i),\cdots,f_m(x_i))$和约束违背度$V(x_i)=\sum_{j=1}^{p+q}\max\{\hat{g}_j(x_i),0\}(i=1,2,\cdots,N)$。

步骤4：种群分离。$(A^\tau,n_{fea})\cup(B^\tau,N-n_{fea})=T^{(D)}(X^\tau,N)$。$A^\tau$是种群$X^\tau$中可行非支配抗体，$B^\tau$由剩余抗体构成。

步骤5：亲和度计算。根据方程(2.1)计算每个抗体$x_i\in A^\tau$的亲和度$aff(x_i)$。

步骤6：增生克隆。$(C^\tau,N)=T^{(C)}(R^\tau,n_c)$。根据3.5.2节执行增生克隆。

步骤7：超突变。$(D^\tau,N)=T^{(M)}(C^\tau,N)$。克隆群$C^\tau$按3.5.2节执行超突变，产生突变群$D^\tau$，计算突变抗体的亲和度。

步骤8：记忆更新。$(M^\tau,n_c)=T^{(U_m)}(A^\tau,n_{fea})$。

步骤9：联赛选择。$(E^\tau,N/2)=T^{(S)}(X^\tau-R^\tau,N-n_c)$。群$X^\tau-R^\tau$执行二人联赛选择获取$N/2$个抗体，构成群$E^\tau$。

步骤10：遗传进化。$(F^\tau,N/2)=T^{(E)}(E^\tau,N/2)$。群$E^\tau$执行SBX交叉和多项式突变，获群$F^\tau$。

步骤11：基因转换。$(H^\tau,3N/2)=T^{(T)}(U^\tau,3N/2)$。组合群$U^\tau=D^\tau\cup F^\tau$按算法3.2执行基因转换，计算每个被转换抗体的目标向量和约束违背度。

步骤 12：拥挤选择。$(Q^\tau, N) = T^{(C_s)}(S^\tau, 3N/2 + n_c)$。组合群 $S^\tau = H^\tau \cup M^\tau$ 按 3.5.2节执行拥挤选择获下一代群 Q^τ。

步骤 13：基因段池更新。$(Y^\tau, n_{seg}) = T^{(U_s)}(Y^\tau, n_{seg})$。按算法 3.1 更新基因段池。

步骤 14：$X^{\tau+1} \leftarrow Q^\tau, Y^{\tau+1} \leftarrow Y^\tau, \tau \leftarrow \tau + 1$，转入步骤 2。

注　(a) 步骤 1～步骤 2：首先，随机产生 N 个抗体形成初始群 X^1，n_{seg}个长度为 l_{seg}的基因段也随机产生构成基因段池 Y^1。接着，计算每个抗体的目标向量和约束违背度。注意：行 2，若 $j > p$，则 $\hat{g}_j(x_i) = |g_j(x_i)| - \varepsilon$；否则$\hat{g}_j(x_i) = g_j(x_i)$。式中，$\varepsilon$ 是等式约束的阈值(一般取 0.0001 到 0.001)。

(b) 步骤 6～步骤 7：增生克隆操作应用于 R^τ，获群 C^τ。C^τ经超突变获成熟群 D^τ。

(c) 步骤 9～步骤 10：群$(X^\tau - R^\tau)$经选择、交叉和突变产生新群 F^τ，这里“－”表示集合运算的差。注意：由于处理的是约束优化，故在此选择策略采用二人联赛选择，选择准则为 CDP 方式。被选择抗体的数目为 $N/2$。

(d) 步骤 11：组合群 $D^\tau \cup F^\tau$经由基因转换操作(参见算法 3.2)产生子群 H^τ。

(e) 步骤 12：拥挤选择操作作用于组合群 $H^\tau \cup M^\tau$，选取 N 个抗体构成群 Q^τ。

注意：由于 $H^\tau \cup M^\tau$包含当前群和记忆群，所以精英个体被遗传到下一代。另外，根据 3.5.2 节中 4 可知，$|M^\tau| = n_c \leqslant N/2$，所以 $H^\tau \cup M^\tau$中抗体的数目不超过 $2N$，目的是为了控制进化群的规模，降低算法的计算开销。

3.5.2　模块设计

1. 亲和度

假设 X 是当前群，将抗体 $\boldsymbol{x} \in X$ 的亲和度 $aff(\boldsymbol{x})$设计为被支配率和浓度的函数。

抗体 $\boldsymbol{x}$ 的被支配率定义为

$$c(\boldsymbol{x}) = \frac{|\{\boldsymbol{y} \mid \boldsymbol{y} \prec \boldsymbol{x}, \forall \boldsymbol{y} \in X\}|}{|X|}$$

式中，$|\cdot|$表示集合的势。

抗体的浓度定义为

$$\rho(\boldsymbol{x}) = \frac{\min\limits_{\forall \boldsymbol{y} \in X} d(\boldsymbol{x}, \boldsymbol{y})}{\max\limits_{\forall \boldsymbol{y}, \boldsymbol{z} \in X} d(\boldsymbol{y}, \boldsymbol{z})}$$

式中，$d(\boldsymbol{x}, \boldsymbol{y})$表示抗体 $\boldsymbol{x}$ 和 $\boldsymbol{y}$ 间的欧几里得距离。

抗体 $\boldsymbol{x}$ 的亲和度定义为

$$aff(\boldsymbol{x}) = \lambda \frac{1}{1.0 + c(\boldsymbol{x})} + (1 - \lambda)\rho(\boldsymbol{x}) \tag{3.1}$$

式中，等式右边第 1 项分母中加 1 是为了确保$\frac{1}{1.0 + c(\boldsymbol{x})} < 1$，$\lambda \in [0,1]$。实验中为

了偏向于非支配性，选取 $\lambda=0.8$。

根据上述亲和度的设计，其他算子设计如下：

2. 增生克隆（$T^{(C)}$）

增生克隆是一部分亲和度高的抗体被无性繁殖。首先，从 A^{τ} 中选取 n_c 个较高亲和度的抗体构成临时群 R^{τ}；接着，R^{τ} 中每个抗体按亲和度比例克隆，产生 n_c 个克隆子群。这些克隆子群构成组合群 C^{τ}。其中，

$$n_c=\begin{cases} n_{\text{fea}} & (n_{\text{fea}}<N/2) \\ \dfrac{N}{2} & (\text{否则}) \end{cases} \tag{3.2}$$

这里克隆群 C^{τ} 的最大规模设定为 N，因此，每个抗体的克隆规模（$c(x_i)$）按下式计算：

$$c(x_i)=\left\lceil N\times\frac{aff(x_i)}{\sum_{j=1}^{n_c}aff(x_j)}\right\rceil \tag{3.3}$$

注意，由式(3.2)可知，n_c 不超过 $N/2$。

3. 超突变（$T^{(M)}$）

假设抗体 $\boldsymbol{x}=(x_1,x_2,\cdots,x_n)$ 经超突变为抗体 $\boldsymbol{x}'=(x_1',x_2',\cdots,x_n')$。则对于每个基因 x_j，产生一随机数 r，若 $r<p_m$，则按式(3.4)执行基因突变；否则，不执行任何操作。这里的 p_m 为突变概率。

$$x_j'=\begin{cases} x_j-N\left(0,\dfrac{1}{\tau}\right) & (\gamma<0.5) \\ x_j+N\left(0,\dfrac{1}{\tau}\right) & (\text{其他}) \end{cases} \tag{3.4}$$

式中，γ 是[0,1]中随机产生的均匀随机数。$N\left(0,\dfrac{1}{\tau}\right)$ 表示 0 与 $\dfrac{1}{\tau}$ 间均匀分布的随机数。

4. 记忆池更新（$T^{(U_M)}$）

记忆池采取每代均进行更新方式，为了降低计算开销，一般选取的记忆池的规模较小。记忆池中记忆细胞的更新，使得记忆细胞也发生进化，提高记忆细胞的存活质量，为转移操作提供高质量的基因段。在这里更新方式采用简单的替换，即从 A^{τ} 中选取 n_c 个高亲和度的抗体替换 M^{τ} 中等数目的抗体。对于第一代，由于记忆池为空，所以直接将选取的 n_c 复制到记忆池中即可。注意：根据方程(3.2)的表达式可知，M^{τ} 中容纳的记忆细胞最大数目是不超过 $N/2$。

5. 基因段池更新（$T^{(U_S)}$）

基因段池是为转换操作提供基因段，如同记忆池，每代均进行更新，其更新方式如下：对于每个基因段，首先，从 A^{τ} 中随机选择一个抗体 x_{γ}，接着，从被选中的 x_{γ} 中随机产生一个长度为 l_{seg} 的基因段 $\tilde{y}_{\gamma}$。Y^{τ} 中被更新的基因段被 $\tilde{y}_{\gamma}$ 代替。这个过程不断重复直到所有的基因段更新完毕。具体过程如算法 3.1。

算法 3.1　基因段池更新

输入：$A^\tau=(x_1,x_2,\cdots,x_{n_{\text{fea}}})$为可行的非支配群；
输出：Y^τ为被更新的基因段池；
1. $i\leftarrow 1$
2. while $i\leqslant n_{\text{seg}}$ do
3. 随机选择一个抗体 $x_\gamma\in A^\tau$，从 x_γ随机产生一个基因段$\tilde{y}_\gamma$，其长度为 l_{seg}；
4. 置 $y_i\leftarrow\tilde{y}_\gamma$，　$i\leftarrow i+1$；
5. end while

注　为了更好地利用优秀个体信息，CMIGA 中的基因段更新不同于文献[46]中的更新方式。文献[46]的基因段更新是使用前代的种群，而 CMIGA 中使用记忆池 M^τ中的记忆细胞。因为记忆细胞为较优秀个体，以其作为更新种群库，必将使得优秀的基因段得以遗传到子体，目的是加速 CMIGA 的搜索速度。

6. 转换($T^{(T)}$)

转换操作类似于对组合群 $D^\tau\cup F^\tau$中部分抗体执行随机超突变，经转换后，组合群中部分低亲和度抗体可能被提高，以期达到种群的进一步开采。具体方式如下：

对组合群 $D^\tau\cup F^\tau$中每抗体 $v_i\left(i=1,2,\cdots,\dfrac{3N}{2}\right)$以概率 p_{tra}执行转换。其步骤为算法 3.2。

算法 3.2　转换算子

输入：$V^\tau=D^\tau\cup F^\tau=(v_1,v_2,\cdots,v_{\frac{3N}{2}})$为组合群；
　　$Y^\tau=(y_1,y_2,\cdots,y_{n_{\text{seg}}})$为基因段池；
　　p_{tra}为转换率；
输出：H^τ为被更新的基因段池；
1. 对每个 $i=1$，$H^\tau=\varnothing$；
2. while $i\leqslant\dfrac{3N}{2}$ do
3. 随机选择一个基因段 $y_\gamma\in Y^\tau$，并随机产生一个随机数 $r\in[0,1]$；
4. if $r<p_{\text{tra}}$ then
5. 　使用产生的基因段 y_γ按照图 3.3 的方式对 v_i 执行转换，获得被转换的抗体 v_i'；
6. else
7. 　$v_i'=v_i$；
8. end if
9. 置 $H^\tau=H^\tau\cup v'_i$，$i\leftarrow i+1$；
10. end while

图 3.3 给出转换示意图。首先，从基因段池 Y^{τ} 中随机产生一个基因段 $\tilde{y}_{\gamma}$；接着，对被转换的抗体 $v_i \in V^{\tau}$ 随机产生一个转换点；然后，基因段 $\tilde{y}_{\gamma}$ 中的基因依次替换 $v_i \in V^{\tau}$ 中转换点后面的基因而形成转换抗体 v_i'。注意：若 $\tilde{y}_{\gamma}$ 中的基因数目多于 v_i 中转换点后面的基因个数，则转换点后面的基因替换完后，$\tilde{y}_{\gamma}$ 中剩余的基因从 v_i 起始点开始再依次做替换，直到 $\tilde{y}_{\gamma}$ 中的基因全部参与了替换。

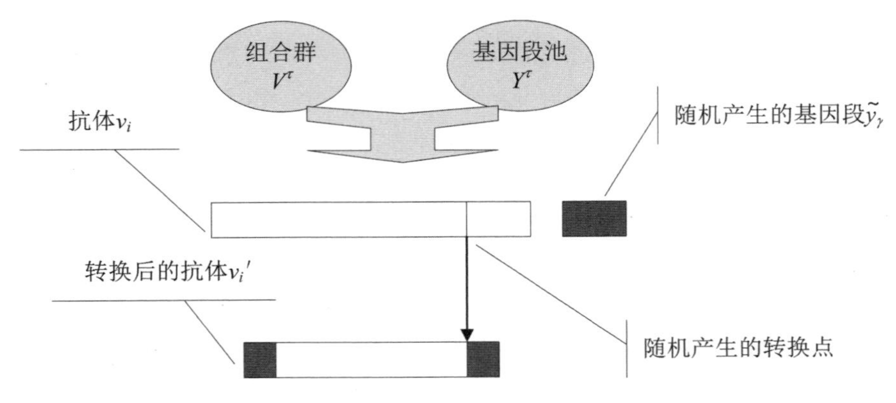

图 3.3　转换方式示意图

7. 拥挤选择($T^{(C_S)}$)

拥挤选择是从组合群 $H^{\tau} \cup M^{\tau}$ 中选择 N 个较好的抗体构成下一代初始群。选择方式如同文献[16]的 CDP 规则。即对于任意两抗体 $\boldsymbol{x}$ 和 $\boldsymbol{y}$，若 $\boldsymbol{x} \prec_c \boldsymbol{y}$，则 $\boldsymbol{x}$ 被选取；否则，若 $\boldsymbol{y} \prec_c \boldsymbol{x}$，则 $\boldsymbol{y}$ 被选取；否则，若 $\boldsymbol{x}$ 和 $\boldsymbol{y}$ 不可比较，则以 0.5 的概率选取其中的一个。但此处的拥挤距离计算不同于文献[16]，本算法的拥挤距离计算如图 3.4 所示。抗体 $\boldsymbol{x}$ 的拥挤距离反比于 $d(\boldsymbol{x},\boldsymbol{y})$ 和 $d(\boldsymbol{x},\boldsymbol{z})$ 的和，这里 $d(\boldsymbol{x},\boldsymbol{y})$ 是 $\boldsymbol{x}$ 和 $\boldsymbol{y}$ 的欧几里得距离。从图 3.4 可知，抗体 $\boldsymbol{z}$ 是拥挤距离最小的抗体，故其优先被选取。注意：边界点 $\boldsymbol{a}$，$\boldsymbol{b}$ 不纳入拥挤距离的比较，其直接遗传到下一代，以保证所获 PF 具有较好的延展性。

3.5.3　CMIGA 的时间复杂度分析

为了简明起见，在此仅分析 CMIGA 执行一代的时间复杂度。假设种群规模为 N，根据 CMIGA 的执行步骤知，CMIGA 的时间复杂度主要由以下五个部分决定。

(1) 增生克隆(行 6)：排序和选择 n_c 个高亲和度抗体的时间复杂度分别为 $O(N\log N)$ 和 $O(N)$。克隆操作的时间复杂度为 $O(N)$。因此，增生克隆的总时间复杂度为 $a_1 = 2O(N) + O(N\log N)$。

(2) 超突变(行 7)：突变 N 个克隆体的时间复杂度为 $a_2 = O(N)$。

(3) 进化(行 10)：交叉和突变的时间复杂度为 $a_3 = 2O\left(\frac{N}{2}\right)$。

(4) 转换(行 11)：转换操作的时间复杂度为 $a_4 = O\left(\frac{3N}{2}\right)$。

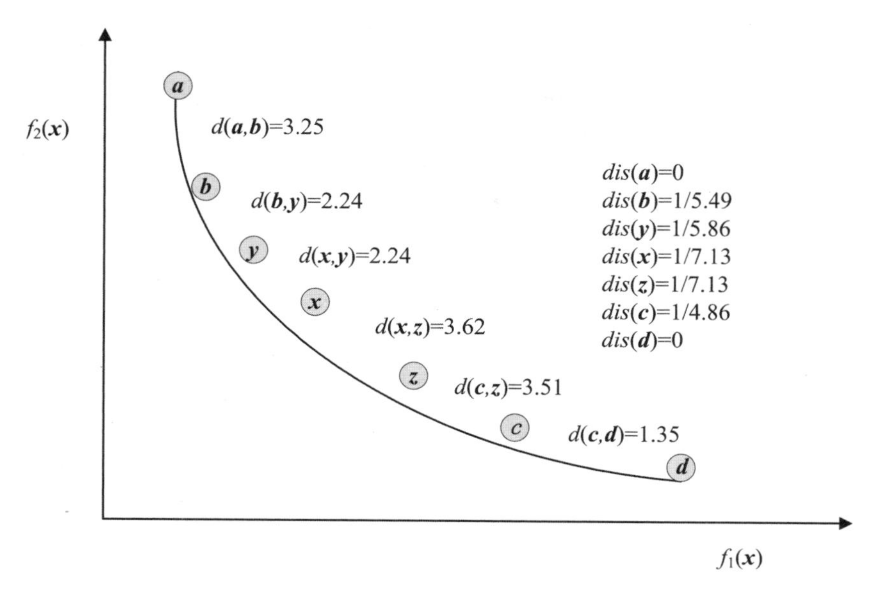

图3.4　拥挤距离计算示意图

(5) 拥挤选择(行12):非支配排序的时间复杂度为$O\left(\left(\frac{3N}{2}+n_c\right)^2\right)$,随后的拥挤选择的时间复杂度为$O\left(\left(\frac{3N}{2}+n_c\right)\log\left(\frac{3N}{2}+n_c\right)\right)$。因此,当$n_c=\frac{N}{2}$时,此步总的最坏时间复杂度为$a_5=O((2N)^2)+O(2N\log(2N))$。

由以上知CMIGA执行一代总的最坏时间复杂度为

$$a_1+a_2+a_3+a_4+a_5=2O(N)+O(N\log N)+O(N)+2O\left(\frac{N}{2}\right)+O\left(\frac{3N}{2}\right)+O(4N^2)+O(2N\log(2N)) \quad (3.5)$$

根据$O(\cdot)$的计算规则,式(3.5)等于$O(N^2)$。因此,执行最大代$\tau_{\max}$,CMIGA的最坏总时间复杂度为$O(N^2\tau_{\max})$,此与NSGA-Ⅱ具有相同的时间复杂度。

3.6　数值仿真实验设置

为了验证被提出算法CMIGA解决静态CMOPs的能力,本实验部分将CMIGA与6种同类著名算法进行测试分析。这些被比较的算法为:cMOEAD[21],DMOE-ADD[47],MOAIS+SR[33],基于CDP的NSGA-Ⅱ,MCMOEA[27]和CMOEA/D+DE+CDP[23],选取18个广泛使用的静态CMOPs标准测试例子作为测试问题集。这些测试问题为OSY[48],SRN[49],TNK[50],8个CTP系列测试函数[16]和7个CF系列测试函数[24]。这些问题中SRN,TNK和OSY包含多个约束,而CTP和CF有1或

2个约束;SRN,NK和OSY的变量维数分别为2,2和6,其他测试函数的变量维数n=10。对于CTP问题,选取复杂的Rastrigin函数作为g函数(方程(3.6))。

$$g(x)=1+10(n-1)+\sum_{i=1}^{n}(x_i^2-10\cos(4\pi x_i)) \tag{3.6}$$

3.6.1 算法参数设置

参与比较的算法特殊参数根据相应文献设定,实验比较中各算法的基本参数设置如下:停止准则,所有算法执行$\tau_{\max}=500$。种群规模,为了确保所有算法具有同样的目标评价数,各算法的种群规模设置不同,具体为说,cMOEAD,DMOEADD和CMOEA/D+DE+CDP的种群规模$N=200$,而CMIGA、MCMOEA和NSGA-Ⅱ的规模$N=100$。由于MOAIS+SR的特殊性,其种群规模$N_a=40$,其他参数设置与文献[33]相同。

算子参数:六种算法涉及的算子参数均按文献[16][21][23][27][33][47]进行设置。CMIGA的算子参数参见表3.1。

表3.1 CMIGA的其他参数设置

参数名称	数值
交叉概率 p_c	0.9
变异概率 p_m	$1/n$
SBX交叉和多项式突变分布指数 η_c,η_m	20
基因段池规模 n_{seg}	10
基因段长度 l_{seg}	3
转换概率 p_{tra}	$1/n$

3.7 性能评价指标

静态CMOAs研究的相关文献[51-53]已提出多种性能评价指标。本实验选取三种常用的度量指标:① 逆世代距离(inverted generational distance,IGD)。IGD度量真实PF上的点到被算法所获的非支配解集距离和的平均值。它能度量所获PF的收敛性和Pareto最优解的多样性。IGD越小,则所获的PF越靠近真实的PF,且具有较好的分布性,否则相反。② 超体积(hypervolume,HV)。HV是度量所获PF与给定参考点在目标空间所围成的体积。HV越大,则PF越靠近真实PF。

③ Mann-Whitney 排行测试。Mann-Whitney 排行测试用于度量两两算法所获得结果间的显著性差异。详细的讨论可参见文献[51,54-55]。

为了公平的比较,类似于文献[56],各算法所获最后 Pareto 最优解集中 100 个非支配解被选取计算 IGD 和 HV 值。为了计算 IGD 值,从真实的 PF 上产生 300 个均匀分布的点。注意:若测试问题的真实 PF 是由离散的点构成的(如 CTP2,CTP3,CF1 等),则实际数目的离散点被用于计算 IGD。计算 HV 时,参考点设置如表 3.2 所示。对于出现奇异点(不支配参考点的点)的情况,则这些奇异点直接被删去不参与 HV 的计算。

表 3.2　所有测试例子的参考点设置

测试例子(数值)	测试例子(数值)	测试例子(数值)
OSY(0,80)	CTP4(2,2)	CF2(2,2)
SRN(250,0)	CTP5(2,2)	CF3(2,2)
TNK(1.2,1.2)	CTP6(1,3)	CF4(2,2)
CTP1(2,2)	CTP7(2,2)	CF5(2,2)
CTP2(2,2)	CTP8(1,4)	CF6(2,2)
CTP3(2,2)	CF1(2,2)	CF7(2,2)

3.8　仿真实验结果及分析

本节呈现 7 个算法对 18 个测试问题独立执行 30 次所获评价指标的统计值,比较被提出算法 CMIGA 的优势和不足。所有算法使用 C++实现,其中 NSGA-Ⅱ和 DMOEADD 的程序可在 http://www.iitk.ac.in/kangal/deb.shtml 和 http://dces.essex.ac.uk/staff/qzhang/moeacompetition09.htm 下载,其他算法尽可能按照原文思想实现和调试到最优性能。表 3.3 和表 3.4 列出了 30 次执行后各算法对各测试问题所获的 IGD 和 HV 的均值(mean)和方差(Var.)。每个表的第 1 列测试问题后面括号内两个数字分别表示该问题的变量维数和不等式约束数。第 3 至第 9 列均值后面括号内的数字为对应算法的均值在 7 个算法中的排行。例如:表 3.3 中,CTP1(10,2)表示 CTP1 的变量维数为 10,约束数为 2;1.019e-1(2)表示均值为 1.019e-1,根据 IGD 指标,CMIGA 在这 7 个算法中的排行为第 2。每个表的最下面一行为对应算法对所有问题总体排行的和。为了较清晰地比较,图 3.5 和图 3.6 比较了各指标的均值对每测试问题的变化曲线,其中水平轴表示测试问题,竖直轴分别为各算法对相应测试问题所获 IGD 的均值和 HV 的均值。为了表明各算

表 3.3　各算法独立执行 30 次所获得的 IGD 均值(mean)和方差(Var.)比较，粗体标明较好的性能

问题	统计值	cMOEAD	DMOEADD	MOAIS+SR	NSGA-Ⅱ+CDP	MCMOEA	CMOEA/D-DE-CDP	CMIGA
OSY(6,6)	mean	6.216e-1(2)†	1.508e+1(4)†	1.686e+1(5)†	7.979e+0(3) ≈	3.055e+1(6)†	6.011e+1(7)†	1.374e-1(1)
	Var.	4.457e-1	2.376e+1	2.613e+0	1.138e+1	1.050e+1	2.653e+1	2.178e-1
SRN(2,2)	mean	9.979e-2(1)†	1.262e+0(4)†	2.274e+0(6)†	1.052e+0(3)†	2.093e+0(5)†	6.622e+0(7)†	1.037e-1(2)
	Var.	2.237e-1	2.066e-1	5.885e-1	7.041e-2	2.988e-1	3.372e+0	4.273e-2
TNK(2,2)	mean	8.813e-4(1) ≈	7.578e-3(4)†	3.099e-1(6)†	6.336e-3(3)†	4.960e-1(7)†	1.024e-2(5)†	1.077e-3(2)
	Var.	1.595e-3	7.168e-4	2.274e-2	2.586e-4	8.773e-2	1.274e-3	1.082e-3
CTP1(10,1)	mean	2.091e-2(1)†	2.406e-2(2) ≈	4.481e-2(3) ≈	1.319e-1(5) ≈	2.664e-1(6)†	2.780e-1(7)†	1.019e-1(4)
	Var.	4.145e-2	3.793e-2	2.964e-2	2.330e-1	6.961e-2	1.363e-1	2.289e-2
CTP2(10,1)	mean	1.652e-2(2)†	2.414e-2(3)†	4.129e-2(5)†	1.179e-1(7) ≈	3.754e-2(4)†	8.013e-2(6)†	1.512e-2(1)
	Var.	9.560e-3	2.364e-2	2.958e-2	2.343e-1	3.072e-2	5.655e-2	6.003e-4
CTP3(10,1)	mean	3.236e-2(1)†	3.991e-2(3) ≈	7.446e-2(5)†	1.990e-1(7)†	6.765e-2(4)†	1.112e-1(6)†	3.253e-2(2)
	Var.	1.530e-3	1.480e-2	3.250e-2	2.775e-1	2.801e-2	4.753e-2	9.696e-4
CTP4(10,1)	mean	1.466e-1(2)†	1.494e-1(3) ≈	2.700e-1(5)†	2.927e-1(6)†	2.319e-1(4)†	4.347e-1(7)†	1.416e-1(1)
	Var.	3.799e-2	2.500e-2	7.186e-2	2.606e-1	9.709e-2	1.290e-1	1.680e-2
CTP5(10,1)	mean	3.853e-2(1)†	6.077e-2(3)†	6.702e-2(5)†	1.457e-1(7)†	6.572e-2(4)†	1.116e-1(6)†	4.292e-2(2)
	Var.	1.854e-3	2.991e-2	1.748e-2	2.150e-1	1.763e-2	7.305e-2	2.662e-3
CTP6(10,1)	mean	1.161e-2(1)†	1.742e+0(4)†	1.780e+0(5)†	3.071e+0(7)†	9.532e-2(3)†	2.379e+0(6)†	1.515e-2(2)
	Var.	2.696e-3	1.908e+0	2.165e+0	2.544e+0	7.326e-2	6.063e-1	2.424e-3
CTP7(10,1)	mean	3.359e-2(1)†	1.694e+0(7) ≈	2.916e-1(5)†	2.458e-1(4) ≈	3.551e-2(3)†	5.365e-1(6)†	3.530e-2(2)
	Var.	1.267e-3	4.837e+0	1.606e-1	6.055e-1	3.536e-3	1.643e-1	8.125e-4

续表

问题	统计值	cMOEAD	DMOEADD	MOAIS+SR	NSGA-Ⅱ+CDP	MCMOEA	CMOEA/D-DE-CDP	CMIGA
CTP8(10,2)	mean	9.877e-3(2)†	4.857e+0(6)†	3.575e+0(5)†	5.065e+0(7)†	4.068e-1(3)†	2.208e+0(4)†	8.441e-3(1)
	Var.	7.326e-4	2.402e+0	2.133e+0	1.794e+0	9.318e-2	4.131e-1	2.051e-3
CF1(10,1)	mean	1.342e-2(3)†	9.227e-3(1)†	4.822e-2(7)†	2.992e-2(5)†	3.003e-2(6)†	1.377e-2(4)†	9.669e-3(2)
	Var.	4.364e-3	6.222e-3	8.398e-3	3.102e-3	3.721e-3	9.544e-3	1.495e-3
CF2(10,1)	mean	2.908e-2(5)†	9.316e-3(2)†	1.769e-2(3)†	4.766e-2(7)†	3.519e-2(6)†	2.173e-2(4)†	3.873e-3(1)
	Var.	1.164e-2	3.028e-3	6.312e-3	1.752e-2	2.186e-2	7.915e-3	6.844e-4
CF3(10,1)	mean	2.097e-1(3)†	1.322e-1(1)†	2.247e-1(4)†	2.492e-1(5)†	3.059e-1(7)†	2.253e-1(6)†	1.798e-1(2)
	Var.	7.690e-2	6.523e-2	8.808e-2	9.741e-2	1.803e-1	1.116e-1	1.087e-1
CF4(10,1)	mean	5.421e-2(4)†	2.159e-2(2)†	4.183e-2(3)†	8.928e-2(6)†	1.311e-1(7)†	5.593e-2(5)†	1.109e-2(1)
	Var.	1.554e-2	4.050e-3	7.792e-3	3.654e-2	1.164e-1	6.217e-2	2.696e-3
CF5(10,1)	mean	2.956e-1(4)†	7.391e-2(2)†	3.504e-1(6)†	2.614e-1(3)†	3.149e-1(5)†	4.150e-1(7)†	6.002e-2 (1)
	Var.	1.618e-1	1.841e-2	1.741e-1	1.072e-1	1.586e-1	1.750e-1	1.355e-2
CF6(10,1)	mean	4.913e-2(3)†	2.936e-2(1) ≈	1.030e-1(6)†	8.566e-2(4)†	1.013e-1(5)†	1.220e-1(7)†	3.867e-2(2)
	Var.	1.930e-2	7.647e-3	5.839e-2	5.185e-2	5.423e-2	7.853e-2	3.447e-2
CF7(10,1)	mean	1.089e-1(3)†	5.398e-2(2)†	2.440e-1(5)†	2.839e-1(6)†	3.300e-1(7)†	2.400e-1(4)†	4.526e-2(1)
	Var.	1.366e-2	1.583e-2	1.835e-1	1.347e-1	1.619e-1	1.385e-1	1.240e-2
总体排行均值		(40)	(54)	(89)	(95)	(92)	(104)	(30)

注:“†”表明独立执行30次中CMIGA所获IGD均值的分布显著好于比较的算法;“≈”表明独立执行30次中CMIGA所获IGD均值的分布相似于比较的算法。

表 3.4　各算法独立执行 30 次所获得的 HV 均值(mean)和方差(Var.)比较，粗体标明较好的性能

问题	统计值	cMOEAD	DMOEADD	MOAIS+SR	NSGA-Ⅱ+CDP	MCMOEA	CMOEA/D-DE-CDP	CMIGA
OSY(6,6)	mean	1.629e+4(3)†	1.499e+4(5)†	1.781e+4(2)†	1.602e+4(4)†	1.274e+4(6)†	6.228e+3(7)†	2.397e+4(1)
	Var.	3.769e+2	2.898e+3	2.286e+3	1.311e+3	1.200e+3	3.659e+3	1.642e+2
SRN(2,2)	mean	3.041e+4(1)†	3.031e+4(2)≈	2.988e+4(4)†	3.003e+4(3)†	2.046e+4(6)†	2.931e+4(5)†	3.031e+4(2)
	Var.	2.152e+1	2.849e+1	1.350e+2	2.236e+1	1.046e+2	6.322e+2	2.068e+1
TNK(2,2)	mean	6.500e-1(1)†	6.485e-1(3)≈	4.141e-1(6)†	5.500e-1(4)†	1.623e-1(7)†	4.543e-1(5)†	6.488e-1(2)
	Var.	6.231e-4	1.386e-3	3.184e-2	6.408e-4	8.720e-2	4.282e-3	1.331e-3
CTP1(10,2)	mean	2.738e+0(1)≈	2.733e+0(2)≈	2.704e+0(5)†	2.593e+0(6)≈	2.721e+0(3)†	2.554e+0(7)†	2.706e+0(4)
	Var.	4.546e-2	4.100e-2	4.689e-2	3.026e-1	3.201e-2	3.164e-1	2.217e-1
CTP2(10,1)	mean	3.039e+0(2)†	3.011e+0(3)†	2.930e+0(5)†	2.863e+0(7)†	2.950e+0(4)†	2.867e+0(6)†	3.054e+0(1)
	Var.	5.111e-2	9.285e-2	9.789e-2	4.171e-1	1.040e-1	1.748e-1	2.746e-3
CTP3(10,1)	mean	3.000e+0(2)†	2.944e+0(3)†	2.840e+0(5)†	2.651e+0(7)†	2.870e+0(4)†	2.785e+0(6)†	3.099e+0(1)
	Var.	1.683e-2	7.007e-2	9.608e-2	4.973e-1	1.032e-1	1.592e-1	1.096e-2
CTP4(10,1)	mean	2.680e+0(2)≈	2.634e+0(3)†	2.334e+0(6)†	2.356e+0(5)†	2.461e+0(4)†	1.911e+0(7)†	2.694e+0(1)
	Var.	8.313e-2	8.579e-2	1.749e-1	4.894e-1	2.041e-1	3.175e-1	7.207e-2
CTP5(10,1)	mean	2.980e+0(1)†	2.872e+0(3)†	2.861e+0(5)†	2.770e+0(7)†	2.869e+0(4)†	2.779e+0(6)†	2.965e+0(2)
	Var.	1.933e-2	9.864e-2	5.738e-2	3.597e-1	7.745e-2	2.085e-1	1.521e-2
CTP6(10,1)	mean	1.692e+0(1)†	7.826e-1(5)†	8.990e-1(4)†	6.302e-1(6)†	1.597e+0(3)†	5.353e-2(7)†	1.682e+0(2)
	Var.	9.906e-3	7.667e-1	6.520e-1	7.910e-1	7.290e-2	2.932e-1	5.536e-3
CTP7(10,1)	mean	3.613e+0(1)†	2.644e+0(6)≈	2.899e+0(5)†	3.215e+0(4)≈	3.588e+0(3)†	2.008e+0(7)†	3.601e+0(2)
	Var.	1.425e-2	1.622e+0	3.722e-1	1.096e+0	3.644e-2	6.015e-1	1.444e-2

续表

问题	统计值	cMOEAD	DMOEADD	MOAIS+SR	NSGA-Ⅱ+CDP	MCMOEA	CMOEA/D-DE-CDP	CMIGA
CTP8(10,2)	mean	1.695e+0(1)†	1.781e-1(5)†	2.315e-1(4)†	6.938e-2(6)†	1.390e+0(3)†	5.066e-2(7)†	1.533e+0(2)
	Var.	1.771e-3	4.266e-1	3.624e-1	2.128e-1	1.254e-1	1.953e-1	8.815e-3
CF1(10,1)	mean	3.431e+0(4)†	3.443e+0(2)†	3.351e+0(5)†	3.431e+0(4)†	3.431e+0(4)†	3.435e+0(3)†	3.460e+0(1)
	Var.	3.008e-2	1.402e-2	3.956e-2	4.089e-3	5.169e-3	5.619e-2	2.228e-3
CF2(10,1)	mean	3.516e+0(5)†	3.592e+0(1) ≈	3.544e+0(3)†	3.441e+0(7)†	3.469e+0(6)†	3.527e+0(4)†	3.591e+0(2)
	Var.	5.237e-2	1.075e-2	4.884e-2	6.403e-2	7.995e-2	5.201e-2	2.198e-2
CF3(10,1)	mean	2.699e+0(3)†	2.921e+0(2)≈	2.627e+0(5)†	2.595e+0(6)†	2.321e+0(7)†	2.629e+0(4)†	2.928e+0(1)
	Var.	1.271e-1	1.498e-1	1.985e-1	2.975e-1	4.102e-1	2.674e-1	2.501e-1
CF4(10,1)	mean	3.164e+0(5)†	3.274e+0(2)†	3.198e+0(3)†	3.021e+0(6)†	2.890e+0(7)†	3.168e+0(4)†	3.311e+0(1)
	Var.	4.409e-2	2.241e-2	3.805e-2	1.342e-1	2.955e-1	1.266e-1	8.585e-3
CF5(10,1)	mean	2.501e+0(5)†	3.198e+0(1)≈	2.528e+0(4)†	2.599e+0(3)†	2.371e+0(7)†	2.431e+0(6)†	3.160e+0(2)
	Var.	3.247e-1	4.263e-2	2.870e-1	2.931e-1	2.673e-1	2.646e-1	8.950e-2
CF6(10,1)	mean	3.556e+0(2)≈	3.573e+0(1)≈	3.378e+0(6)†	3.469e+0(4)†	3.435e+0(5)†	3.341e+0(7)†	3.551e+0(3)
	Var.	4.692e-2	2.922e-2	1.071e-1	1.259e-1	1.151e-1	1.091e-1	8.037e-2
CF7(10,1)	mean	3.252e+0(3)†	3.533e+0(2)†	2.967e+0(5)†	2.867e+0(6)†	2.680e+0(7)†	3.011e+0(4)†	3.557e+0(1)
	Var.	5.830e-2	5.114e-2	3.339e-1	3.088e-1	3.419e-1	2.662e-1	6.739e-2
总体排行均值		(43)	(51)	(82)	(95)	(90)	(102)	(31)

注："†"表明独立执行30次中CMIGA所获IGD均值的分布显著好于比较的算法；"≈"表明独立执行30次中CMIGA所获IGD均值的分布相似于比较的算法。

法所获 PF 的分布，图 3.7 和图 3.8 分别描绘了 CTP4，CTP6，CTP8 和 CF1，CF3，CF7 执行 30 次所获的 PF。

这 6 个测试问题为所有测试函数中非常难于求解的问题，由于空间的限制，其他测试函数的相关图在此不一一给出。所选例子实验结果分析如下：

对于 OSY，SRN 和 TNK，这 3 类问题变量维数较低，但属大规模约束的 CMOPs。OSY 包括 4 个线性不等式约束和 2 个非线性二阶不等式约束，其真实的 PF 由 5 个首尾相连的 PF 段组成[16]，该问题的难点在于算法不易获得所有的 PF 段。由表 3.3 易知，CMIGA 获得最好的(最低的)IGD 均值(mean)，排行在最前面。其次为 cMOEAD。其余算法的排行依次分别是：NSGA-Ⅱ，DMOEADD，MOAIS＋SR，MCMOEA 和 CMOEA/D＋DE＋CDP。由排行知，CMOEA/D＋DE＋CDP 对该问题的优化能力最差，这是因为 CMOEA/D＋DE＋CDP 是由 MOEA/D 修改而成，而 MOEA/D 最初的设计是针对非约束的多目标问题，故在此仅作简单的约束处理修改不能使其适合 CMOPs 的求解。由方差(Var.)知，CMIGA 的方程均值为 2.178e-1，CMIGA 略高于 NSGA-Ⅱ 和 MCMOEA，但低于此两算法外的其他算法。SRN 包含一个线性不等式约束和一个非线性二阶不等式约束。观察表 3.3 的均值(mean)知，cMOEAD 获得最好的 IGD 性能，其次为 CMIGA，其他算法的排行与 OSY 较为类似。TNK 包含一个二阶非线性不等式约束和一个高阶非线性三角不等式约束，其 PF 位于非线性约束的边界。对于该测试问题，除了 MCMOEA 和 CMOEA/D＋DE＋CDP，其他算法的排行类似于 SRN 的测试结果；由于该问题仅含两个决策变量，且目标函数 $f_1=x_1$，$f_2=x_2$，其极为简单，所以除了 MOAIS＋SR 和 MCMOEA 外，其他算法均获得较好的 IGD 均值。总体上，由图 3.5(a)的曲线比较知，CMIGA 对于 OSY 取得最好的性能，然而对于 SRN 和 TNK，cMOEAD 能获得较好的性能，而 CMIGA 仅获得次优的性能。CMIGA 对问题 SRN 和 TNK 不能获得最好的性能是因为 CMIGA 中涉及基因段转换算子，该算子的基因段长度设置为 3(参见表 3.1)。因此，实验中基因段发生转换也即对抗体所有基因发生转换，在较小数目的记忆细胞下，这样会导致抗体群中抗体逐渐失去多样性，势必降低算法对小于或等于 2 个变量的测试问题的探索和开采能力。

对于 CTP 系列测试函数，除了 CTP8 有 2 个约束，其他仅包含一个约束，但变量维数明显升高至 10 维，而且目标函数和约束具有高度的非线性，由此引起其 PF 或为离散的段或为离散的点，且 PF 多数位于约束的边界，各测试问题表现不同程度的搜索难度。观察表 3.3 的结果知，CMIGA 和 cMOEAD 对于所有问题能取得较好的 IGD 性能，且 CMIGA 和 cMOEAD 的差异不是很明显。但由方差(Var.)知，对于大多数问题，CMIGA 优越于 cMOEAD。特别对于 CTP4，其可行的 Pareto 最优解远离于可行域，位于可行域的尖端处。算法必须通过狭长的可行通道搜索才能达到 Pareto 最优解处，若算法不能保持较好的个体多样性，则很难搜索到 Pareto 最优解。由表 3.3 可知，CMIGA 能获得 1.416e-1 的 IGD 均值，说明其具有较好的探索和开采能力。总体上,由图 3.5(b)可知,CMIGA 和 cMOEAD 表现优越的 IGD 性能,对于 CTP1,CTP5 和 CTP6,CMIGA 略次于 cMOEAD,而其他例子 CMIGA 均表现最好的性能。

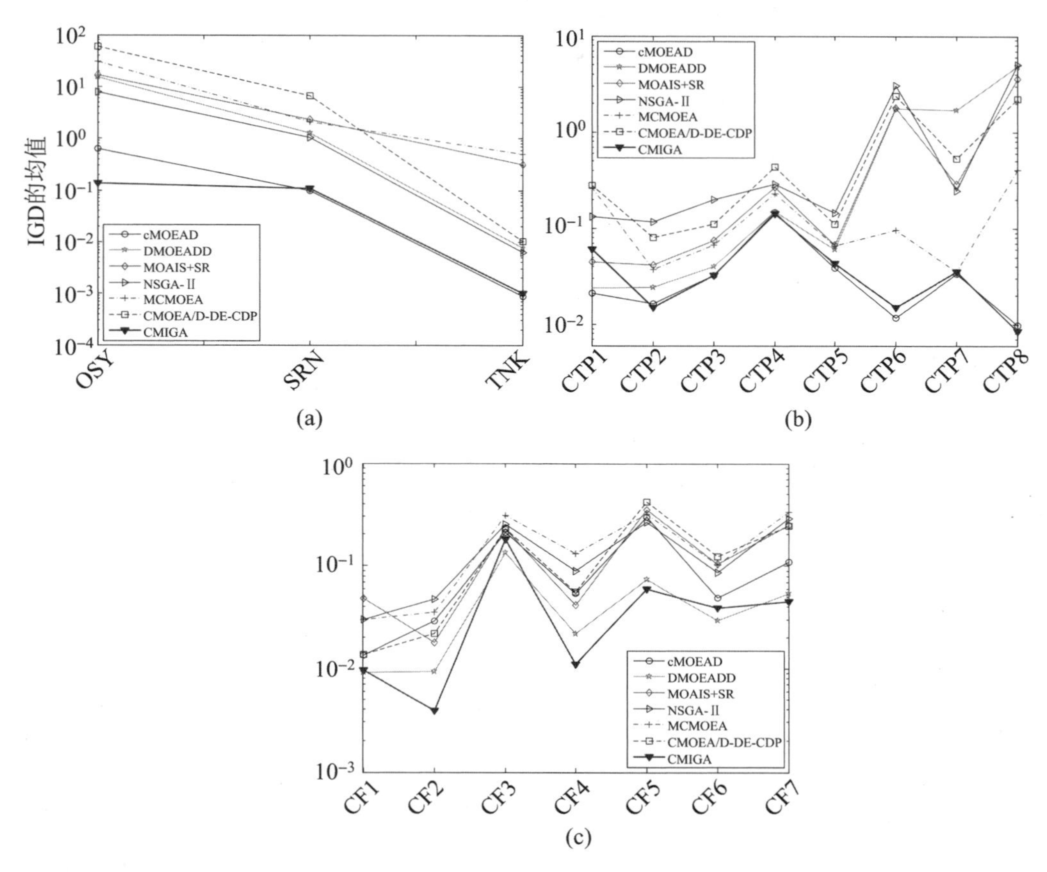

图 3.5　各算法对每测试问题执行 30 次所获 IGD 均值的比较

每个图的水平轴为测试问题,竖直轴为相应问题的 IGD 均值

对于 CF 系列测试函数,其 PF 包括不同程度的凸性和凹性,表现极强的离散性,算法对该类测试问题的处理更具有挑战性。观察表 3.3 发现,CMIGA 对于问题 CF2,CF4,CF5 和 CF7 获得最好的 IGD 均值,排行均为最好;但对于 CF1,CF3 和 CF6,DMOEADD 获得最好的 IGD 性能,而 CMIGA 仅排列第二。但仔细地比对 DMOEADD 和 CMIGA 的结果,发现其差异性较小。特别指出的是对于 CF3,由于其 PF 是凹的不连续的,所有算法对该问题均不能搜索到完整的 PF,DMOEADD 获得好于其他算法的 IGD 均值。对所有问题的方差,CMIGA 在 30 次执行中表现较稳定的性能(较小的 Var. 值)。总体上,由图 3.5(c)对不同问题所获的平均 IGD 变化曲线知,CMIGA 和 DMOEADD 表现较好的性能,对于 CF1,CF3 和 CF6,CMIGA 略差于 DMOEADD,而其他函数 CMIGA 都表现较好的性能。

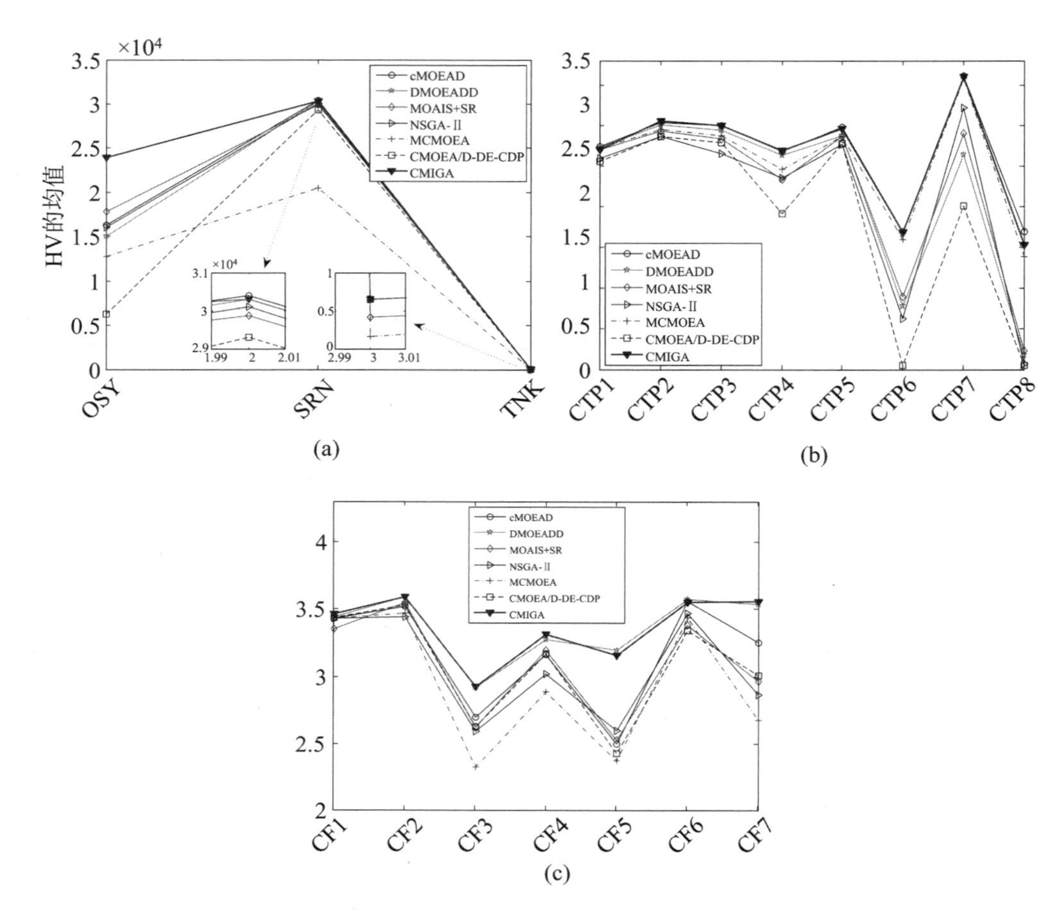

图 3.6 各算法对每测试问题执行 30 次所获 HV 均值的比较

每个图的水平轴为测试问题，竖直轴为相应问题的 HV 均值

为了测试 30 次执行中，CMIGA 所获 IGD 值是否显著地优越于其他算法所获的 IGD 值。Mann-Whitney 排行测试[28,55]被用于检测比较算法间的显著性差异。检测中，零假设为：CMIGA 所获的 IGD 与其他算法所获的 IGD 无显著性差异，p 值设置为 0.05。经编程实现 Mann-Whitney 排行测试，检测结果如表 3.3 所示。表中"†"表明 CMIGA 所获的 IGD 值显著地优越于相应的算法，"≈"表明 CMIGA 所获的 IGD 值相似于对应算法。譬如，表 3.3 的第 3 列第 2 行，"6.216e-1(2)"表明 CMIGA 显著地优越于 cMOEAD，其他类推。观察表 3.3 可知，除了 cMOEAD 对 TNK 测试问题，DMOEADD 对 CTP1，CTP3，CTP4，CTP7 和 CF6，MOAIS＋SR 对 CTP1，NSGA-Ⅱ＋CDP 对 OSY，CTP1，CTP2 和 CTP7 外，CMIGA 对其他大多数测试问题均表现显著的优越性。

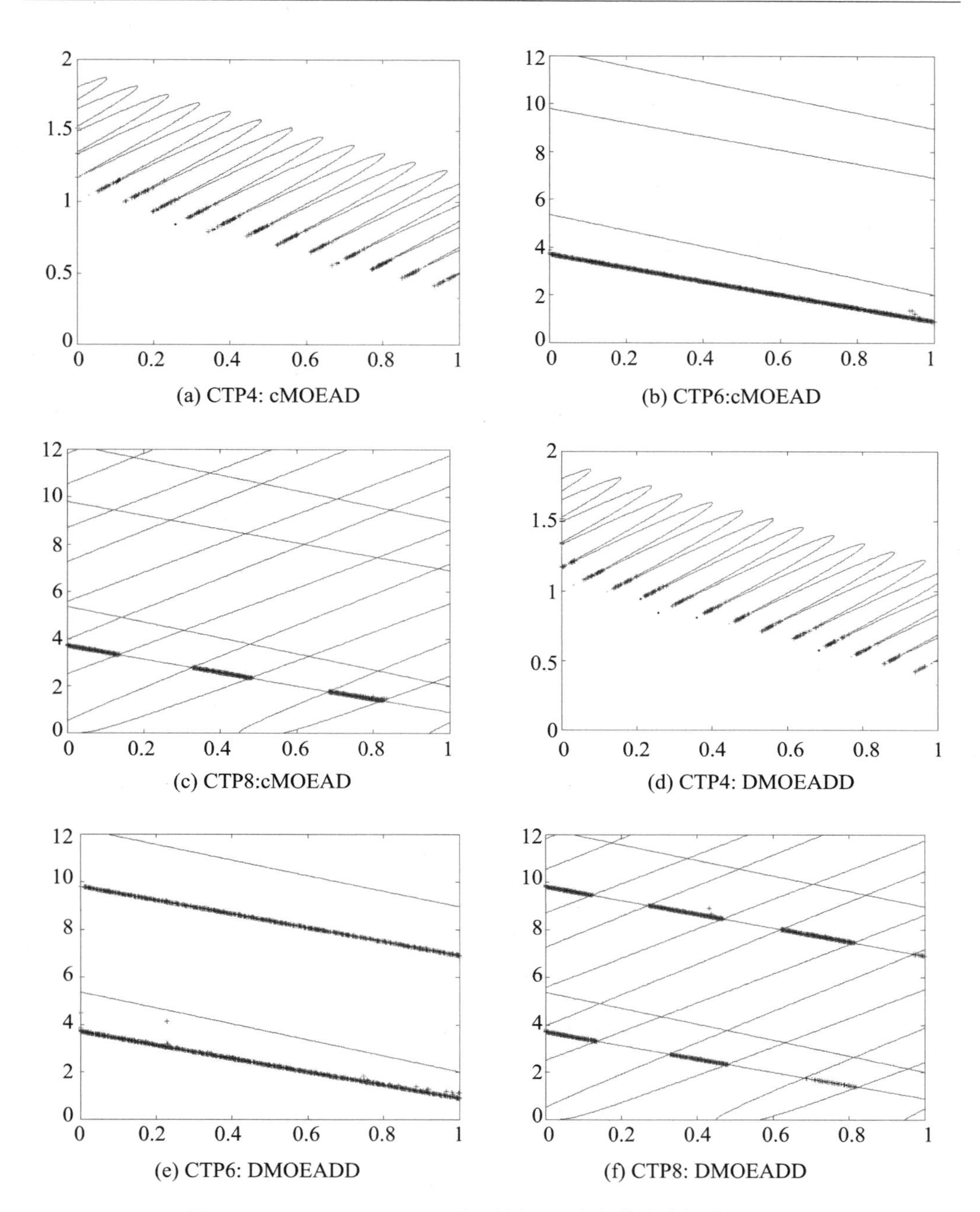

(a) CTP4: cMOEAD　(b) CTP6:cMOEAD

(c) CTP8:cMOEAD　(d) CTP4: DMOEADD

(e) CTP6: DMOEADD　(f) CTP8: DMOEADD

图 3.7　CTP4,CTP6,CTP8 独立执行 30 次各算法获得的所有 PF

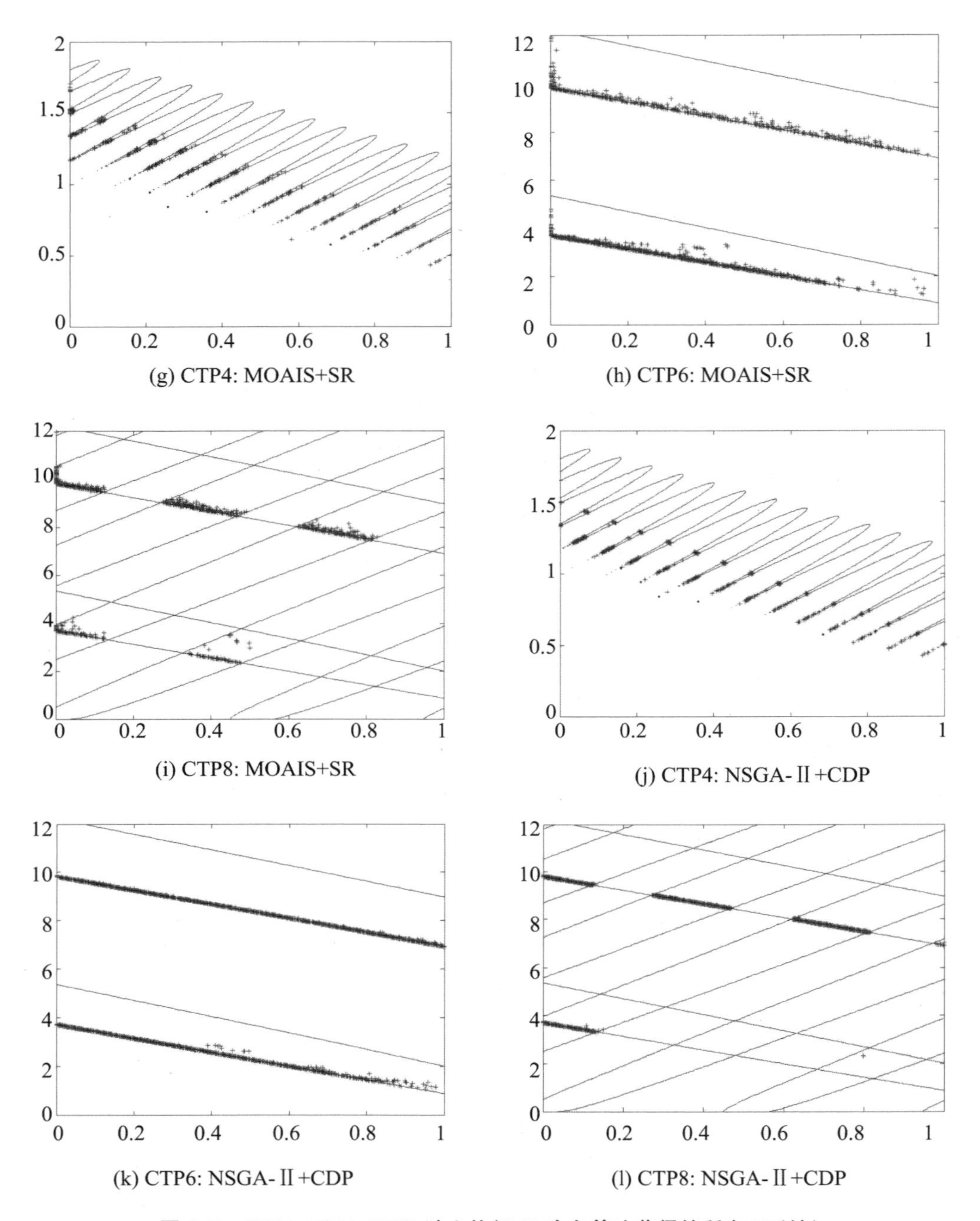

图 3.7 CTP4,CTP6,CTP8 独立执行 30 次各算法获得的所有 PF(续)

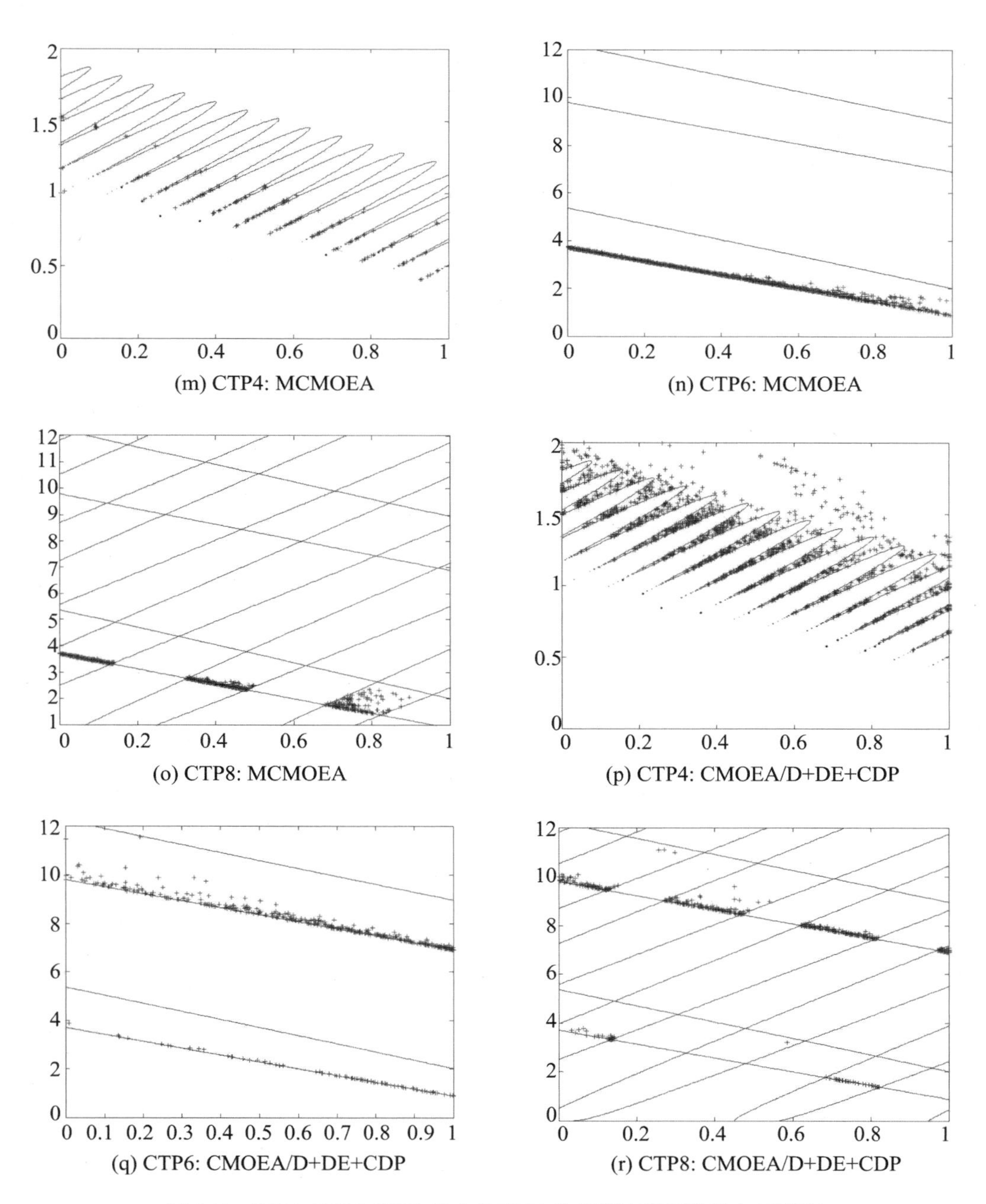

(m) CTP4: MCMOEA

(n) CTP6: MCMOEA

(o) CTP8: MCMOEA

(p) CTP4: CMOEA/D+DE+CDP

(q) CTP6: CMOEA/D+DE+CDP

(r) CTP8: CMOEA/D+DE+CDP

图 3.7　CTP4,CTP6,CTP8 独立执行 30 次各算法获得的所有 PF(续)

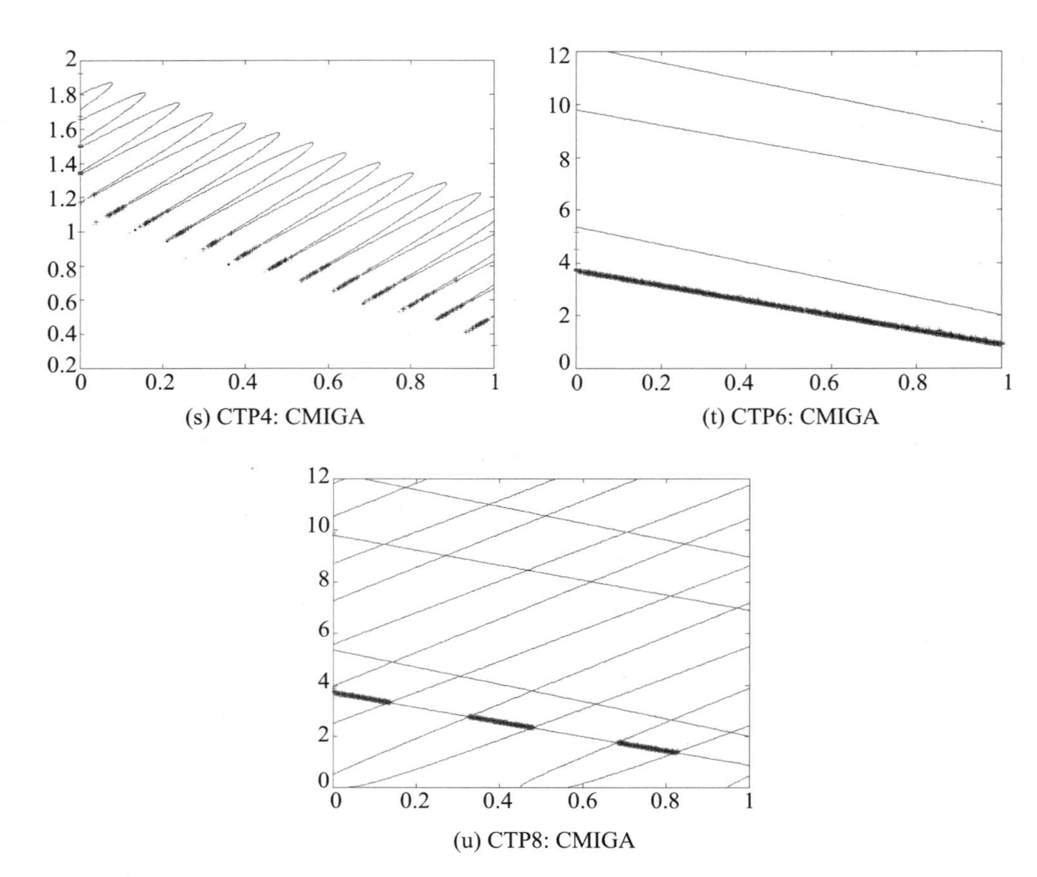

(s) CTP4: CMIGA

(t) CTP6: CMIGA

(u) CTP8: CMIGA

图 3.7　CTP4,CTP6,CTP8 独立执行 30 次各算法获得的所有 PF(续)

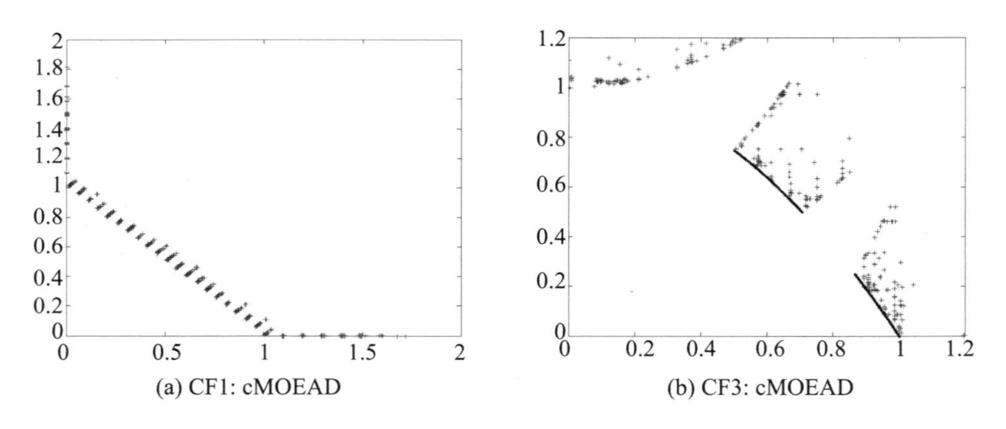

(a) CF1: cMOEAD

(b) CF3: cMOEAD

图 3.8　CF1,CF3,CF7 独立执行 30 次各算法获得的所有 PF

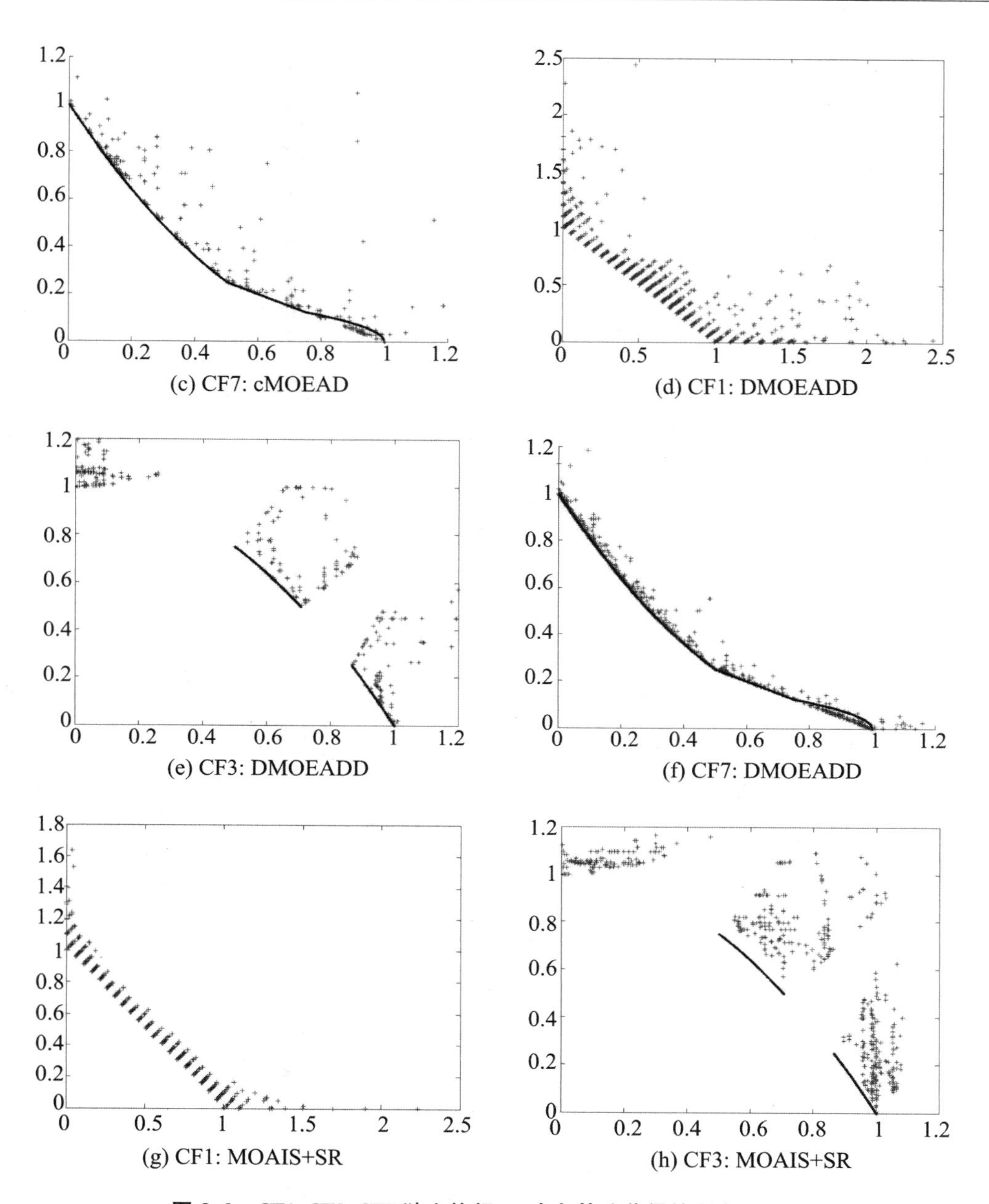

图 3.8　CF1,CF3,CF7 独立执行 30 次各算法获得的所有 PF(续)

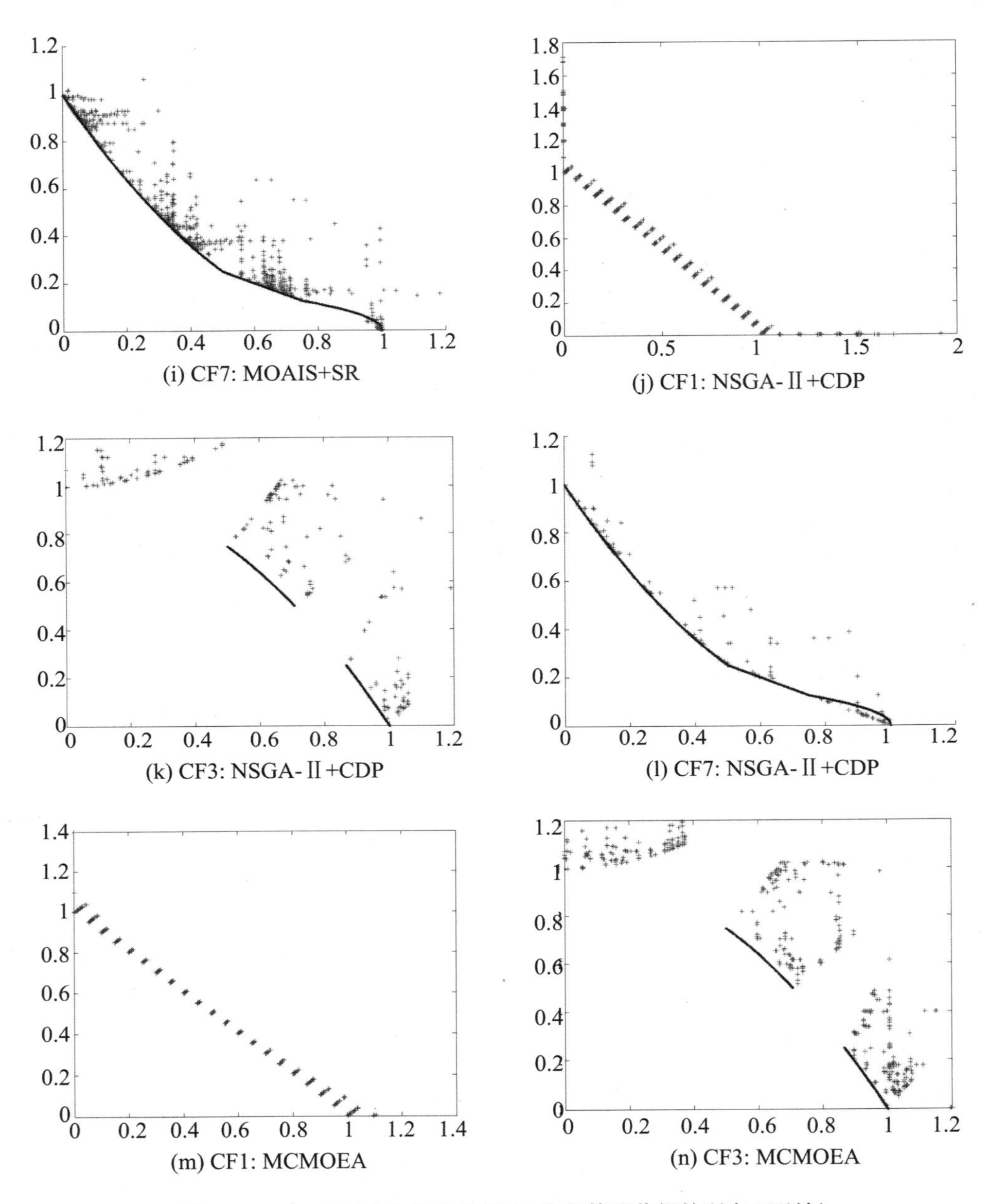
(i) CF7: MOAIS+SR
(j) CF1: NSGA-Ⅱ+CDP
(k) CF3: NSGA-Ⅱ+CDP
(l) CF7: NSGA-Ⅱ+CDP
(m) CF1: MCMOEA
(n) CF3: MCMOEA

图 3.8 CF1,CF3,CF7 独立执行 30 次各算法获得的所有 PF(续)

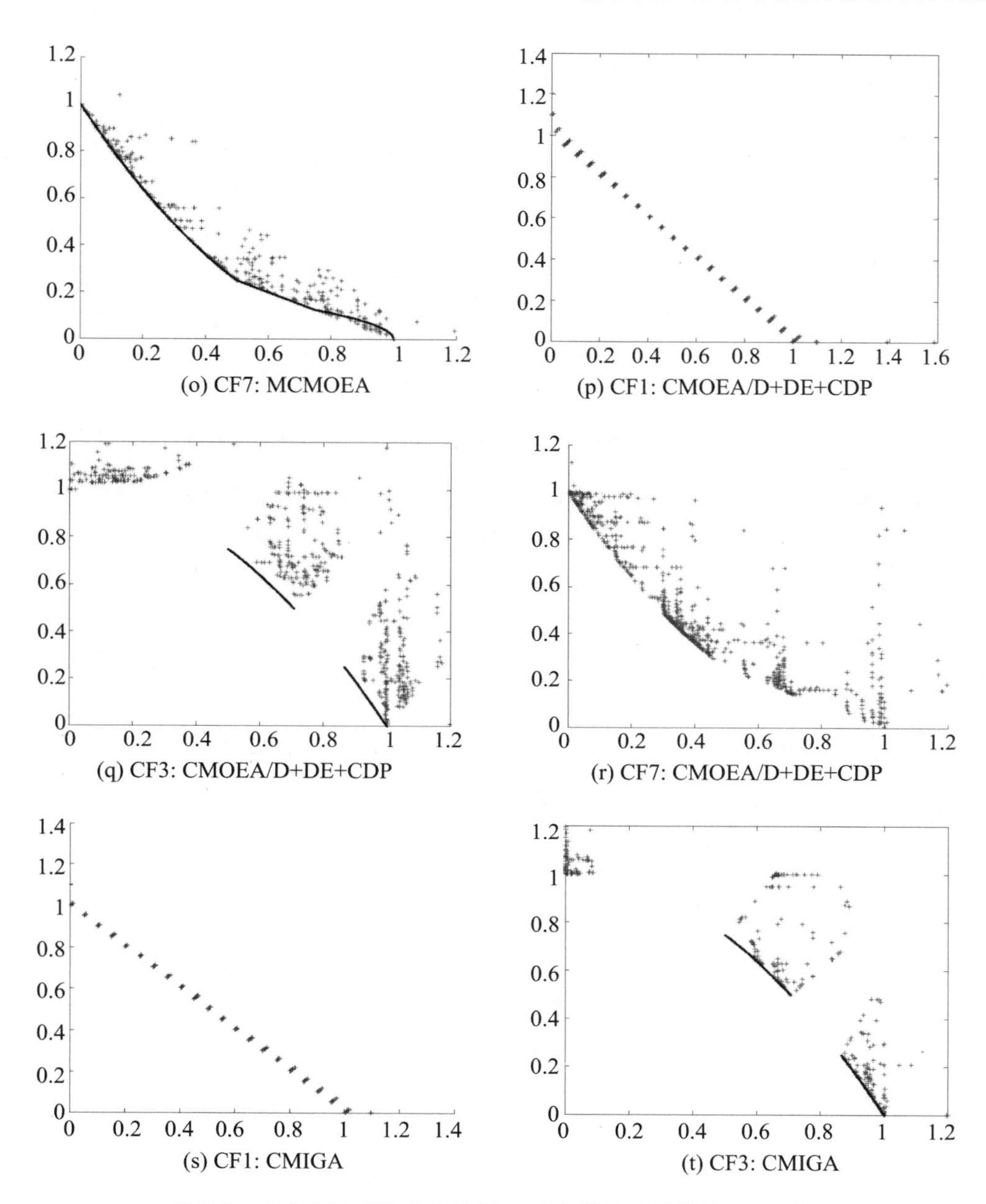

图 3.8　CF1,CF3,CF7 独立执行 30 次各算法获得的所有 PF(续)

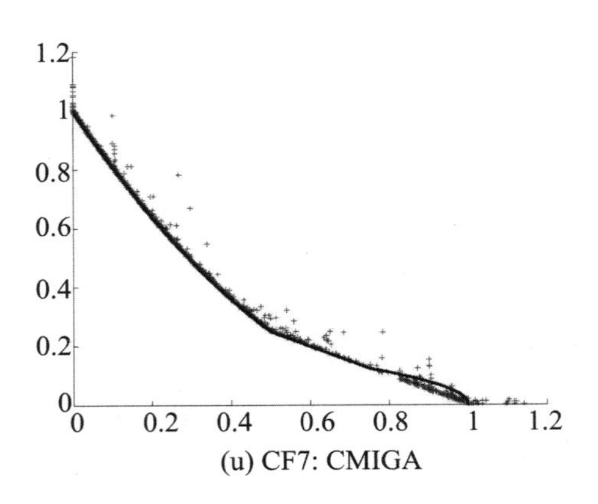

(u) CF7: CMIGA

图 3.8 CF1,CF3,CF7 独立执行 30 次各算法获得的所有 PF(续)

通过表 3.3 中总体排行获知,对于此 18 个测试例子的 IGD 性能比较,结果表明,CMIGA 获得最好的总体排行,其次为 CMOEAD。虽 cMOEAD 对 OSY,SRN,TNK 和 CTP 系列问题表现较好的排行,但其对 CF 系列问题表现较差的排行,故 cMOEAD 总体比较上不能占优势。在这些算法中 CMOEA/D-DE-CDP 呈现最差的性能,这主要是因为 CMOEA/D-DE-CDP 是基于 MOEA/D,而 MOEA/D 是采用目标分解法设计的,其虽然对非约束的连续 PF 类多目标问题表现非常优越的能力[23],但其对离散的 PF 不能表现较好的搜索能力,而本测试实例多数为离散的 PF。

为了直观地获取各算法 PF 的效果,图 3.7 和图 3.8 分别呈现了优化难度较大的部分 CTP 和 CF 系列代表性测试例子的执行 30 次所获的所有 PF。比如,CTP 系列中的 CTP4,CTP6 和 CTP8;CF 系列中的 CF1,CF3 和 CF7。CTP4 的 Pareto 最优解位于可行域的尖端,由图 3.7(a)及图 3.7(s)可以看出、cMOEAD 和 CMIGA 表现较好的收敛效果,但它们所获的 PF 仍然不能收敛到真实的 PF。而由图 3.7(g),(l),(m)和(p)可以看出,MOAIS+SR,NSGA-Ⅱ,MCMOEA 和 CMOEA/D+DE+CDP 在执行 30 次中多数次所获的 PF 远离真实的 PF,尤其是 CMOEA/D+DE+CDP 的收敛效果较差。对于 CTP6 和 CTP8 测试问题,其搜索空间包括不等宽度的可行域和非可行域,且它们是彼此相互交错,致使算法不易搜索真实的 PF,往往欺骗算法搜索于局部 PF。观察图 3.7(e),(f),(h),(l),(p)和(r)知,这些图均存在局部 PF,说明这些算法执行 30 次中不能每次都能逃脱陷入局部搜索。而图 3.7(b),(c),(n),(o),(o)和(u)表明算法 CMIGA 和 cMOEAD 对这两测试问题每次执行均未陷入局部搜索,而收敛到全局最优解。MCMOEA 对 CTP8 虽然未陷入局部 PF,但其收敛性稍差于 cMOEAD 和 CMIGA(参看图3.7(n)和(o))。由 CF 系列的代表例子获知,各算法对 CF1 基本能获得较近似的 PF,但 DMOEADD 表现稍差。对于 CF3,其整个 PF 由两个凹的 PF 段和竖直轴上一个点构成。该问题为非常难于解决的 SCMOP。由图 3.7(t)及(e)可以看出,CMIGA 和DMOEADD所获的非支配解接近于真实 PF 的较密集，而其他算法靠近真实 PF 的点较少。对于 CF7，可以看出类似的结果。

以上结果充分表明了 CMIGA 和 cMOEAD 对这些测试问题表现出优越的寻优能力，其主要原因在于 CMIGA 和 cMOEAD 两算法隐含并行和局部探索能力，这些能力促使算法在进化过程中保持较好的种群多样性，而其他算法不具有这种优化能力，使得其不能有效地克服陷入局部搜索的可能。

图 3.9 给出了各算法对每测试例子执行 30 次所获 IGD 的统计盒图。每个图的横轴 A1，A2，A3，A4，A5，A6，A7 分别对应算法 cMOEAD，DMOEADD，MOAIS+SR，NSGA-Ⅱ+CDP，MCMOEA，CMOEA/D+DE+CDP，CMIGA。由这些统计盒图可看出执行 30 次各算法所获 IGD 值的统计特征。观察这些图易知，CMIGA 对于大多数测试例子均表现较好的 IGD（统计盒具有较低的中分线）统计特征。对于 CTP 系列问题，观察图 3.9(d)，(g)，(h)知，CMIGA 对于这些测试例子略差于 A1（cMOEAD），其他的例子 CMIGA 均表现较优越的性能；对于 CF 系列问题，观察图 3.9(l)，(n)知，CMIGA 对于这些测试例子略差于 A2（DMOEADD），而对于其他例子，CMIGA 均表现较好的统计特征。

表 3.4 给出了各算法对 18 个测试问题独立执行 30 次所获 HV 均值（mean）和方差（Var.）的比较。HV 的计算是基于算法所获最后种群中可行且支配参考点的 Pareto 最优解。根据前面部分关于 HV 的说明，HV 与 IGD 相反，HV 越大则越好。由表 3.4 获知，对于 OSY，CMIGA 获得最好的（最大的）HV 统计值。对于 SRN 和 TNK，cMOEAD 取得最好的性能。对于 CTP 系列函数，CMIGA 对于 CTP2，CTP3 和 CTP4 取得最好的（最大的）性能，而对于其他 CTP 系列函数 cMOEAD 获得较好的性能，但 CMIGA 与 cMOEAD 的差异较小。例如，对于 CTP5，CTP6，CTP7 和 CTP8，CMIGA 与 cMOEAD 所获的 HV 均值的差异分别仅为 0.015，0.01，0.012 和 0.162。Mann-Whitney 显著性差异统计表明大多数问题 CMIGA 的显著性是明显优越于其他算法的。总体上表明 CMIGA 与 cMOEAD 对 CTP 系列例子表现相似的 HV 性能。对于 CF 系列函数，CMIGA 和 DMOEADD 表现较好的 HV 性能。类似于 IGD，图 3.6 描绘了各算法对每个问题所获的 HV 均值。从图可知，对于 OSY，SRN，TNK 和 CTP 系列，CMIGA 和 cMOEAD 获得的 HV 均值是优越于其他算法的；而对于 CF 系列函数，由图 3.6(c)获知，CMIGA 和 DMOEADD 获得较好的 HV 均值。图 3.10 列出了 HV 的统计盒图，对于 OSY，SRN 和 TNK，由图获知，A7（CMIGA）明显优越于其他算法；而对于 SRN 和 TNK，A3（MOAIS+SR）和 A5（MCMOEA）表现极差的 HV 统计性能，与其他算法较相似。对于 CTP 系列函数，A7（CMIGA）和 A1（cMOEAD）优越于其他算法，但对于 CTP8，CMIGA 略差于 cMOEAD；而其他算法对不同的问题表现不同统计特征，但均差于 CMIGA 和 cMOEAD。对于 CF 系列函数，CMIGA 和 DMOEADD 获得较好的统计性能。

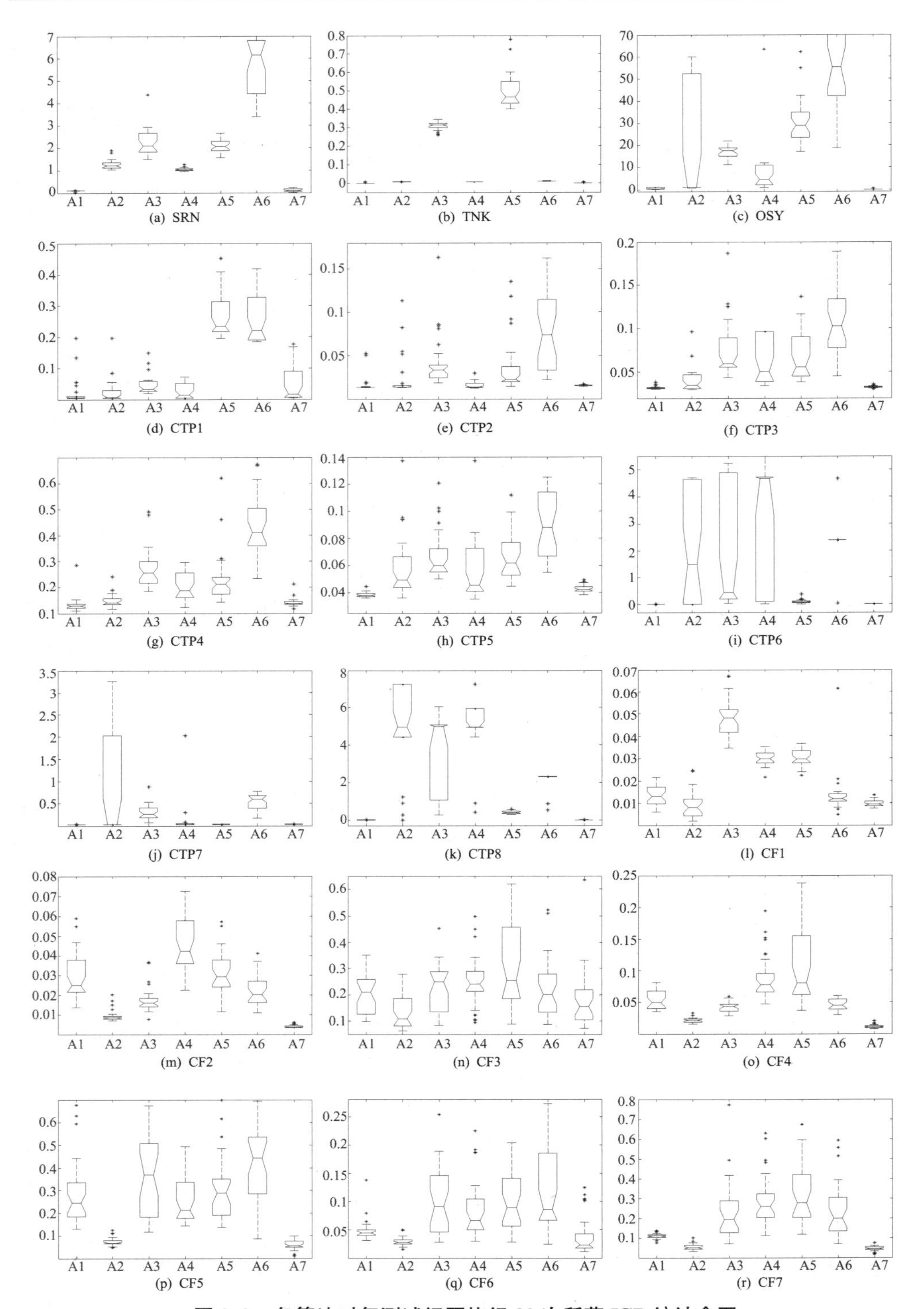

图 3.9 各算法对每测试问题执行 30 次所获 IGD 统计盒图

每个图中 A1，A2，A3，A4，A5，A6 和 A7 分别表示 cMOEAD，DMOEADD，MOAIS＋SR，NSGA-Ⅱ＋CDP，MCMOEA，CMOEA/D-DE-CDP 和 CMIGA

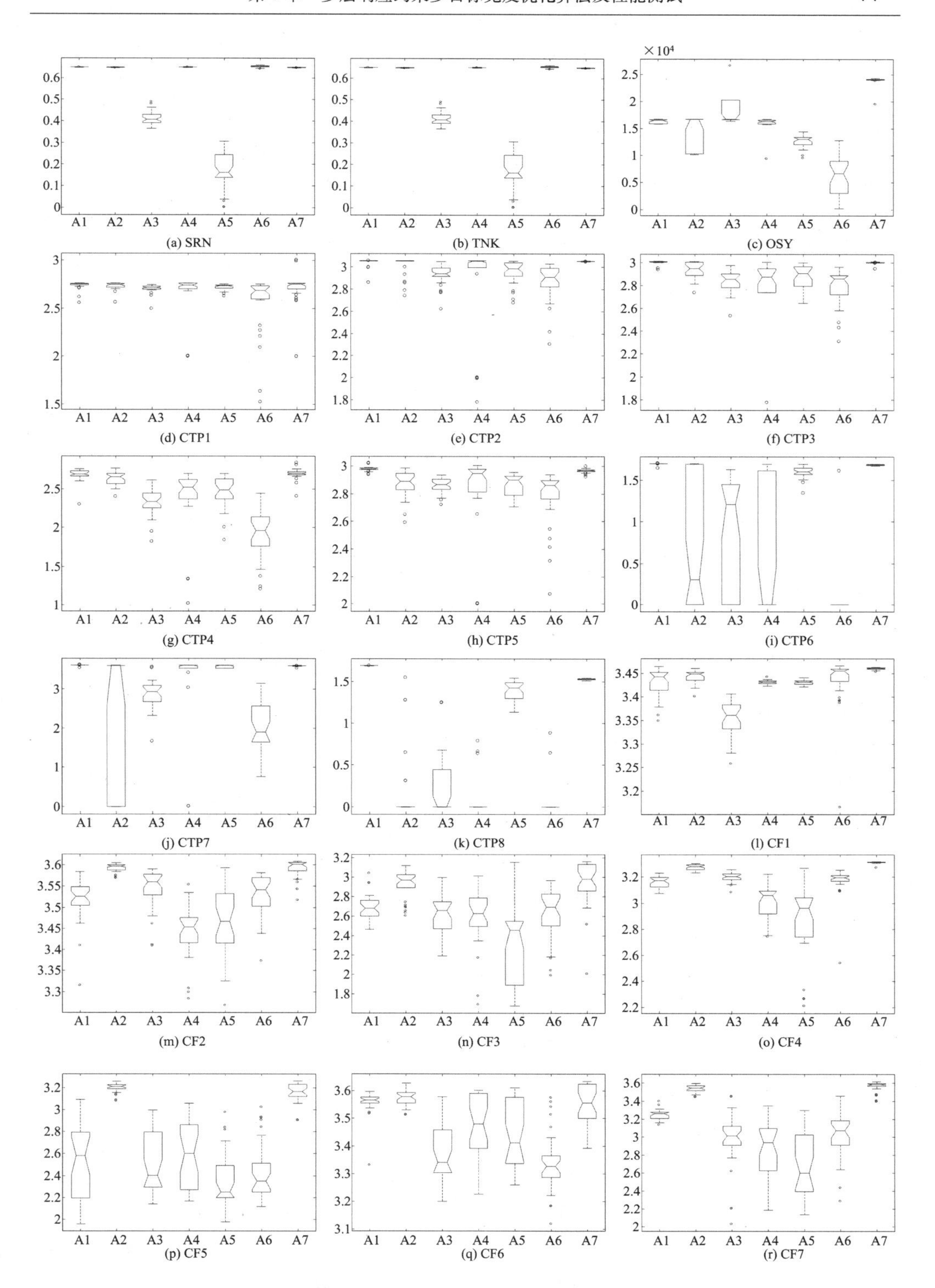

图 3.10　各算法对每测试问题执行 30 次所获 HV 统计盒图

每个图中 A1，A2，A3，A4，A5，A6 和 A7 分别表示 cMOEAD，DMOEADD，MOAIS＋SR，NSGA-Ⅱ＋CDP，MCMOEA，CMOEA/D＋DE＋CDP 和 CMIGA

通过以上 IGD，HV，Mann-Whitney 显著性统计和统计盒图表明本章提出的 CMIGA 无论在所获 PF 的分布性、收敛性及其他统计特征均表现优越的效果。总体排行依次为 CMIGA，cMOEAD，DMOEADD，MOAIS＋SR，MCMOEA，NSGA-Ⅱ＋CDP 和 CMOEA/D＋DE＋CDP。CMIGA 能取得成功的优化能力，在于其算法运行机理及算子的设计充分保证了其对静态 CMOPs 可行域和非可行域的探索和开采，保持较好的抗体多样性，而且转换算子极大地提高了算法逃脱局部最优的能力，从而正确地引导算法朝可行与不可行域的边界搜索。

3.9 小　　结

静态 CMOPs 是一类极具挑战性的多目标优化问题。本章测试的静态 CMOPs 具有多模态和非线性约束，极大地增加了问题的寻优难度。基于解决问题的目标，本章基于免疫系统的部分机制提出多层响应的免疫算法——CMIGA。通过 18 个标准测试例子，CMIGA 与 6 个同类著名的静态 CMOAs 展开比较，数值仿真结果充分表明了 CMIGA 具有较强的处理静态 CMOPs 的能力。同时，结果也表明，CMIGA 对不同类型的静态 CMOPs 具有不同的优化效果，虽总体上优越于其他算法，但对个别问题不能表现最好的效果，这也正是本算法今后需要进一步研究和改进的地方。

必须强调的是本章提出的 CMIGA 仅研究了免疫系统的一部分机制，实际上，基于生物的免疫系统还有其他机制，其挖掘的潜力有待进一步探索，设计更适合静态 CMOPs 的算法，这也是今后需要努力的方向。另外，本章仅通过国际上通行的测试例子对算法进行了比较和分析，虽然使用了大量的标准测试函数，但其对实际工业控制、工程等方面的问题应用也将是今后研究的方向。

参 考 文 献

[1] Ponsich A, Jaimes A L, Coello C A C. A survey on multiobjective evolutionary algorithms forthe solution of the portfolio optimization problem and other finance and economics applications[J]. IEEE Transactions on Evolutionary Computation, 2013, 17(3):321-344.

[2] Meza J L C, Yildirim M B, Masud A S. A multiobjective evolutionary programming algorithm and its applications to power generation expansion planning[J]. IEEE Transactions on Systems, Man, and Cybernetics, Part A: Systems and Humans, 2009, 39(5):1086-1096.

[3] Deb K. Multi-objective optimization[M]//Search methodologies. Berlin: Springer, 2014:403-

449.

[4] Jiang S, Zhang J, Ong Y S, et al. A simple and fast hypervolume indicator-based multiobjective evolutionary algorithm[J]. IEEE Transactions on Cybernetics, 2014, 17:1-12.

[5] Li J Q, Pan Q K, Tasgetiren M F. A discrete artificial bee colony algorithm for the multiobjective flexible job-shop scheduling problem with maintenance activities[J]. Applied Mathematical Modelling, 2014, 38(3):1111-1132.

[6] Cheng R, Jin Y. A social learning particle swarm optimization algorithm for scalable optimization[J]. Information Sciences, 2015, 291(2):43-59.

[7] Tang L, Wang X. A hybrid multiobjective evolutionary algorithm for multiobjective optimization problems[J]. IEEE Transactions on Evolutionary Computation, 2013, 17(1):20-45.

[8] Sindhya K, Miettinen K, Deb K. A hybrid framework for evolutionary multi-objective optimization[J]. IEEE Transactions on Evolutionary Computation, 2013, 17(4):495-511.

[9] Khaleghi M, Farsangi M M, Nezamabadi-pour H, et al. Pareto-optimal design of damping controllers using modified artificial immune algorithm[J]. IEEE Transactions on Systems, Man, and Cybernetics, Part C: Applications and Reviews, 2011, 41(2):240-250.

[10] Mallipeddi R, Suganthan P N. Ensemble of constraint handling techniques[J]. IEEE Transactions on Evolutionary Computation, 2010, 14(4):561-579.

[11] Deb K, Datta R. A bi-objective constrained optimization algorithm using a hybrid evolutionary and penalty function approach[J]. Engineering Optimization, 2013, 45(5):503-527.

[12] Wang Y, Cai Z. A dynamic hybrid framework for constrained evolutionary optimization[J]. IEEE Transactions on Systems, Man, and Cybernetics, Part B: Cybernetics, 2012, 42(1): 203-217.

[13] Zhang W, Yen G G, He Z. Constrained optimization via artificial immune system[J]. IEEE Transactions on Cybernetics, 2014, 44(2):185-198.

[14] Fonseca C M, Fleming P J. Multiobjective optimization and multiple constraint handling with evolutionary algorithms. I. A unified formulation[J]. IEEE Transactions on Systems, Man, and Cybernetics, Part A: Systems and Humans, 1998, 28(1):26-37.

[15] Coello C A C. Theoretical and numerical constraint-handling techniques used with evolutionary algorithms: a survey of the state of the art[J]. Computer Methods in Applied Mechanics & Engineering, 2002, 191(11-12):1245-1287.

[16] Deb K, Pratap A, Meyarivan T. Constrained test problems for multi-objective evolutionary optimization[C]. Evolutionary Multi-Criterion Optimization. 2001:284-298.

[17] Runarsson T P, Yao X. Search biases in constrained evolutionary optimization[J]. IEEE Transactions on Systems, Man, and Cybernetics, Part C: Applications and Reviews, 2005, 35(2):233-243.

[18] Ray T, Singh H K, Isaacs A, et al. Infeasibility driven evolutionary algorithm for constrained optimization[M]//Constraint-handling in evolutionary optimization. Berlin: Springer, 2009: 145-165.

[19] Suganthan P N, Hansen N, Liang J J, et al. Problem definitions and evaluation criteria for the CEC 2005 special session on real-parameter optimization [J]. Nanyang Technological

University, 2005(1):341-357.

[20] Qu B, Suganthan P. Constrained multi-objective optimization algorithm with an ensemble of constraint handling methods[J]. Engineering Optimization, 2011, 43(4):403-416.

[21] Asafuddoula M, Ray T, Sarker R, et al. An adaptive constraint handling approach embedded MOEA/D[C]. Evolutionary Computation (CEC), 2012 IEEE Congress on. 2012:1-8.

[22] Zhang Q, Li H. MOEA/D: A multiobjective evolutionary algorithm based on decomposition [J]. IEEE Transactions on Evolutionary Computation, 2007, 11(6):712-731.

[23] Jan M A, Khanum R A. A study of two penalty-parameterless constraint handling techniques in the framework of MOEA/D[J]. Applied Soft Computing, 2013, 13(1):128-148.

[24] Zhang Q, Zhou A, Zhao S, et al. Multiobjective optimization test instances for the CEC-2009 special session and competition[J]. University of Essex, Colchester, UK and Nanyang Technological University, Singapore, Special Session on Performance Assessment of Multi-Objective Optimization Algorithms, Technical Report, 2008, 264:1-30.

[25] Martinez S Z, Coello C A C. A multi-objective evolutionary algorithm based on decomposition for constrained multi-objective optimization [C]//Evolutionary Computation (CEC), 2014 IEEE Congress on. 2014:429-436.

[26] Liu M, Zou X, Chen Y, et al. Performance assessment of DMOEA-DD with CEC 2009 MOEA competition test instances. [C]//IEEE Congress on Evolutionary Computation. 2009, 1:2913-2918.

[27] Jiao L, Luo J, Shang R, et al. A modified objective function method with feasible-guiding strategy to solve constrained multi-objective optimization problems[J]. Applied Soft Computing, 2014, 14:363-380.

[28] Woldesenbet Y G, Yen G G, Tessema B G. Constraint handling in multiobjective evolutionaryoptimization[J]. IEEE Transactions on Evolutionary Computation, 2009, 13(3):514-525.

[29] Li X, Du G. Bstbga: A hybrid genetic algorithm for constrained multi-objective optimization problems[J]. Computers & Operations Research, 2013, 40(1):282-302.

[30] Castro L N D, José F, Zuben V. Artificial immune systems: Part 1——basic theory and applications[J]. Eurochoices, 2000, 1(11):32-36.

[31] Zhang Z, Qian S. Artificial immune system in dynamic environments solving time-varying non-linear constrained multi-objective problems[J]. Soft Computing, 2011, 15(7):1333-1349.

[32] Aragón V S, Esquivel S C, Coello C A. Artificial immune system for solving dynamic constrained optimization problems [M]//Metaheuristics for Dynamic Optimization. Berlin: Springer, 2013:225-263.

[33] Xiao H, Zu J W. A new constrained multiobjective optimization algorithm based on artificial immune systems[C]//Mechatronics and Automation, 2007. ICMA 2007. International Conference on. 2007:3122-3127.

[34] Mezura-Montes E, Coello C A. Constraint-handling in nature-inspired numerical optimization: past, present and future[J]. Swarm and Evolutionary Computation, 2011, 1(4):173-194.

[35] Lin C H. A rough penalty genetic algorithm for constrained optimization[J]. Information Sciences, 2013, 241:119-137.

[36] Xu X, Meng Z, Sun J, et al. A second-order smooth penalty function algorithm for constrained optimization problems[J]. Computational Optimization and Applications, 2013, 55(1): 155-172.

[37] De Melo V V, Iacca G. A modified covariance matrix adaptation evolution strategy with adaptive penalty function and restart for constrained optimization[J]. Expert Systems with Applications, 2014, 41(16):7077-7094.

[38] Chan T M, Man K M, Kwong S, et al. A jumping gene paradigm for evolutionary multiobjective optimization[J]. IEEE Transactions on Evolutionary Computation, 2008, 12(2):143-159.

[39] Deb K, Sinha A, Korhonen P J, et al. An interactive evolutionary multiobjective optimization method based on progressively approximated value functions[J]. IEEE Transactions on Evolutionary Computation, 2010, 14(5):723-739.

[40] Zhang M, Geng H, Luo W, et al. A novel search biases selection strategy for constrained evolutionary optimization[C]//Evolutionary Computation, 2006. CEC 2006. IEEE Congress on. 2006:1845-1850.

[41] Ali L, Sabat S. L, Udgata S K. Particle swarm optimisation with stochastic ranking for constrained numerical and engineering benchmark problems[J]. International Journal of Bio-Inspired Computation, 2012, 4(3):155-166.

[42] De Castro L N, Von Zuben F J. Artificial immune systems: Part I-basic theory and applications[J]. Universidade Estadual de Campinas, Dezembro de, Tech. Rep, 1999, 210.

[43] Castro L R D, Timmis J. Artificial immune systems: a new computational intelligence paradigm[J]. Journal of Tianjin University, 2009, 16(4):271-277.

[44] Janeway Jr C A. How the immune system recognizes invaders[J]. Scientific American, 1993, 269(3):72.

[45] Nossal G J, et al. Life, death and the immune system[J]. Scientific American, 1993, 269:20-20.

[46] Sim~oes G J, Costa E. An immune system-based genetic algorithm to deal with dynamic environments: diversity and memory[C]//Artificial Neural Nets and Genetic Algorithms. 2003: 168-174.

[47] Zou X, Chen Y, Liu M, et al. A new evolutionary algorithm for solving many-objective optimization problems[J]. IEEE Transactions on Systems, Man, and Cybernetics, Part B: Cybernetics, 2008, 38(5):1402-1412.

[48] Osyczka A, Kundu S. A new method to solve generalized multicriteria optimization problems using the simple genetic algorithm[J]. Structural optimization, 1995, 10(2):94-99.

[49] Srinivas N, Deb K. Muiltiobjective optimization using nondominated sorting in genetic algorithms[J]. Evolutionary computation, 1994, 2(3):221-248.

[50] Tanaka M, Watanabe H, Furukawa Y, et al. GA-based decision support system for multicriteria optimization[C]//Systems, Man, and Cybernetics, 1995. Intelligent Systems for the 21st Century., IEEE International Conference on. 1995, 2:1556-1561.

[51] Zitzler E, Thiele L, Laumanns M, et al. Performance assessment of multiobjective optimizers: an analysis and review[J]. IEEE Transactions on Evolutionary Computation, 2003, 7(2):117-

132.

[52] Nag K, Pal T, Pal N R. ASMiGA: An archive-based steady-state micro genetic algorithm[J]. IEEE Transactions on Cybernetics, 2015, 45(1):40-52.

[53] Zhang Q, Zhou A, Jin Y. RM-MEDA: A regularity model-based multiobjective estimation of distribution algorithm[J]. IEEE Transactions on Evolutionary Computation, 2008, 12(1):41-63.

[54] Zitzler E. Evolutionary algorithms for multiobjective optimization: methods and applications [D]. Zurich: Swiss Federal Institute of Technology, 1999.

[55] Fonseca C M, Knowles J D, Thiele L, et al. A tutorial on the performance assessment of stochastic multiobjective optimizers[C]//Third International Conference on Evolutionary MultiCriterion Optimization (EMO 2005), 2005, 216:240.

[56] Zhang Q, Liu W, Li H. The performance of a new version of MOEA/D on CEC09 unconstrained MOP test instances[C]//IEEE Congress on Evolutionary Computation, 2009, 1:203-208.

第4章　目标约束融合的约束多目标免疫算法及评价准则

目前，已有的算法求解静态CMOPs时，往往对不可行解采取直接丢弃，而仅保留可行的个体参与进化，致使算法易于陷入局部搜索或早熟。对于Pareto最优解位于约束界边缘的静态CMOPs，适当选择一定比例的不可行解参与进化将有益于算法的探索和收敛能力。因此，本章基于免疫系统的固有免疫和自适应免疫交互运行模式，提出目标约束融合的并行约束多目标免疫算法(PCMIOA)。为了适当地鼓励不可行抗体参与进化，提出了目标约束融合的评价方法，增强不可行抗体的参与率。借助基因重组中DNA片段的转移机制对种群进行转移操作，提高了进化群的抗体多样性。针对已有性能评价准则存在的不足给出一种改进的支配范围评价准则。数值仿真实验选用12个约束双目标和4个非约束三目标标准测试函数集验证PC-MIOA解决静态CMOPs的能力，并将其与3种著名的约束多目标算法和5种非约束多目标算法进行比较。结果表明PCMIOA具有较强的优化性能。与其他算法相比，PCMIOA所获的Pareto最优前沿能较好的逼近真实Pareto最优前沿，且分布较均匀。

4.1　引　　言

多目标进化算法(multiobjective evolutionary algorithms，MOEAs)已被广泛用于无约束多目标问题(multiobjective optimization promblems，MOPs)的求解[1-5]。然而实际工程应用中存在很多约束多目标问题(CMOPs)[6-8]。CMOPs的决策变量不仅受变量上下界的限制，而且受其他各种等式或不等式的约束，满足所有约束的解称为CMOPs的可行解。设计约束多目标优化算法的关键是如何有效地评价个体，并能合理处理不可行个体，保持一定的种群多样性以提高算法的收敛性，且获得分布均匀的Pareto最优解[9]。

在约束优化中，出现许多约束处理技术[10-11]，常用的方法是罚函数方法[12]。即对不可行个体给予惩罚，使算法尽可能向可行域搜索。该方法的难点是如何确定合适的罚因子，对不同的问题需要精选不同的罚因子，致使其实际应用受到一定的限制。为此，设计新的约束处理技术成为约束优化的研究热点。近来，流行的约束处理技术为 Deb 等[13]提出的约束支配规则（CDP）。另外，随机排行（SR）以及 ε 约束[14-15]也备受关注。这些约束处理技术已被嵌入到 MOEAs 中处理 CMOPs[16]。Deb 等[13]基于 NSGA-Ⅱ，采用 CDP 规则求解 CTP 函数集，验证了 CDP 处理约束的有效性。最近，Jan 等[17]将 SR 和 CDP 分别嵌入 MOEA/D+DE[2]中获得 CMOEA/D+DE+SR 和 CMOEA/D+DE+CDP，以 CTP 和 CF 为测试函数集比较了这两种算法的优越性，仿真结果表明 CMOEA/D+DE+CDP 优越于 CMOEA/D+DE+SR。然而，由于这些约束处理技术的初衷是用于单目标约束处理，直接嵌入 MOEAs 求解 CMOPs 需要进一步验证和探索。Woldesenbet 等[18]基于自适应罚函数和距离度量方法提出一种修改目标的 MOEA（MCMOEA），以 Pareto 支配关系评价个体的优劣，通过求解 2 维的 CTP 函数集验证了该方法的约束处理能力，但 MCMOEA 的种群多样性较差，致使其对高维 CMOPs 求解出现性能恶化。

为此，本章充分挖掘免疫系统的并行性及抗体多样性等机制提出一种新型免疫系统模型，设计一种基于支配度和浓度的亲和度设计方法，并结合文献[18]的约束处理规则，提出一种目标约束融合的并行约束多目标免疫算法（parallel constrained multiobjective immune optimization algorithm，PCMIOA）。数值实验将 PCMIOA 与 3 种约束多目标算法（NSGA-Ⅱ+CDP，MCMOEA，CMOEA/D+DE+CDP）和 5 种非约束多目标算法（NSGA-Ⅱ，SPEA-Ⅱ，MOEA/D+DE，MCMOEA，NNIA）分别应用于 12 个双目标 CMOPs 和 4 个三目标无约束 MOPs 比较各算法对不同类问题的优化能力，仿真结果表明 PCMIOA 对多数无约束 MOPs 和 CMOPs 均表现优越于其他算法的性能。

4.2 问题描述及相关定义

不失一般性，极小化 CMOPs 的一般数学模型可描述为

$$\begin{aligned}&\min_{x\in\Omega\subset\mathbf{R}^l}\boldsymbol{F}(\boldsymbol{x})=(f_1(\boldsymbol{x}),f_2(\boldsymbol{x}),\cdots,f_M(\boldsymbol{x}))\\&\text{s. t.}\begin{cases}g_i(\boldsymbol{x})\leqslant 0 & (i=1,2,\cdots,p)\\g_j(\boldsymbol{x})=0 & (j=1,2,\cdots,q)\end{cases}\end{aligned}\tag{4.1}$$

其中，$\boldsymbol{x}=(x_1,x_2,\cdots,x_l)\in\Omega\subset\mathbf{R}^l$ 为决策向量，l 为向量维数，$x_i\in[L_i,U_i]$，L_i，U_i 分别为变量 x_i 的上下界。Ω 为可行域，即满足所有约束的 $\boldsymbol{x}$ 集合。$\boldsymbol{F}(\boldsymbol{x})$为目标向量，其由 M 个子目标函数构成。$g_i(\boldsymbol{x})$和 $g_j(\boldsymbol{x})$分别为不等式和等式约束，p 和 q 分别为相应的约束数。对于等式约束一般采用非常小的阈值 ε 将其转化为不等式约束[19] $\hat{g}_j(\boldsymbol{x})=|g_j(\boldsymbol{x})|-\varepsilon\leqslant 0$。其他相关定义如下：

定义 4.1　[违背度(violation degree)]向量 $\boldsymbol{x}$ 的违背度定义为

$$VD(\boldsymbol{x}) = \sum_{i=1}^{p}\max\{g_i(\boldsymbol{x}),0\} + \sum_{j=1}^{q}\max\{\hat{g}_j(\boldsymbol{x}),0\} \tag{4.2}$$

式中,等式右侧的第 1 项和第 2 项分别对应等式和不等式约束的违背度。

定义 4.2　[Pareto 最优集(Pareto-optimal set)和 Pareto 最优前沿(Pareto-optimal front)]所有 Pareto 最优解构成的集合称为 Pareto 最优集 (记为 PS),即

$$\mathrm{PS} = \{\boldsymbol{x} \in S \mid \neg \exists \boldsymbol{y} \in S, \text{s. t. } \boldsymbol{y} \prec \boldsymbol{x}\}$$

所有 Pareto 最优解通过 $F(\cdot)$映射到目标空间构成的集合称为 Pareto 最优前沿(记为 PF),即

$$\mathrm{PF} = \{F(\boldsymbol{x}) \mid \forall \boldsymbol{x} \in PS\}$$

求解 CMOPs 任务即获得分布均匀且收敛性好的 PF。

4.3　机制分析及算法设计

4.3.1　算法运行机制分析

生物 IS 是一种并行的、自适应学习系统,其包括固有免疫和自适应免疫[19]。通过这两个子系统信息交互,相互促进和补充,达到保护机体的作用。当外来病毒(抗原)入侵时,固有免疫中特定性抗原递呈细胞(antigen presenting cells,APCs)将抗原吸收并分解为基因段,这些基因段依附于主组织相容性复合基因(major histocompatibility complex,MHC);当免疫系统中 T 细胞(T cells)表面的受体分子被 MHC 识别后,T 细胞受刺激分化成化学信号,这些化学信号激活系统中的 B 细胞(B cells)促成自适应免疫发生。在自适应免疫中被激活的 B 细胞克隆增生成大量相同的 B 细胞,这些 B 细胞经亲和突变而成熟,成熟的 B 细胞变成淋巴细胞(抗体)消除抗原,同时一些 B 细胞作为记忆细胞(M cells)周游于免疫系统的各部位;当相似抗原再次入侵时,这些记忆细胞快速促进免疫系统发生二次应答消除抗原。免疫系统中的抗体经过反复分化重组、突变、学习,直到消除抗原,达到维持免疫系统的动态平衡。在重组过程中,生物转移机制(transformation)促成染色体的快速更新。即基因库中的 DNA 基因段以一定的概率转移到其他染色体中,若转移成功,则该 DNA 片段存活于染色体[20],否则其将死亡。基于以上基本原理,获得图 4.1(a)免疫系统的新模型,该模型针对求解 CMOPs 时,在如何利用可行解引导非可行解的有效搜索方面,充分挖掘了免疫系统中的固有免疫和自适应免疫两个子系统的各自分工和共同协作,达到更有效保护机体的作用,区别于原有免疫仅考虑自适应子系统的独立运行。在模型中,APCs 模块为特定性抗原递呈细胞吸收和分解,将亲和力较大的抗

体分解为基因段，并形成基因段池；T 模块为固有免疫中 T 细胞分化，发出刺激信号激发自适应免疫的发生；B 模块为自适应免疫系统中 B 细胞的成熟；M 模块为优秀抗体作为 M 细胞存于记忆池，并进行优选。其对应的算法流程为图 4.1(b)，抗原视为 CMOPs，抗体视为候选解，种群中不可行/可行抗体对应固有免疫的 T 细胞，发生分化重组，可行抗体对应自适应免疫中 B 细胞，发生亲和突变。突变的 B 细胞在 M 模块中进行分类优选，获得优秀的 M 细胞(视为 Pareto 最优解)，这些 Pareto 最优解具有较大的亲和力，与 Pareto 最优前沿具有很好的逼近，同时，部分 Pareto 最优解被分解为基因段形成基因段池，这些基因段促成了抗体发生转移，增加了种群的多样性。

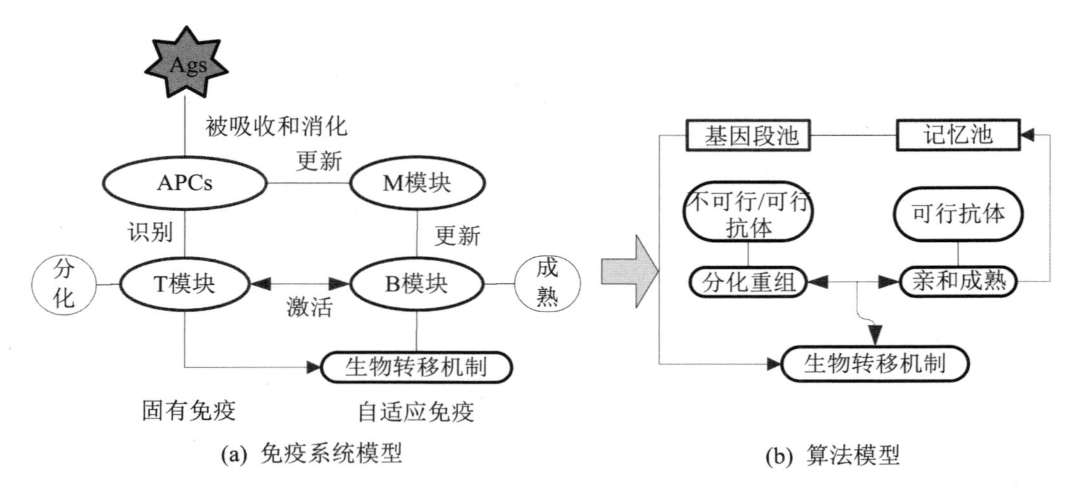

(a) 免疫系统模型　　(b) 算法模型

图 4.1　免疫系统模型及算法模型

4.3.2　亲和度设计

在多目标免疫优化中，抗体的亲和度是评价抗体的优劣，直接引导算法的搜索行为。这里基于 Pareto 支配关系和浓度，抗体 $\boldsymbol{x}\in S\subset\Omega$ 的亲和力 $aff(\boldsymbol{x})$ 设计为

$$aff(\boldsymbol{x}) = (1-\eta)\frac{1}{1.0+c(\boldsymbol{x})} + \eta\rho(\boldsymbol{x}) \tag{4.3}$$

式中，$\eta(0<\eta\leqslant 1)$ 称为偏好因子，通过设置不同的 η，可达到解的收敛性和分布性调节。$c(\boldsymbol{x})$ 为种群 S(对应问题的候选解集)中支配 $\boldsymbol{x}$ 的抗体数，计算如下：

$$c(\boldsymbol{x}) = \frac{|\{\boldsymbol{y} \mid \boldsymbol{y}\prec\boldsymbol{x}, \forall\boldsymbol{y}\in S\}|}{|S|} \tag{4.4}$$

式中，$|\cdot|$ 表示集合的势。该式表明 $c(\boldsymbol{x})$ 越小，则 $\boldsymbol{x}$ 被其他抗体支配的数目越少，由式(4.3)得到其亲和力越大。$\rho(\boldsymbol{x})$ 为 $\boldsymbol{x}$ 的浓度，计算如下：

$$\rho(\boldsymbol{x}) = \frac{\min\limits_{\forall\boldsymbol{y}\in S} d(\boldsymbol{x},\boldsymbol{y})}{d_{\max}} \tag{4.5}$$

式中，$d(\boldsymbol{x},\boldsymbol{y})=\|\boldsymbol{F}(\boldsymbol{x})-\boldsymbol{F}(\boldsymbol{y})\|_2$，$d_{\max}=\max\limits_{\forall \boldsymbol{x},\boldsymbol{y}\in S}\{d(\boldsymbol{x},\boldsymbol{y})\}$。该式表明 $\boldsymbol{x}$ 周围的抗体数越多，其 $\rho(\boldsymbol{x})$ 越小，由式(4.3)得到其亲和力越小，其能够引导算法向稀疏区域搜索，增强多样性。

4.3.3　目标约束融合

在多目标约束优化中，对可行个体可直接根据 Pareto 支配关系确定个体的优劣，但对不可行个体则不能直接根据 Pareto 支配关系进行选择。为此，结合文献[18]的目标修改方法进行目标约束融合，以 CDP 规则确定个体的优劣。具体为：在联赛选择中，以融合的目标对父体进行 Pareto 支配比较，确定非支配个体进入下一代；若被选的两个父体不可比较，则以 50%的概率选取其中一个。在抗体分层中，以 CDP 规则对抗体进行分层。这里的目标约束融合方法如下：

对任 $\boldsymbol{x}\in X$，其各子目标按如下方式融合：

$$f_i^{\text{mod}}(\boldsymbol{x})=\begin{cases}\sqrt{\bar{v}^2(\boldsymbol{x})+\bar{f}_i^2(\boldsymbol{x})} & (\gamma=0)\\(1-\gamma)\bar{v}(\boldsymbol{x})+\gamma\bar{f}_i(\boldsymbol{x}) & (\gamma\neq 0)\end{cases}\tag{4.6}$$

式中

$$\bar{f}_i(\boldsymbol{x})=\frac{f_i(\boldsymbol{x})-f_i^{\min}}{f_i^{\max}-f_i^{\min}}\tag{4.7}$$

$$\bar{v}(\boldsymbol{x})=\frac{VD(\boldsymbol{x})}{VD^{\max}}\tag{4.8}$$

$$\gamma=\frac{|\{\boldsymbol{x}\mid\bar{v}(\boldsymbol{x})\leqslant 0\},\forall\boldsymbol{x}\in X|}{|X|}\tag{4.9}$$

其中，$f_i^{\min}=\min\limits_{\forall \boldsymbol{x}\in S}\{f_i(\boldsymbol{x})\}$，$f_i^{\max}=\max\limits_{\forall \boldsymbol{x}\in S}\{f_i(\boldsymbol{x})\}$，$VD^{\max}=\max\limits_{\forall \boldsymbol{x}\in S}\{VD(\boldsymbol{x})\}$。式(4.7)为各子目标标准化，式(4.8)为约束违背度标准化，式(4.9)中，γ 为种群中可行抗体所占比例，称为可行率。式(4.6)表明：若当前群为不可行群，抗体 $\boldsymbol{x}$ 的融合目标变为 $f_i^{\text{mod}}(\boldsymbol{x})=\sqrt{\bar{v}^2(\boldsymbol{x})+\bar{f}_i^2(\boldsymbol{x})}$，即违背度小的抗体优越；若当前群包含可行和非可行的抗体，抗体 $\boldsymbol{x}$ 的融合目标变为 $f_i^{\text{mod}}(\boldsymbol{x})=(1-\gamma)\bar{v}(\boldsymbol{x})+\gamma\bar{f}_i(\boldsymbol{x})$，即可行率 γ 越大，融合的目标受原标准化的目标影响越大，反之，则相反。

根据该亲和度设计及约束处理方法，PCMIOA 描述如下：

4.3.4　PCMIOA 算法描述

根据图 4.1，PCMIOA 步骤描述如下，其中 n 表示代数，G 为预先定义的最大代数。

步骤 1：随机生成规模为 N 的初始抗体群 A，计算各抗体的目标向量及约束违背度。置 $n=1$，初始记忆池 M 和基因段池 P 均为空。

步骤 2：若 $n>G$，算法终止，输出结果；否则，转入步骤 3。

步骤 3:对种群 A 执行目标约束融合处理。

步骤 4:固有免疫响应。

步骤 4.1:根据融合的目标,对种群 A 执行二人联赛选择,获得规模为 $N/2$ 的抗体群 B。

步骤 4.2:B 经 SBX 交叉和多项式突变获抗体群 C。

步骤 5:自适应免疫响应。

步骤 5.1:计算 A 中可行抗体的亲和度,选取亲和度高的 $N/2$ 个抗体构成群 D,克隆繁殖算子作用于 D 获规模为 N 的克隆群 E,每个抗体的克隆规模按亲和力比例克隆。

步骤 5.2:克隆群 E 经高斯亲和突变,获突变群 F。

步骤 5.3:记忆池 M 更新。

步骤 6:更新基因段池 P。

步骤 7:组合群 $S=C\cup F\cup A$ 经转移算子获抗体群 R。

步骤 8:R 经分层和拥挤选择获抗体群 H。置 $A\leftarrow H$,$n\leftarrow n+1$,并转入步骤 2。

注　(1) 步骤 4.1 和 5.1 均选取 $N/2$ 抗体以保证进化过程中群体规模不至于过大,控制算法的计算开销。步骤 4.1 根据融合的目标执行选择。即对于任意选择的父体 $\boldsymbol{x},\boldsymbol{y}\in A$,① 若 $\boldsymbol{x}\prec\boldsymbol{y}$,则 $\boldsymbol{x}$ 获胜;② 若 $\boldsymbol{y}\prec\boldsymbol{x}$,则 $\boldsymbol{y}$ 获胜;③ 若 $\boldsymbol{x}$ 和 $\boldsymbol{y}$ 不可比较,则产生随机数 $r\in[0,1]$,若 $r\leqslant 0.5$,则 $\boldsymbol{x}$ 获胜,否则 $\boldsymbol{y}$ 获胜。

(2) 步骤 7 中组合群 S 含有初始群 A,达到精英保存的作用,保证了算法的收敛。

4.3.5　复杂度分析

根据 PCMIOA 流程,其时间复杂度主要是亲和度计算、分层和拥挤选择两个模块。亲和度的计算中抗体间的支配关系比较和抗体间距离的计算,简单伪代码如下:

算法 4.1　亲和度计算

```
1. for i=1 to N do
2.   c_i=0  //记录抗体 x_i 被其他抗体的支配数
3.    for j=1 to N do
4.      calculate distanced(x_i, x_j)  //计算距离
5.      if x_j≺x_i then
6.        c_i++
7.      end if
8.    end for
9. end for
```

由算法 4.1 伪代码知,亲和度计算时间复杂度为 $O(N^2)$。

分层和拥挤选择主要包括非支配排序和拥挤选择算子,其伪代码如下:

算法 4.2　分层和拥挤选择

```
1. (R_1, R_2, …, R_L) = Fast Nondominated Sort(R)   //非支配排序
2.   H = ∅, i = 0
3.   while |H| + |R_i| ≤ N do
4.     H = H ∪ R_i   //将 R_i 层抗体放入 H
5.     i++   //层数增加 1
6.   end while
7. Crowded selection(R_i)   //对 R_i 层进行拥挤选择
```

其中,R_i 为第 i 层抗体集,$|\cdot|$为集合的势。非支配排序(fast nondominated sort)时间复杂度为 $O((5N/2)^2)$,第 7 行拥挤选择(crowded selection)中涉及拥挤距离的计算,由于$|R_i| \leqslant N$,故此步最坏的时间复杂度为 $O(N\log N)$。算法 4.2 的最坏时间复杂度为 $O(N^2)=O((5N/2)^2)+O(N\log N)$。

因此,执行一代 PCMIOA 最坏的时间复杂度为 $O(N^2)$,执行 G 代总的时间复杂度为 $O(G \cdot N^2)$。

4.4　主要算子设计

4.4.1　记忆池及基因段池更新

1. 记忆池 M 更新

记忆池大小为 N(群体规模),记忆池中的抗体称为记忆细胞。更新方式:对突变群 F 中的每个抗体 $\boldsymbol{x}$,若 $\boldsymbol{x}$ 不被 M 中任一抗体支配,则 $\boldsymbol{x}$ 进入 M,同时删去 M 中被 $\boldsymbol{x}$ 支配的其他抗体。若 M 中的记忆细胞数超过 N,则删去亲和力较小的记忆细胞。

2. 基因段池 P 更新

基因段池大小为 n_{p}(预先设定值),每个基因段的长度为 l_{p}(预先设定值)。对基因段池中每个基因段,首先从记忆池 M 中随机选择一个记忆细胞,在选中的记忆细胞中随机产生一个长度为 l_{p} 的基因段代替 P 中待更新的基因段。

4.4.2　转移

转移算子通过基因段池 P 对组合群 S 进行基因段转移,转移概率为 p_{t}(即转移

成功)。即对于 S 中每个抗体 $s\in S$,产生一随机数 $r\in[0,1]$,若 $r\leqslant p_t$(即转移成功),则在 s 中随机产生一个基因位(point,如图 4.2 所示),然后从基因段池 P 中随机选择一个基因段 $p\in P$,将 p 替换抗体 s 中基因位后的所有基因;否则,不执行操作(即转移失败)。

注 若 s 中基因位后所有基因的长度不足 p 的长度,则将替换后 p 中多余的基因依次替换 s 中开头部分的基因,如图 4.2 所示。

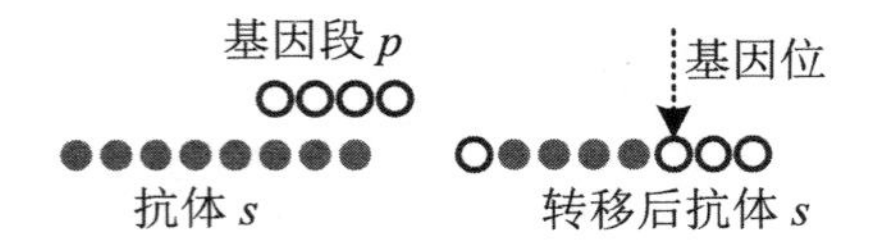

图 4.2

4.4.3 拥挤选择

结合算法 4.2 分层和拥挤选择,拥挤选择即从 R_i 中选择不足数目的抗体填满 H,使得 $|H|=N$。具体步骤如下:

步骤 1:计算 R_i 中所有抗体的拥挤距离[13]。

步骤 2:若 $|H|+|R_i|>N$,则删去 R_i 中拥挤距离最小的一个抗体;否则,停止。

步骤 3:更新被删去抗体的相邻抗体的拥挤距离,返回步骤 2。

4.5 性能准则

为了定性和定量的检测 PCMIOA 的优化性能,选取收敛性指标 IGD[2] 和超体积率 HR[21] 以及一种改进的支配范围 DS 评价算法的性能。

假设 X 和 Y 分别为算法 A 和算法 B 获得的 PS,其对应的 PF 分别为 F_X 和 F_Y。

Zitzler 提出一种二元度量准则 C[21-22],其定义为

$$C(X,Y)=\frac{|\{\boldsymbol{y}\in Y \mid \exists \boldsymbol{x}\in X,\text{s.t.}\ \boldsymbol{x}\prec \boldsymbol{y}\}|}{|Y|} \tag{4.10}$$

若 $C(X,Y)<C(Y,X)$,表明解集 X 劣于 Y;$C(X,Y)=1$ 表明对 $\forall\, \boldsymbol{y}\in Y$ 至少存在一个 $\boldsymbol{x}\in X$,使得 $\boldsymbol{x}\prec\boldsymbol{y}$;$C(X,Y)=0$,则相反。观察图 4.3(a)二维目标空间,对棱形集 X 和圆形集 Y,易知 $C(X,Y)=1/4<C(Y,X)=3/4$,根据式(4.10)则推断 X 差于 Y。然而,若 X 和 Y 为图 4.3(b)所示情形,则根据式(4.10)知

$$C(X,Y)=0.5=C(Y,X)$$

此时难于比较 X 与 Y 的优劣。但实际由图 4.3(b)知,X 应优于 Y。

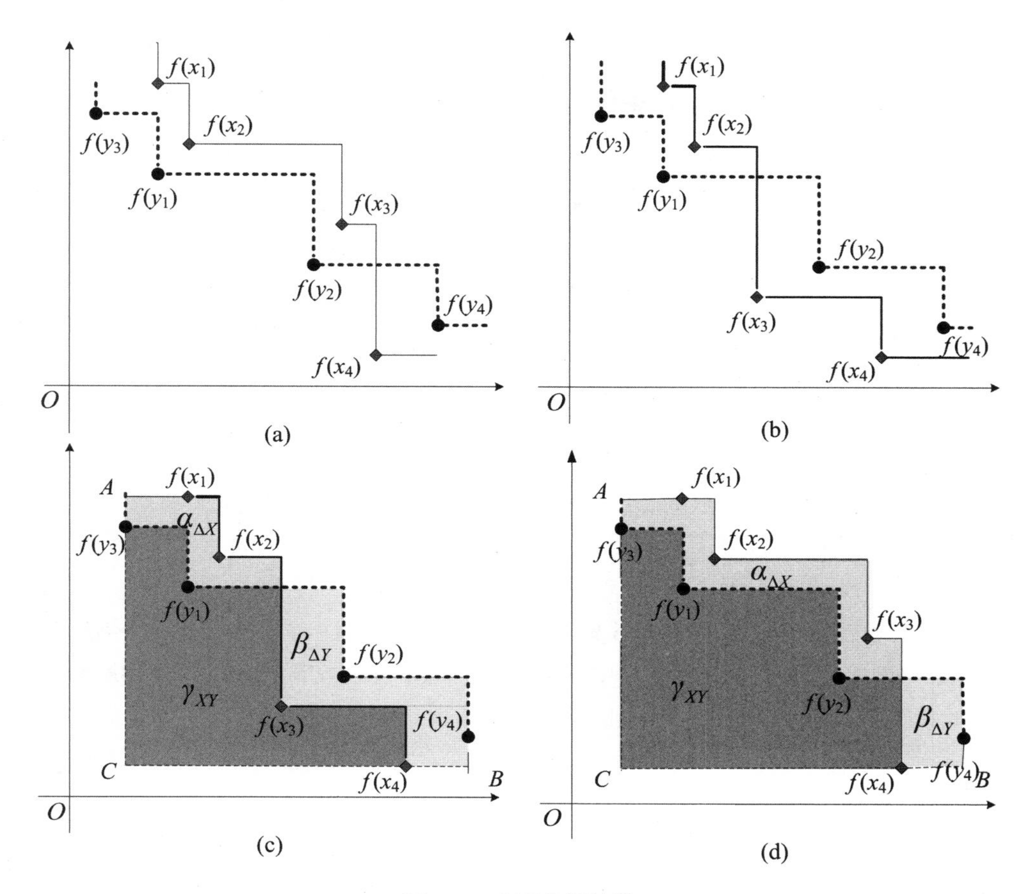

图 4.3　支配范围计算

为了克服此不足，现观察图 4.3(c)，$\alpha_{\Delta X}$为 X 的非支配区域减去 $X\cup Y$ 的非支配区域，$\beta_{\Delta Y}$为 Y 的非支配区域减去 $X\cup Y$ 的非支配区域。一方面，由图 4.3(c)知 $\alpha_{\Delta X}<\beta_{\Delta Y}$；另一方面，图 4.3(c)也表明了 X 优于 Y。由此，定义如下度量准则 DS：

$$DS(X)=D(X)-D(X\cup Y) \tag{4.11}$$

$$DS(Y)=D(Y)-D(X\cup Y) \tag{4.12}$$

其中，$D(\cdot)$为相应解集的非支配区域。$DS(X)<DS(Y)$表明 X 比 Y 更接近 $X\cup Y$ 的 Pareto 最优前沿，也即 X 优于 Y。

注　(1) 该准则不依赖于真实 Pareto 最优集比较两算法的优越性。

(2) 当 $DS(X)=DS(Y)\neq 0$ 时，按 IGD 判断。

4.6 实验设计

为了验证算法的有效性,实验设计包括两部分:① 选取 NSGA-Ⅱ +CDP[13],MCMOEA[18]和 CMOEA/D+DE +CDP[17]求解 CMOPs,验证算法的约束处理能力。这些算法属于著名的多目标约束优化算法:NSGA-Ⅱ +CDP 为非支配排序算法,约束处理采用 CDP 策略;MCMOEA 基于 NSGA-Ⅱ框架采用修改目标的方法处理约束;CMOEA/D+DE+CDP 是基于多目标分解进化算法 DMOE/D+DE,结合CDP 规则设计的多目标约束优化算法。② 选取 NSGA-Ⅱ[13],SPEA-Ⅱ[23],MOEA/D+DE[2],NNIA[24]以及 MCMOEA 求解 DTLZ 函数集,验证算法求解更多目标非约束优化问题的能力。

实验环境为个人计算机,Win7 系统,AMD 处理器 2.21 GHz,896 MB 内存,通过 C++编程在 VC 平台上实现各算法。为了降低偶然性对评价结论的影响,实验中各算法对每测试问题独立执行 30 次(每次的初始种群均随机产生),对获得的 30个 Pareto 最优集进行相关性能指标统计分析。

4.6.1 测试问题

CMOPs 函数集:Deb 在文献[25]中提出一系列不同难度的 CMOPs,这些问题成为测试各算法的函数集。其中,SRN,TNK 和 OSY 为低维多约束问题;而 CTP函数集的维数可调,已有文献多数选取维数 $n=2$,本文为了提高问题难度,选取维数为 10。CTP2~CTP8 的约束包含 6 个参数,不同参数对应不同难度的 CMOPs,且CTP1 和 CTP8 包含 2 个约束,具体参见文献[25]。

DTLZ 函数集:为了验证算法处理更多目标问题的能力,选取 DTLZ1~DTLZ4三目标问题[26]进一步验证算法的优越性。

应用实例:选取焊接横梁系统(beam)(图 4.3)验证算法的实际应用。beam 是设计横梁 A 的最优参数(h,l,t,b),使满足切边应力、弯曲应力和屈曲承载的约束下,制造成本和横梁末端偏度尽可能小。该问题原来为单目标问题,后来一些学者将其改变为多目标问题[27-29]。为便于数学描述,将参数 h,l,t,b 分别记为 x_1,x_2,x_3,x_4,进而构成向量 $\boldsymbol{x}=(x_1,x_2,x_3,x_4)$。则切边应力,弯曲应力和屈曲承载分别为模型中的 $\tau(\boldsymbol{x})$,$\sigma(\boldsymbol{x})$和 $\delta(\boldsymbol{x})$,成本和偏度函数分别为 $Cost(\boldsymbol{x})$和 $Deflection(\boldsymbol{x})$。beam 模型如下:

$$
\text{beam}:\begin{cases}
\min\ f_1(\boldsymbol{x}) = Cost(\boldsymbol{x}) = (1+c_1)x_1^2x_2 + c_2x_3x_4(L+x_2) \\
\min f_2(\boldsymbol{x}) = Deflection(\boldsymbol{x}) = \delta(\boldsymbol{x}) = \dfrac{4PL^3}{Ex_3^3x_4} \\
\tau(\boldsymbol{x}) = \sqrt{\tau_1^2 + \dfrac{1}{R}\tau_1\ \tau_2x_2 + \tau_2^2} \leqslant \tau_{\max} \\
\sigma(\boldsymbol{x}) = \dfrac{6PL}{x_3^2} \leqslant \sigma_{\max} \\
\delta(\boldsymbol{x}) = \dfrac{4PL^3}{Ex_3^3x_4} \leqslant \delta_{\max} \\
P - \dfrac{4.013E}{L^2}\sqrt{\dfrac{x_3^2x_4^6}{36}}\left(1-\dfrac{x_3}{2L}\sqrt{\dfrac{E}{4G}}\right) \leqslant 0 \\
x_1 - x_4 \leqslant 0 \\
0.125 \leqslant x_1, x_4 \leqslant 5.0, 0.1 \leqslant x_2, x_3 \leqslant 10
\end{cases}
$$

其中，$\tau_1 = \dfrac{P}{\sqrt{2}x_1x_2}$，$\tau_2 = \dfrac{MR}{J}$，$M = P\left(L+\dfrac{x_2}{2}\right)$，$R = \sqrt{\dfrac{x_2^2}{4}+\left(\dfrac{x_1+x_3}{2}\right)^2}$，$J = 2\left\{\sqrt{2}x_1x_2\left[\dfrac{x_2^2}{12}+\left(\dfrac{x_1+x_3}{2}\right)^2\right]\right\}$，$c_1$ 和 c_2 分别为单位体积的焊接和材料成本。其他参数值见表 4.1。

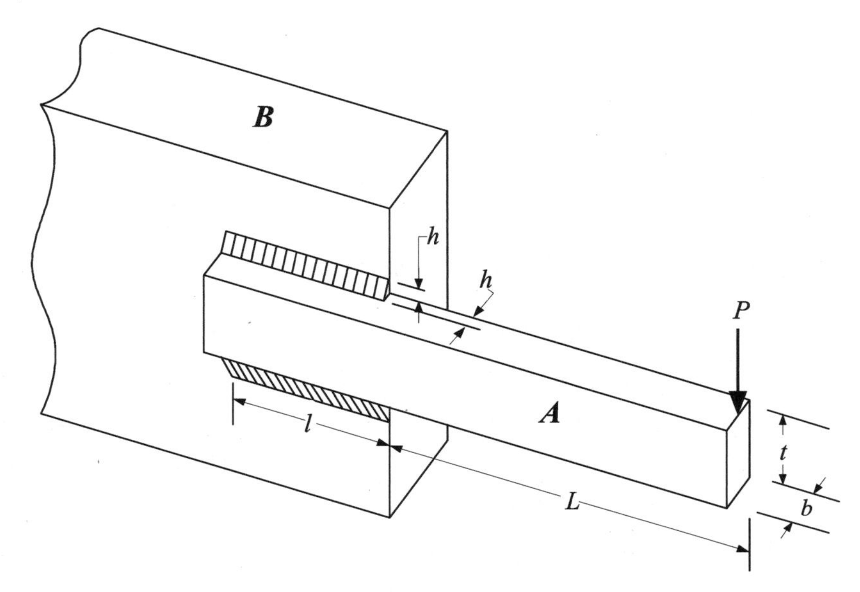

图 4.3　焊接横梁系统

表 4.1 beam 系统中各参数值

变量	P	L	δ_{max}	E	G	τ_{max}
数值	6.0×10^3	14	0.25	3.0×10^7	1.2×10^7	1.36×10^4
变量	σ_{max}		c_1		c_2	
数值	3.0×10^4		0.10471		0.04811	

4.6.2 参数设置

各算法对所有测试例子群体规模 $N=200$。对于 SRN，TNK，OSY 和 beam，由于变量维数较低，故最大代数为 100，其他测试函数最大代数为 500。对于被比较的算法突变概率、交叉概率以及其他参数均按相应文献[13,17-18]设置。PCMIOA 中 SBX 交叉概率和转移率 p_t 均为 0.7，多项式突变及高斯突变概率均为 $1/l$，SBX 交叉和多项式突变中分布指数均为 20；亲和度中偏好因子 $\eta=0.4$（第 7 部分参数敏感性分析表明 $\eta=0.4$ 时有较好的性能）；基因段池规模 $n_p=10$，基因段长度 $l_p=2$。实验中对偏好因子 η 及基因段长度 l_p 进行了敏感性分析。

4.7 仿真结果分析

4.7.1 求解 CMOPs 函数集的性能分析

表 4.2 为被提出的算法 PCMIOA 与 NSGA-Ⅱ+CDP 对每测试问题独立执行 30 次所获的 HR、DS 的均值和方差（mean±Var.）。其中，X 和 Y 分别表示 PCMIOA 和 NSGA-Ⅱ+CDP 所获的可行 Pareto 最优集。同样，表 4.3 和表 4.4 分别为 PCMIOA 与 MCMOEA 和 PCMIOA 与 CMOEA/D+DE+CDP 所获的可行 Pareto 最优集的 HR、DS 的均值和方差。对于 HR 指标，HR 越大表明其对应的解集收敛性越好。由表 4.2、表 4.3 和表 4.4 的第 2 列和第 3 列知，除 SRN 和 TNK 外，对于其他测试函数，HR(X)均大于 HR(Y)，这表明 PCMIOA 所获得的 Pareto 最优集 X 的收敛性优于 NSGA-Ⅱ+CDP，MCMOEA 和 CMOEAA/D+DE+CDP 所获的 Pareto 最优集 Y。对于 DS 指标，DS 越小表明其对应的解集越接近于两被比较算法的组合集的 Pareto 最优集。观察表 4.2、表 4.3 和表 4.4 的第 4 列和第 5 列获知，除 SRN 和 TNK 外，对其他测试函数，均有 DS(X)小于 DS(Y)，这表明 PCMIOA 所获得的 Pareto 最优集 X 比其他三算法所获得的 Pareto 最优集 Y 更接近于 $X\cup Y$ 的

Pareto 最优集。对于测试问题 SRN 和 TNK，PCMIOA 所获得的 HR 和 DS 差于或接近于其他算法，这是由于 SRN 和 TNK 的决策空间维数为 2，而 PCMIOA 的基因段长度也为 2，在转移算子中，若抗体发生转移，则该抗体的全部基因被基因段所替换，随算法的迭代，群体固然易于失去多样性，致使 PCMIOA 对这两个测试问题的优化性能较差。另外，由各度量指标的方差（Var.）知，PCMIOA 对应的 HR(X)和 DS(X)的方差对多数测试函数都小于其他算法对应的 HR(Y)和DS(Y)的方差，这表明在执行 30 次中 PCMIOA 的鲁棒性和稳定性优越于其他算法的。在这些测试函数中，OSY，CTP4，CTP6 和 CTP8 为较难的优化问题，由表 4.2、表 4.3 和表 4.4 获知，PCMIOA 对这些函数所获的 HR 和 DS 统计值更明显的优于其他算法。

表 4.2　PCMIOA 与 NSGA-Ⅱ+CDP 所获最后解集的 HR 和 DS 统计值(X 和 Y 分别为 PCMIOA 和 NSGA-Ⅱ+CDP 所获的 Pareto 最优集)

问题	HR(X)	HR(Y)	DS(X)	DS(Y)
	mean±Var.	mean±Var.	mean±Var.	mean±Var.
SRN	0.9971±0.000	0.9976±0.000	79.5410±7.530	65.198±5.417
TNK	0.9983±0.001	0.9937±0.003	0.0011±0.000	0.0041±0.002
OSY	0.9989±0.000	0.9734±0.024	18.852±4.242	446.51±408.8
beam	0.9980±0.002	0.9765±0.011	0.0051±0.009	0.0536±0.029
CTP1	0.9973±0.002	0.9323±0.222	0.0008±0.001	0.0204±0.067
CTP2	0.9992±0.000	0.9904±0.027	0.0003±0.000	0.0033±0.009
CTP3	0.9967±0.004	0.9258±0.219	0.0011±0.001	0.0240±0.071
CTP4	0.9890±0.016	0.8094±0.100	0.0026±0.004	0.0461±0.025
CTP5	0.9953±0.003	0.9316±0.219	0.0015±0.001	0.0213±0.068
CTP6	0.8491±0.366	0.8304±0.359	0.2661±0.811	0.3237±0.817
CTP7	0.9982±0.001	0.9220±0.250	0.0008±0.001	0.0357±0.114
CTP8	0.4998±0.513	0.4908±0.475	0.2664±0.512	0.3717±0.576

表 4.3 PCMIOA 与 MCMOEA 所获最后解集的 HR 和 DS 统计值（*X* 和 *Y* 分别为 PCMIOA 和 MCMOEA 所获的 Pareto 最优集）

问题	HR(*X*)	HR(*Y*)	DS(*X*)	DS(*Y*)
	mean±Var.	mean±Var.	mean±Var.	mean±Var.
SRN	0.9983±0.000	0.9934±0.000	47.757±5.899	181.78±13.28
TNK	0.9959±0.001	0.9985±0.000	0.0027±0.001	0.0010±0.000
OSY	1.0000±0.000	0.7896±0.109	0.0868±0.090	3523.5±1822.5
beam	0.9986±0.003	0.9568±0.001	0.0129±0.008	0.0783±0.012
CTP1	0.9966±0.006	0.5265±0.024	0.0010±0.002	0.1450±0.007
CTP2	0.9997±0.000	0.9921±0.004	0.0001±0.000	0.0027±0.001
CTP3	0.9989±0.002	0.9157±0.037	0.0004±0.001	0.0273±0.012
CTP4	0.9968±0.011	0.5417±0.150	0.0008±0.003	0.1093±0.037
CTP5	0.9975±0.002	0.9405±0.035	0.0008±0.000	0.0187±0.011
CTP6	0.8499±0.366	0.0498±0.223	0.0001±0.001	2.1649±1.109
CTP7	1.0000±0.000	0.9373±0.127	0.0000±0.000	0.0286±0.058
CTP8	0.5000±0.513	0.1000±0.308	0.0750±0.233	0.7316±0.757

表 4.4 PCMIOA 与 CMOEA/D+DE+CDP 所获最后解集的 HR 和 DS 统计值（*X* 和 *Y* 分别为 PCMIOA 和 CMOEA/D+DE+CDP 所获的 Pareto 最优集）

问题	HR(*X*)	HR(*Y*)	DS(*X*)	DS(*Y*)
	mean±Var.	mean±Var.	mean±Var.	mean±Var.
SRN	0.9970±0.000	0.9976±0.000	81.381±6.850	66.913±4.744
TNK	0.9979±0.001	0.9861±0.006	0.0013±0.001	0.0091±0.004
OSY	0.9991±0.000	0.9779±0.011	15.781±4.343	369.73±185.8
beam	0.9990±0.001	0.9958±0.012	0.0052±0.011	0.0170±0.018
CTP1	0.9978±0.004	0.9419±0.222	0.0007±0.001	0.0175±0.067
CTP2	0.9998±0.000	0.9431±0.222	0.0001±0.000	0.0197±0.077
CTP3	0.9991±0.001	0.8945±0.212	0.0003±0.000	0.0342±0.069
CTP4	0.9991±0.002	0.6276±0.238	0.0002±0.000	0.0892±0.059

续表

问题	HR(X)	HR(Y)	DS(X)	DS(Y)
	mean±Var.	mean±Var.	mean±Var.	mean±Var.
CTP5	0.9979±0.002	0.8539±0.292	0.0007±0.001	0.0456±0.091
CTP6	0.8496±0.366	0.7243±0.382	0.2529±0.775	0.6108±0.935
CTP7	1.0000±0.000	0.8796±0.255	0.0000±0.000	0.0550±0.116
CTP8	0.4998±0.513	0.4006±0.448	0.0763±0.169	0.4341±0.606

表4.5为各算法对每测试问题独立执行30次所获最后Pareto最优集的IGD统计值以及每代和执行最大代所需的平均时间。对于所有标准测试函数，在真实Pareto最优前沿上产生1000个均匀分布采样点计算IGD。对于beam实际问题，根据文献[28]，通过求解离散化单目标问题获得500个采样点计算IGD。由表4.5获知，对于IGD指标，除SRN和TNK外，PCMIOA所获得的统计值均小于其他算法所获得的结果，这表明PCMIOA对这些测试函数所获得的解集分布性和逼近真实Pareto最优前沿的程度优越于其他算法。对于SRN和TNK，PCMIOA表现差的IGD，正如前面所分析的这两测试函数的决策变量为2维，转移算子降低了算法的性能。关于执行时间，对于低维的SRN，TNK，OSY和beam，NSGA Ⅱ+CDP执行时间最短；对于高维的CTP1～CTP8，CMOEA/D+DE+CDP执行时间最短。然而，PCMIOA对所有问题执行时间都要大于其他算法，这是由于PCMIOA的约束处理程序增加了算法计算开销，这也是本算法存在的不足。

表4.5　各算法对每测试问题所获最后解集的IGD、平均时间(s)/代(T_{var})以及最大代时间(T_{max})的统计值

算法	SRN		TNK		OSY	
	IGD mean±Var.	T_{var}(T_{max})	IGD mean±Var.	T_{var}(T_{max})	IGD mean±Var.	T_{var}(T_{max})
NSGA-Ⅱ+CDP	0.5297±0.019	0.042 (4.20)	0.0076±0.001	0.031 (3.09)	7.9602±7.639	0.074 (7.41)
MCMOEA	0.5392±0.018	0.106 (10.55)	0.0193±0.006	0.139 (13.89)	5.9276±3.554	0.102 (10.21)
CMOEA/D+DE+CDP	0.3906±0.027	0.054 (5.43)	0.0053±0.000	0.033 (3.33)	15.448±3.939	0.167 (16.69)
PCMIOA	0.5757±0.030	0.120 (12.02)	0.0061±0.000	0.154 (15.38)	0.4193±0.068	0.217 (21.68)

续表

算法	beam		CTP1		CTP2	
	IGD mean±Var.	$T_{var}(T_{max})$	IGD mean±Var.	$T_{var}(T_{max})$	IGD mean±Var.	$T_{var}(T_{max})$
NSGA-Ⅱ+CDP	0.1069±0.089	0.034 (3.43)	0.0381±0.109	0.101 (50.67)	0.0074±0.019	0.061 (30.31)
MCMOEA	0.0698±0.037	0.091 (9.14)	0.0302±0.109	0.077 (38.64)	0.0376±0.154	0.064 (32.10)
CMOEA/D+DE+CDP	0.4023±0.087	0.058 (5.79)	0.0039±0.001	0.050 (24.84)	0.2424±0.007	0.037 (18.57)
PCMIOA	0.0478±0.011	0.353 (35.32)	0.0014±0.005	0.109 (54.32)	0.0010±0.000	0.098 (48.91)

算法	CTP3		CTP4		CTP5	
	IGD mean±Var.	$T_{var}(T_{max})$	IGD mean±Var.	$T_{var}(T_{max})$	IGD mean±Var.	$T_{var}(T_{max})$
NSGA-Ⅱ+CDP	0.0549±0.148	0.078 (39.09)	0.1561±0.033	0.070 (35.07)	0.0178±0.054	0.100 (50.13)
MCMOEA	0.0610±0.146	0.052 (25.92)	0.2425±0.194	0.052 (26.09)	0.0348±0.072	0.064 (31.85)
CMOEA/D+DE+CDP	0.0377±0.015	0.023 (11.71)	0.2342±0.038	0.023 (11.51)	0.0126±0.018	0.034 (16.77)
PCMIOA	0.0119±0.003	0.097 (48.41)	0.1048±0.016	0.110 (55.13)	0.0039±0.001	0.172 (86.21)

算法	CTP6		CTP7		CTP8	
	IGD mean±Var.	$T_{var}(T_{max})$	IGD mean±Var.	$T_{var}(T_{max})$	IGD mean±Var.	$T_{var}(T_{max})$
NSGA-Ⅱ+CDP	0.7640±1.687	0.056 (27.99)	0.2428±0.419	0.076 (38.16)	2.3789±2.266	0.052 (25.92)
MCMOEA	1.0565±1.684	0.074 (36.78)	0.2602±0.417	0.064 (32.22)	2.9176±2.282	0.074 (37.13)
CMOEA/D+DE+CDP	4.7387±1.761	0.056 (28.00)	0.1614±0.050	0.059 (29.52)	4.4986±1.346	0.041 (20.57)
PCMIOA	0.7045±1.708	0.304 (151.99)	0.1371±0.000	0.257 (128.50)	2.3427±2.320	0.283 (141.60)

图4.4～图4.5为各算法执行30次所获得的所有最后Pareto最优前沿。由于页面空间的限制，这里仅给出优化难度较大的OSY和CTP8的Pareto最优前沿，OSY的真实Pareto最优前沿由5个相连的段构成，获得各连续段且均匀分布的Pareto最优前沿对算法具有一定的挑战性。CTP8的Pareto最优前沿由3个离散的连续段构成，且有4个连续局部Pareto最优前沿，一般算法极易陷入局部Pareto最优前沿的搜索。对于OSY，为了清晰直观，图4.4中MCMOEA，CMOEA/D+DE+CDP和PCMIOA所获得的Pareto最优前沿分别沿水平方向依次左移了10个单位。由图4.4获知，PCMIOA所获得的Pareto最优前沿的延展性、分布性以及逼近真实Pareto最优前沿的程度均优越于其他算法。NSGA-Ⅱ+CDP的Pareto最优前沿虽具有一定的延展性，但其在各连接段连接处的收敛性较差并出现丢失现象；而MCMOEA在f_2方向的延展性较差；这些算法中CMOEA/D+DE+CDP的Pareto最优前沿的收敛性和分布性最差，说明其对复杂的Pareto最优前沿类问题具有一定的难度。对于CTP8，MCMOEA、CMOEA/D+DE+CDP和PCMIOA所获的Pareto最优前沿分别沿竖直方向向下平移0.4个单位。观察图4.5可以很明显看出其他算法均有陷入局部Pareto最优前沿的现象，且CMOEA/D+DE+CDP不能获得中间连续段的Pareto最优前沿，然而PCMIOA所获得的Pareto最优前沿表现极好的收敛性、分布性和完整性。

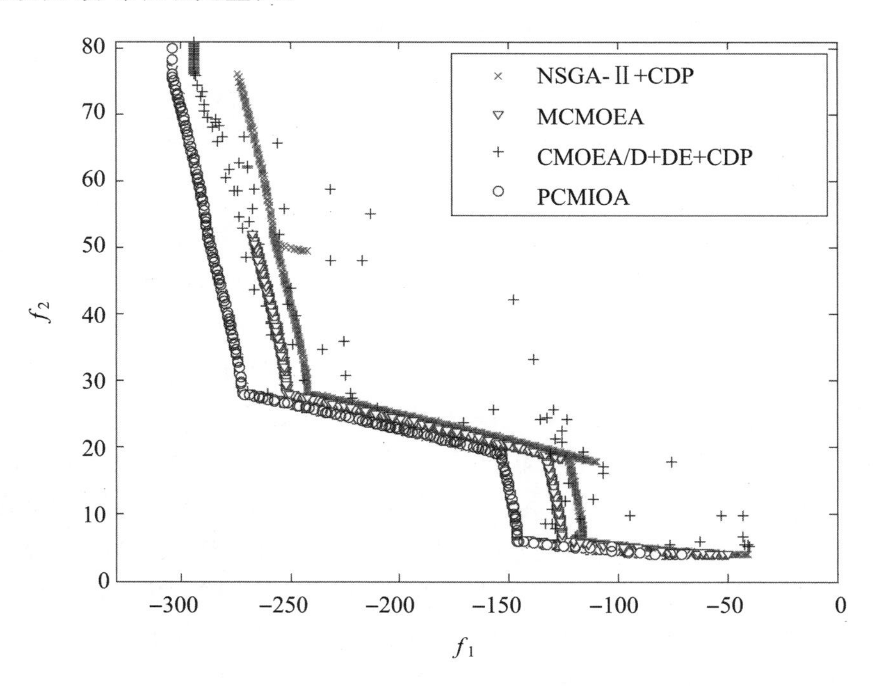

图4.4 各算法对OSY执行30次所获得的所有最后Pareto最优前沿

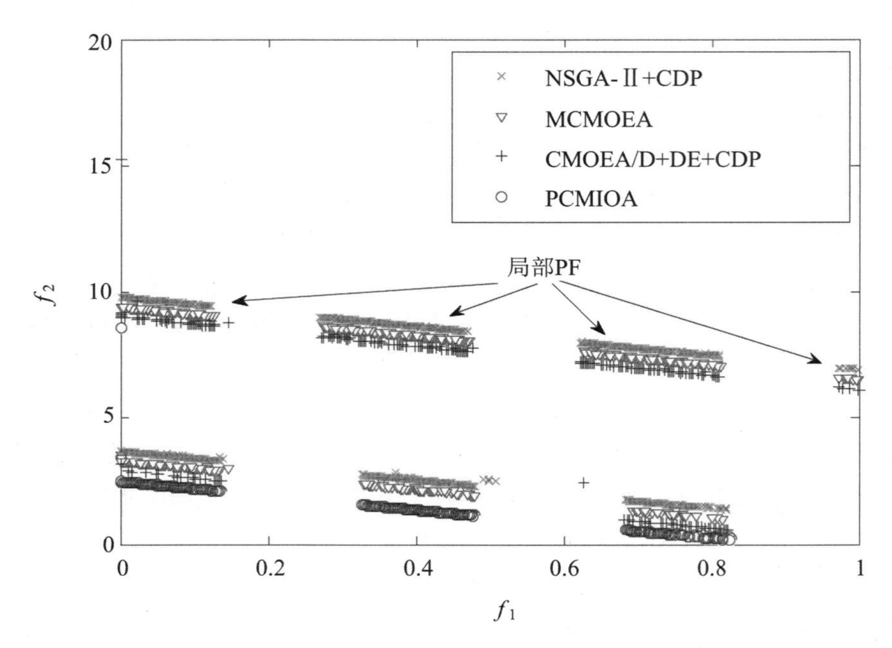

图 4.5 各算法对 CTP8 执行 30 次所获得的所有最后 Pareto 最优前沿

4.7.2 求解 DTLZ 函数集的性能分析

为验证本书算法的更多目标优化性能，选取三目标的 DTLZ 函数集作为测试函数，选取著名非约束多目标优化算法 NSGA-Ⅱ，SPEA-Ⅱ，MOEA/D+DE 和 NNIA 作为比较算法。而 PCMIOA 和 MCMOEA 在处理这些非约束问题时，其约束处理策略被除去。表 4.6～表 4.10 分别为 PCMIOA 与 NSGA-Ⅱ，MCMOEA，MOEA/D+DE，SPEA-Ⅱ 和 NNIA 所获得的最后解集的 HR 和 DS 的均值和方差（mean±Var.）。由表 4.6～表 4.10 的第 2 和第 3 列可知，除表 4.10 中 DTLZ4 外，HR(X) 均大于 HR(Y)，这表明 PCMIOA 对这些测试问题所获得的 Pareto 最优集 X 较其他算法所获得的 Pareto 最优集 Y 更接近于组合集 $X \cup Y$ 的 Pareto 最优集。同理，由表 4.6～表 4.10 第 4 和第 5 列知，除表 4.10 中 DTLZ4 外，DS(X)均小于 DS(Y)，这表明 PCMIOA 所获得的 Pareto 最优集优越于其他算法所获得的 Pareto 最优集。表 4.11 给出了各算法对每测试问题所获最后解集的 IGD 和执行时间的统计值。由表可知，PCMIOA 对所有测试问题所获得的 IGD 统计值优越于其他算法，且执行时间小于其他算法的执行时间。与求解 CMOPs 函数集相比，由于 PCMIOA 不需要约束处理，故 PCMIOA 的执行时间明显降低。另外，由表 4.11 知，NSGA-Ⅱ 和 MOEA/D+DE 对 DTLZ 测试集表现次优的 IGD 性能，MCMOEA、NNIA 和 SPEA-Ⅱ 获得较差的性能，且 SPEA-Ⅱ 时间开销较大。由此知，三目标问题对其他算法具有一定的挑战性。

表 4.6　PCMIOA 与 NSGA-Ⅱ所获最后解集的 HR 和 DS 统计值
（X 和 Y 分别为 PCMIOA 和 NSGA Ⅱ所获的 Pareto 最优集）

问题	HR(X)	HR(Y)	DS(X)	DS(Y)
	mean±Var.	mean±Var.	mean±Var.	mean±Var.
DTLZ1	0.9970±0.001	0.9600±0.007	0.0024±0.001	0.0324±0.005
DTLZ2	0.9928±0.000	0.8978±0.009	0.0032±0.000	0.0453±0.004
DTLZ3	0.9885±0.002	0.9127±0.012	0.0051±0.001	0.0384±0.005
DTLZ4	0.9035±0.288	0.8153±0.072	0.0199±0.118	0.0353±0.024

表 4.7　PCMIOA 与 MCMOEA 所获最后解集的 HR 和 DS 统计值
（X 和 Y 分别为 PCMIOA 和 MCMOEA 所获的 Pareto 最优集）

问题	HR(X)	HR(Y)	DS(X)	DS(Y)
	mean±Var.	mean±Var.	mean±Var.	mean±Var.
DTLZ1	1.0000±0.000	0.1733±0.229	0.0000±0.000	0.6675±0.185
DTLZ2	0.9999±0.000	0.6136±0.071	0.0000±0.000	0.1699±0.031
DTLZ3	1.0000±0.000	0.0091±0.035	0.0000±0.000	0.4312±0.015
DTLZ4	0.9118±0.286	0.8724±0.075	0.0196±0.101	0.0555±0.034

表 4.8　PCMIOA 与 MOEA/D+DE 所获最后解集的 HR 和 DS 统计值
（X 和 Y 分别为 PCMIOA 和 MOEA/D+DE 所获的 Pareto 最优集）

问题	HR(X)	HR(Y)	DS(X)	DS(Y)
	mean±Var.	mean±Var.	mean±Var.	mean±Var.
DTLZ1	0.9903±0.001	0.9775±0.001	0.0079±0.001	0.0183±0.001
DTLZ2	0.9765±0.000	0.9698±0.002	0.0106±0.000	0.0136±0.001
DTLZ3	0.9720±0.005	0.9745±0.003	0.0125±0.002	0.0114±0.001
DTLZ4	0.9774±0.297	0.9145±0.008	0.0085±0.131	0.0170±0.004

表 4.9 PCMIOA 与 SPEA-Ⅱ所获最后解集的 HR 和 DS 统计值（X 和 Y 分别为 PCMIOA 和 SPEA-Ⅱ所获的 Pareto 最优集）

问题	HR(X)	HR(Y)	DS(X)	DS(Y)
	mean±Var.	mean±Var.	mean±Var.	mean±Var.
DTLZ1	0.9971±0.001	0.9717±0.003	0.0023±0.000	0.0229±0.002
DTLZ2	0.9941±0.000	0.9140±0.006	0.0026±0.000	0.0381±0.003
DTLZ3	0.9985±0.002	0.5912±0.371	0.0007±0.001	0.1780±0.161
DTLZ4	0.8435±0.270	0.7545±0.265	0.0597±0.107	0.1020±0.115

表 4.10 PCMIOA 与 NNIA 所获最后解集的 HR 和 DS 统计值（X 和 Y 分别为 PCMIOA 和 NNIA 所获的 Pareto 最优集）

问题	HR(X)	HR(Y)	DS(X)	DS(Y)
	mean±Var.	mean±Var.	mean±Var.	mean±Var.
DTLZ1	0.9972±0.001	0.9037±0.190	0.0022±0.001	0.0780±0.154
DTLZ2	0.9949±0.001	0.8523±0.016	0.0022±0.000	0.0653±0.007
DTLZ3	0.9964±0.004	0.6822±0.308	0.0016±0.002	0.1389±0.135
DTLZ4	0.8050±0.288	0.8590±0.209	0.0767±0.111	0.0618±0.092

图 4.6 给出了各算法对 DTLZ1 和 DTLZ2 在执行 30 次中所获的所有最后 Pareto 最优前沿。观察图 4.6 知，PCMIOA 对这两个问题获得的 Pareto 最优前沿分布性较好，只有少数点不收敛于真实 Pareto 最优前沿；其次为 MOEA/D+DE，而 MCMOEA 表现最差，说明其不适合求解非约束多目标优化问题；NSGA-Ⅱ，SPEA-Ⅱ和 NNIA 所获的 Pareto 最优前沿具有一定的延展性和收敛性，但分布均匀性稍差，此与前面分析的 HR 和 DS 性能劣于 PCMIOA 是一致的。以上分析表明 PCMIOA 对非约束多目标优化问题也能表现较好的优化能力。

表 4.11 各算法对每测试问题所获最后解集的 IGD、平均时间(秒)/代(T_{var})以及最大代时间(T_{max})的统计值

算法	DTLZ1		DTLZ2		DTLZ3		DTLZ4	
	IGD mean±Var.	T_{var} (T_{max})	IGD mean±Var.	T_{var} (T_{max})	IGD mean±Var.	T_{var} (T_{max})	IGD mean±Var.	T_{var} (T_{max})
NSGA-Ⅱ	0.2995±0.004	0.187 (93.56)	0.0512±0.002	0.170 (84.99)	0.0502±0.002	0.184 (91.79)	0.0801±0.057	0.168 (83.87)

续表

算法	DTLZ1		DTLZ2		DTLZ3		DTLZ4	
	IGD mean±Var.	T_{var} (T_{max})	IGD mean±Var.	T_{var} (T_{max})	IGD mean±Var.	T_{var} (T_{max})	IGD mean±Var.	T_{var} (T_{max})
MCMOEA	1.6821±2.126	0.173 (86.25)	0.1141±0.021	0.168 (83.77)	3.8054±3.055	0.174 (87.13)	0.2279±0.290	0.170 (85.00)
MOEA/D+DE	0.2911±0.000	0.419 (209.50)	0.0280±0.000	0.246 (122.88)	0.0277±0.000	0.345 (172.36)	0.0738±0.109	0.269 (134.67)
SPEA-Ⅱ	0.6937±0.142	0.572 (285.94)	0.9480±0.011	0.643 (321.30)	2.4679±2.797	0.558 (278.97)	0.0489±0.216	0.557 (278.66)
NNIA	0.6953±0.160	0.223 (111.78)	0.9630±0.024	0.229 (114.53)	2.3934±5.767	0.201 (100.58)	0.0487±0.218	0.213 (106.51)
PCMIOA	0.2711±0.001	0.119 (59.48)	0.0102±0.000	0.118 (59.08)	0.0206±0.000	0.117 (58.74)	0.0278±0.000	0.118 (58.79)

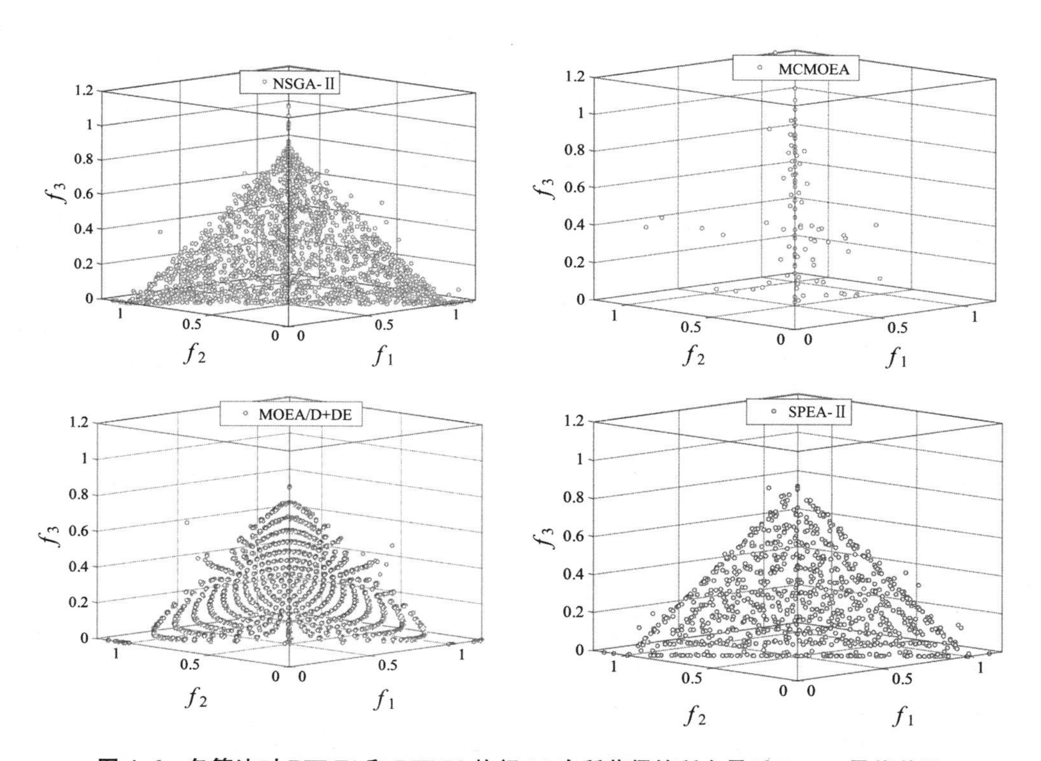

图 4.6　各算法对 DTLZ1 和 DTLZ2 执行 30 次所获得的所有最后 Pareto 最优前沿

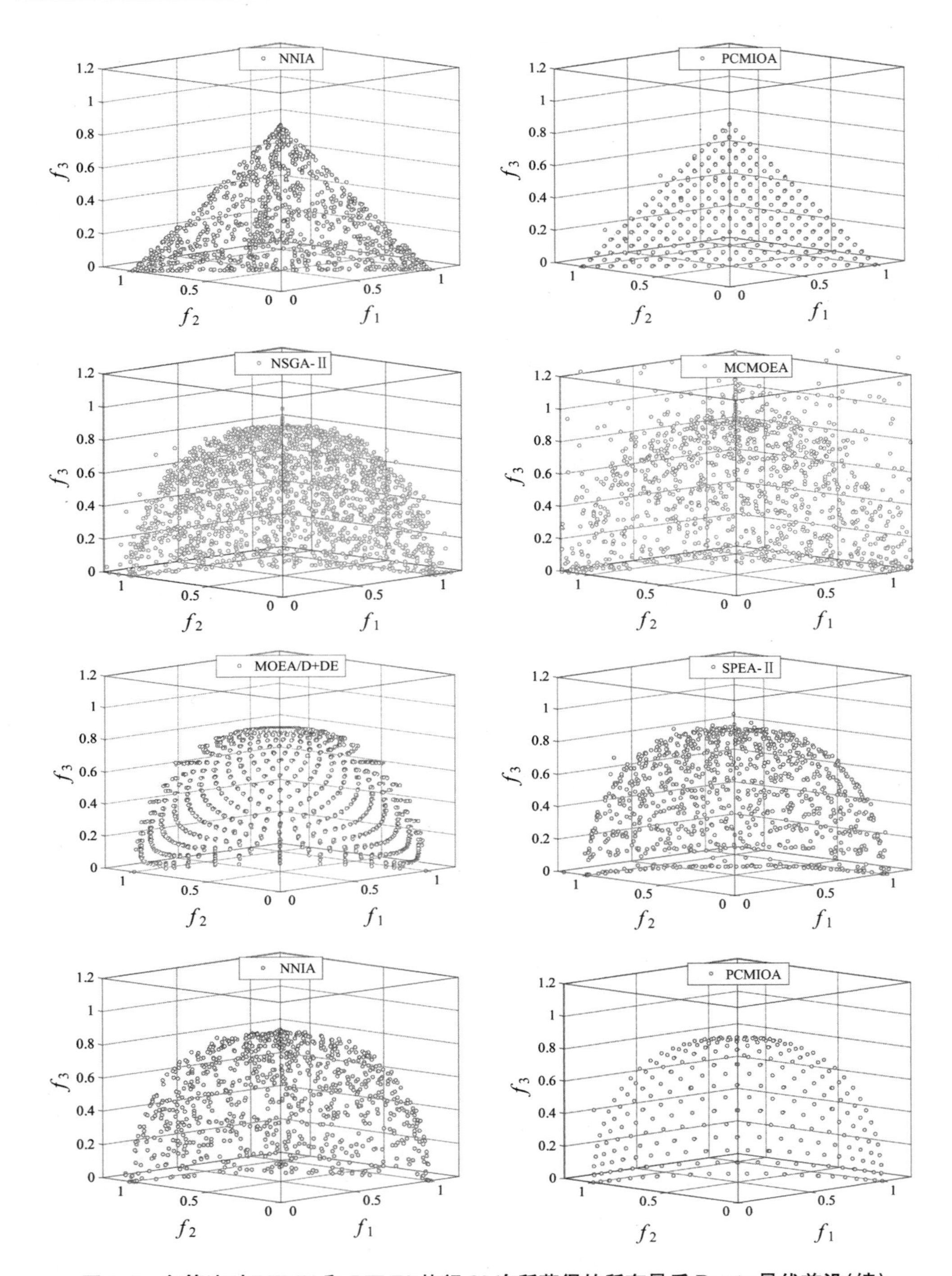

图 4.6　各算法对 DTLZ1 和 DTLZ2 执行 30 次所获得的所有最后 Pareto 最优前沿(续)

4.7.3 IGD 搜索行为分析

图 4.7 和图 4.8 为各算法对各测试函数执行 30 次所获得的平均 IGD 随代数 n 的变化曲线。由图 4.7 知，除了 SRN 和 TNK 外，PCMIOA 对其他测试问题均能获得平稳下降的平均 IGD 搜索曲线，说明其所获得的 Pareto 最优集的收敛速度比其他算法快，其对 SRN 和 TNK 表现差如同前面分析的原因。NSGA-Ⅱ＋CDP 对多数 CMOPs 表现次优的平均 IGD 搜索性能；MCMOEA 表现第三；CMOEA/D＋DE＋CDP 对 SRN 和 TNK 表现较好，而对其他问题表现差的搜索性能，表明 CMOEA/D＋DE＋CDP 对离散 Pareto 最优前沿类 CMOPs 有一定的优化困难（如同前面图 4.4 和图 4.5 的分析）。对 DTLZ 函数集，由图 4.8 知，除 DTLZ2 外，对其他测试问题 MCMOEA 表现差的搜索行为，表明其不适合求解非约束更多目标优化问题；MOEA/D＋DE 和 NSGA-Ⅱ表现次优；SPEA-Ⅱ和 NNIA 收敛速度较慢，但最终表现优于 MCMOEA。然而 PCMIOA 表现较好的 IGD 收敛性能。

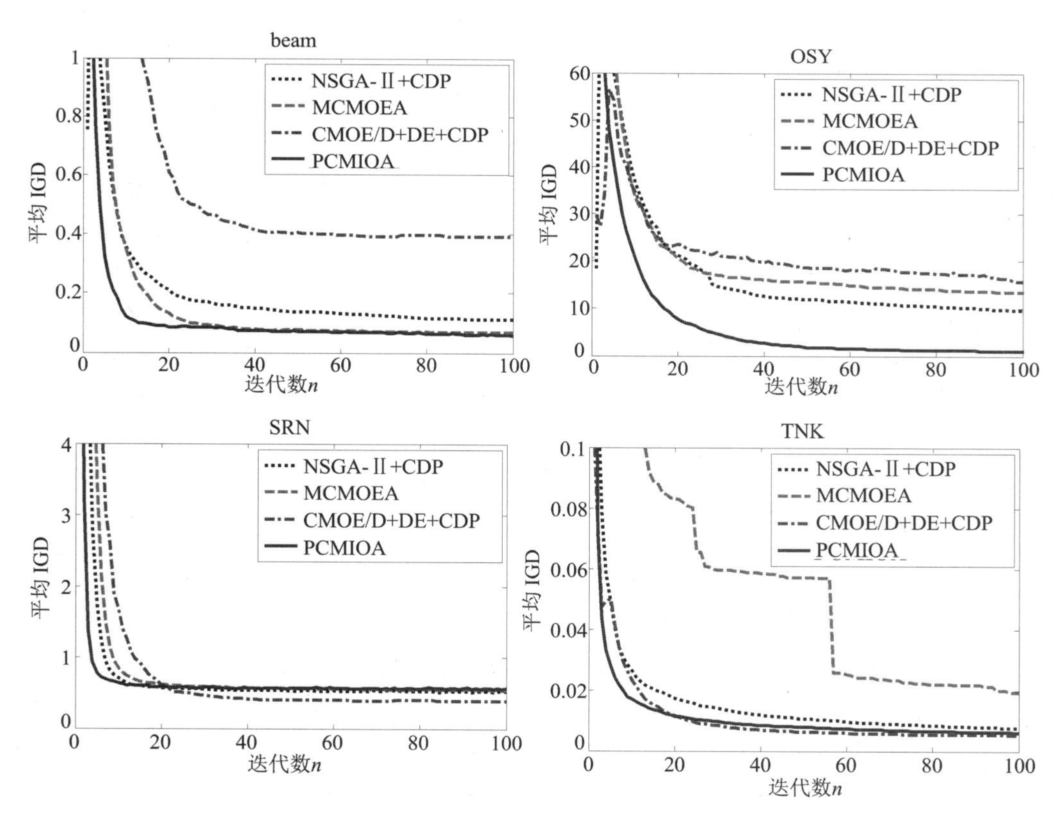

图 4.7 各算法对各约束测试函数所获平均 IGD 随代数收敛曲线

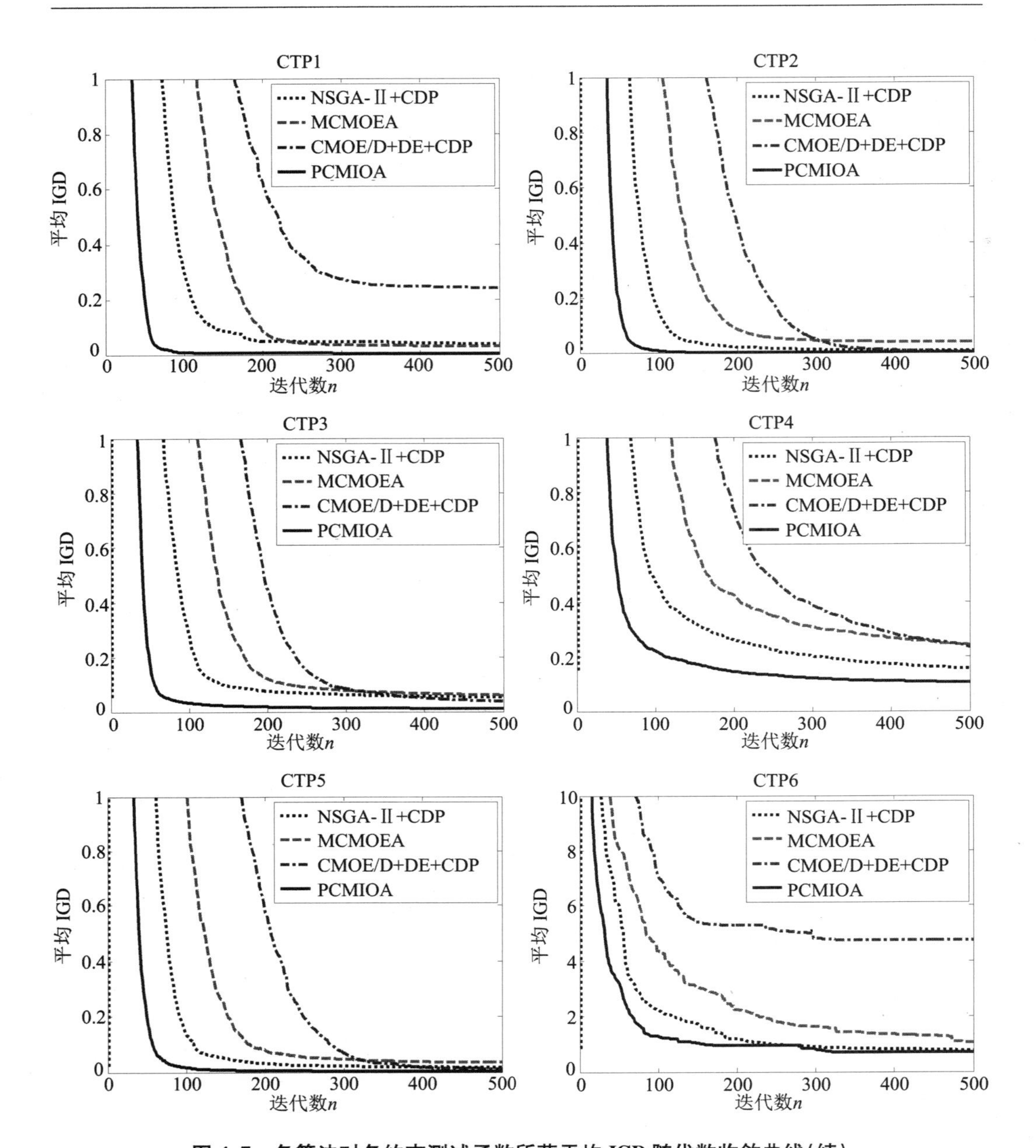

图 4.7 各算法对各约束测试函数所获平均 IGD 随代数收敛曲线(续)

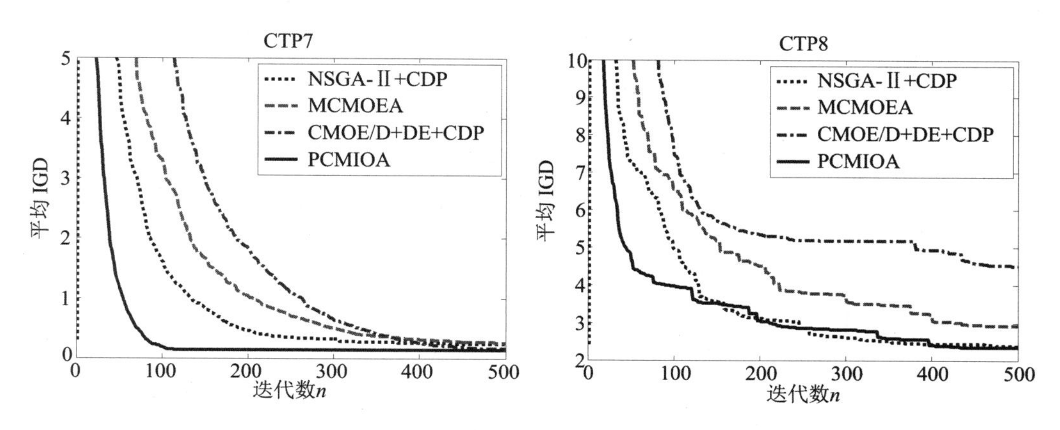

图 4.7　各算法对各约束测试函数所获平均 IGD 随代数收敛曲线(续)

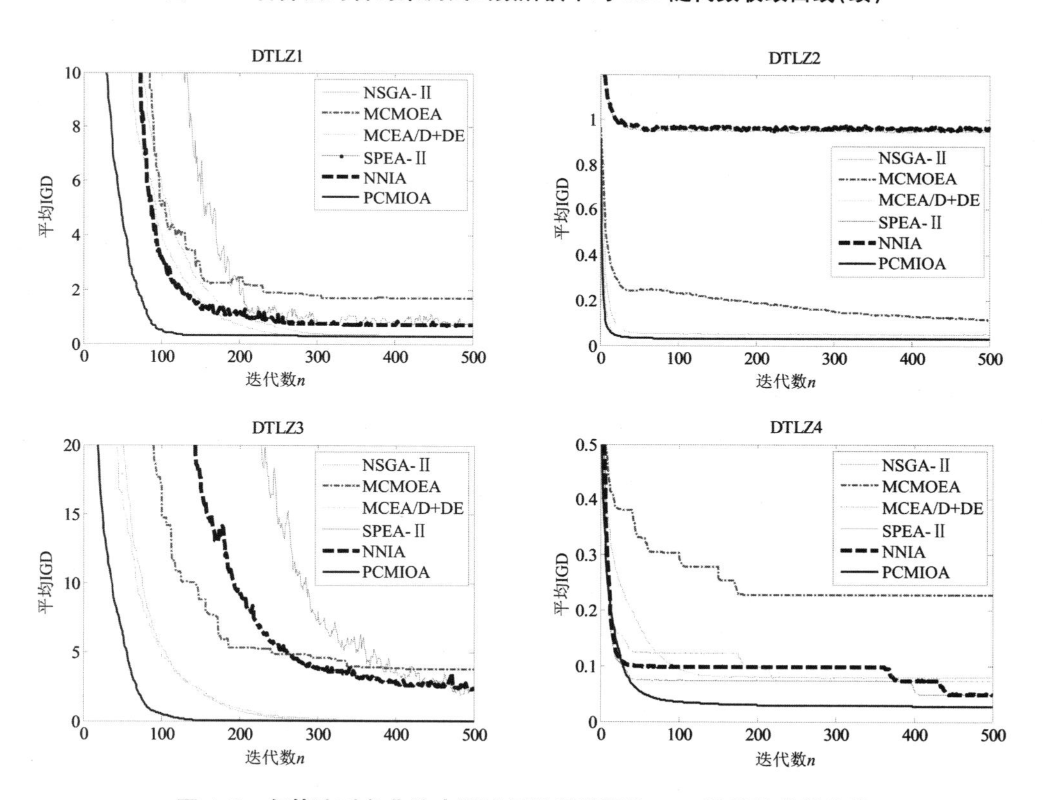

图 4.8　各算法对各非约束测试函数所获平均 IGD 随代数收敛曲线

4.7.4　参数敏感性分析

由于页面空间的限制，在此仅给出 CTP2 的参数敏感性分析(parameter sensitivity analysis)结果。各算法设置最大代数为 500，以平均 IGD 为指标，分析偏好因子及基因段长度对 PCMIOA 性能的影响。

1. 偏好因子对 PCMIOA 性能的影响

为了分析亲和力中偏好因子 η 对算法 PCMIOA 性能的影响，将 η 从 0.1 变化到 1.0，每次间隔 0.1，对每个 η 算法 PCMIOA 运行 30 次。图 4.9(a)描绘了 η 为 0.2，0.4，0.6 和 0.8 时所获得的平均 IGD 变化曲线。由图可知，在开始代，η 越小，IGD 降低的速度越快，表明算法获得的解集逼近真实 Pareto 最优集速度越快，这也符合亲和度式(4.3)的设计思想。随算法的迭代，η 在 0.4 附近时表现较好的 IGD。图 4.9(b)是不同 η 下所获得的最后 Pareto 最优集的平均 IGD 变化曲线。该图表明随 η 的增大，IGD 先下降然后升高，在 η 为 0.4～0.5 之间获得最好的 IGD。由此分析知，对于该测试函数，偏好因子 η 在该范围内选取较合适。

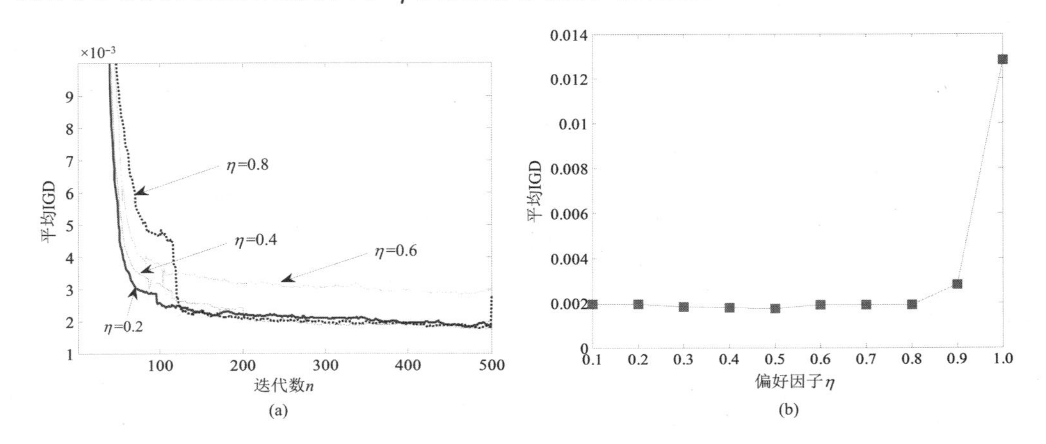

图 4.9　不同偏好因子 η 下和最后 Pareto 最优集的平均 IGD 变化曲线

2. 基因段长度对 PCMIOA 性能的影响

图 4.10 描绘了不同基因段长度 l_p 对 PCMIOA 性能的影响。由图 4.10(a)知，在开始代，l_p 为 8 时 CR 下降速度较快，然而随算法的迭代，陷入了局部搜索状态。而对于 l_p 为 2，平均 IGD 相对平稳地下降，最大代数时达到最好。图 4.10(b)为所获最后解集的平均 IGD，该图表明 l_p 为 2 时获得最好的 IGD，而随 l_p 的增大，性能逐渐发生恶化。由此可知，对于该测试函数，$l_p=2$ 为较合适的选择。

4.8　结　　论

本章基于免疫系统的固有免疫和自适应免疫原理，提出一种并行免疫系统新模型，基于该模型设计一种并行约束多目标免疫算法——PCMIOA。PCMIOA 考虑亲和度的设计、约束处理及种群多样性提高等策略，并结合生物系统中 DNA 的转移机制，提出一种转移算子，应用该算子提高了 PCMIOA 的收敛速度及种群的多样性，并对算法的复杂度进行了分析。同时，通过分析已有多目标算法性能评价准则中存

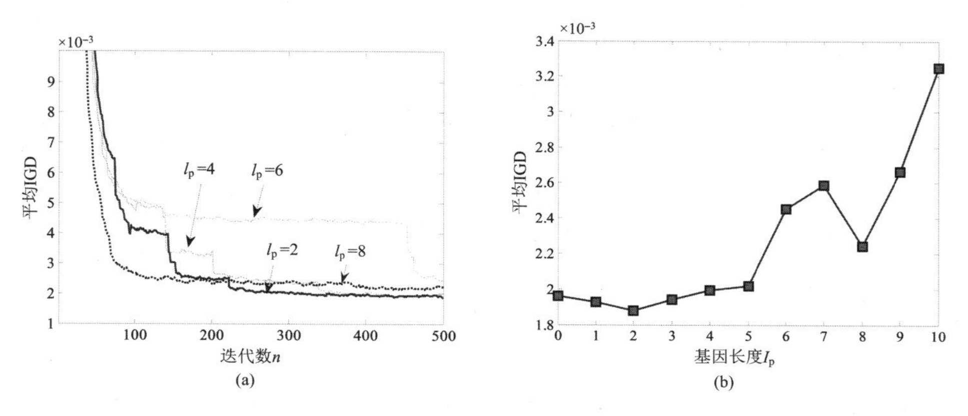

图 4.10　不同基因段长度 l_p 下和最后 Pareto 最优集平均 IGD 变化曲线

在的不足，给出一种改进的支配范围评价标准(DS)。

为了验证 PCMIOA 的有效性和可行性，在数值仿真中，选择 12 个双目标约束测试函数，将 PCMIOA 与 NSGA-Ⅱ＋CDP，MCMOEA 和 CMOEA/D＋DE＋CDP 进行了比较；同时为了验证 PCMIOA 处理更多目标问题的能力，选取 4 个三目标非约束测试问题，与 NSGA-Ⅱ，SPEA-Ⅱ，MOEA/D＋DE，NNIA 及 MCMOEA 进行了比较。根据 IGD，HR 及改进的支配范围 DS 三个指标，结果表明 PCMIOA 对多数测试问题所获的 Pareto 最优前沿表现出极好的收敛性和分布性。但从平均执行时间看，对于约束问题 PCMIOA 的计算开销要大于其他算法，主要是由于约束处理程序增加了 PCMIOA 的计算开销，这是本算法存在的不足，也是下一步需要解决的问题。

参 考 文 献

［1］ 林浒，彭勇．面向多目标优化的适应度共享免疫克隆算法[J]．控制理论与应用，2011，28(2)：206-214.

［2］ Li H，Zhang Q F．Multiobjective optimization problems with complicated Pareto sets，MOEA/D and NSGA-Ⅱ [J]．Evolutionary Computation，IEEE Transactions on，2009，13(2)：284-302.

［3］ Dai C，Wang Y．A new multiobjective evolutionary algorithm based on decomposition of the objective space for multiobjective optimization [J]．Journal of Applied Mathematics，2014，2014(2)：99-121.

［4］ Giagkiozis I，Purshouse R C，Fleming P J．An overview of population-based algorithms for multi-objective optimization [J]．International Journal of Systems Science，2015，46(9)：1572-1599.

[5] 叶洪涛，罗飞，许玉格. 解决多目标优化问题的差分进化算法研究进展[J]. 控制理论与应用，2013，30(7):922-928.

[6] Peralta R C，Forghani A，Fayad H. Multiobjective genetic algorithm conjunctive use optimization for production，cost，and energy with dynamic return flow [J]. Journal of Hydrology，2014，511：776-785.

[7] Berrocal-Plaza V，Vega-Rodríguez M A，Sánchez-pérez J M. On the use of multiobjective optimization for solving the Location Areas strategy with different paging procedures in a realistic mobile network [J]. Applied Soft Computing，2014，18：146-157.

[8] 牛大鹏，王福利，何大阔，等. 基于改进多目标差分进化算法的诺西肽发酵过程优化[J]. 控制理论与应用，2010，27(4)：505-508.

[9] Dashora A，Lohani B，Deb K. Solving flight planning problem for airborne LiDAR data acquisition using single and multi-objective genetic algorithms [R]. India：KanGAL，2013.

[10] Martinez S Z，Coello C A C. A multi-objective evolutionary algorithm based on decomposition for constrained multi-objective optimization [C]//2014 IEEE Congress on Evolutionary Computation. Beijing，China：IEEE，2014：429-436.

[11] Mezura-montes E，Coello C A. Constraint-handling in nature-inspired numerical optimization：past，present and future [J]. Swarm and Evolutionary Computation，2011，1(4)：173-194.

[12] Coello C A. Theoretical and numerical constraint-handling techniques used with evolutionary algorithms：a survey of the state of the art [J]. Computer methods in applied mechanics and engineering，2002，191(11)：1245-1287.

[13] Deb K，Pratap A，Agarwal S，et al. A fast and elitist multiobjective genetic algorithm：NSGA-Ⅱ [J]. Evolutionary Computation，IEEE Transactions on，2002，6(2)：182-197.

[14] Runarsson T P，Yao X. Search biases in constrained evolutionary optimization [J]. Systems，Man，and Cybernetics，Part C：Applications and Reviews，IEEE Transactions on，2005，35(2)：233-243.

[15] Takahama T，Sakai S. Constrained optimization by the ε constrained differential evolution with an archive and gradient-based mutation [C]//2010 IEEE Congress on Evolutionary Computation. Vancouver，BC:IEEE，2010:1-9.

[16] Liu L Z，Mu H B，Yang J H. Generic constraints handling techniques in constrained multi-criteria optimization and its application [J]. European Journal of Operation Research，2015，244：576-591.

[17] Jan M A，Khanum R A. A study of two penalty-parameterless constraint handling techniques in the framework of MOEA/D [J]. Applied Soft Computing，2013，13(1)：128-148.

[18] Woldesenbet Y G，Yen G G，Tessema B G. Constraint handling in multiobjective evolutionary optimization [J]. Evolutionary Computation，IEEE Transactions on，2009，13(3)：514-525.

[19] Castro L N D，Zuben F J V. Artificial immune systems：Part1-basic theory and applications [J]. Eurochoices，1999，1(11):32-36.

[20] Simões A，Costa E. An immune system-based genetic algorithm to deal with dynamic environments：diversity and memory [C]//Proceedings of the International Conference Artificial Neural Nets and Genetic Algorithms. Roanne，France：Springer，Vienna，2003:168-174.

[21] Zitzler E, Deb K, THIELE L. Comparison of multiobjective evolutionary algorithms: empirical results [J]. Evolutionary computation, 2000, 8(2): 173-195.

[22] Zitzler E. Evolutionary algorithms for multiobjective optimization: Methods and applications [M]. Ithaca: Shaker, 1999.

[23] Zitzler E, Laumanns M, Thiele L. SPEA2: Improving the Strength Pareto Evolutionary Algorithm [R]. TIK: Swiss Federal Institute of Technology, 2001.

[24] Gong M, Jiao L, Du H, et al. Multiobjective immune algorithm with nondominated neighbor-based selection [J]. Evolutionary Computation, 2008, 16(2):225 - 255.

[25] Deb K, Pratap A, Meyarivan T. Constrained test problems for multi-objective evolutionary optimization [M]//Evolutionary Multi-Criterion Optimization. Berlin: Springer, 2001: 284-298.

[26] Hamdan M. A dynamic polynomial mutation for evolutionary multi-objective optimization algorithms [J]. International Journal on Artificial Intelligence Tools, 2011, 20(1): 209-219.

[27] Ray T, Tai K. An evolutionary algorithm with a multilevel pairing strategy for single and multiobjective optimization [J]. Foundations of Computing and Decision Sciences, 2001, 26(1): 75-98.

[28] Santana-Quintero L V, Hernández-Díaz A G, Molina J, et al. Demors: a hybrid multi-objective optimization algorithm using differential evolution and rough set theory for constrained problems [J]. Computers & Operations Research, 2010, 37(3), 470-480.

[29] GONG W, CAI Z, ZHU L. An efficient multiobjective differential evolution algorithm for engineering design [J]. Structural & Multidisciplinary Optimization, 2009, 38(2):137-157.

第5章 动态约束多目标优化测试问题及算法探究

本章根据已有的静态约束多目标优化标准测试函数探索性提出了一系列动态CMOPs测试实例，然后基于免疫遗传进化理论提出了一种并行的免疫优化算法。在被提出的算法中，重点设计一种域搜索策略加速算法对动态约束多目标优化问题不可行域边界的开采和探索，提出高斯迁移方法响应环境的变化，以提高算法跟踪变化的PF能力。数值仿真实验将被提出的算法应用于动态CMOPs进行测试，并与两种同类动态约束多目标进化算法进行了比较，根据性能评价指标及所获的Pareto最优前沿分布，表明了提出的测试问题对比较的算法具有一定的挑战性，被提出的算法虽不能获得期望的跟踪性能，但所获的结果相对于其他两类算法表现出一定的优势。

5.1 引　言

动态CMOPs是指优化问题的目标函数、约束条件或其他参数三者中至少有一个随时间(或环境)变化而变化的问题。工程实际中大量此类问题亟须解决，例如：背包问题，背包的最大容纳量随时间发生变化；温室控制问题[1]中室外环境(空气的温度、湿度、阳光强度等)对室内植物生长的影响程度随环境变化；投资组合问题[2-3]中不同时刻资产的收益率和风险率不断变化；又如车间调度问题，同一车间在工作过程中，可能出现机器的损坏或任务的增减。这些问题常因环境状态、人员变动、效率要求等条件变化，致使其最优解在优化过程中不断发生变化，其对求解算法的设计提出了极高的要求，已有的静态优化算法直接求解动态CMOPs极难呈现出算法的有效性和实时性。因此，寻求解决动态CMOPs的高级优化算法成为优化领域的另一个研究课题。首次应用EA求解动态CMOPs的学者为印度学者Deb，其在文献[4]中提出NSGA-Ⅱ的两种修改版(DNSGA-Ⅱ-A和DNSGA-Ⅱ-B)求解动态CMOPs，其中，DNSGA-Ⅱ-A对环境的响应策略是以较小比例的随机个体替换当前群中同数目的个体，而DNSGA-Ⅱ-B对环境的响应是以变异个体替换当前群部分个体。通过求解水电系统调度问题表明，DNSGA-Ⅱ-A 对环境变化较大类型的动态 CMOPs 寻优效果较好，而 DNSGA-Ⅱ-B 虽跟踪速度快，但其不适应环境变化较大类型的动态 CMOPs 求解。

然而，正如文献[5]所提及，动态 CMOPs 是一类极其困难的约束优化，其测试函数和测试算法还极不完善，很多科学的问题需要进一步探索。刘淳安、王宇平等学者[6-7]从动态 CMOPs 的约束条件出发构造新的动态熵函数，利用此函数将动态 CMOPs 转化为两目标的非约束动态 MOPs，采用 EA 对其求解，数值仿真实验表明了所提出的策略解决动态 CMOPs 具有一定的有效性。杨亚强等[8]设计了基于个体的序值和约束度的选择算子，提出了求解环境变量取正整数集的动态 CMOA，通过测试表明新算法能较好地处理动态 CMOPs。张著洪等借鉴生物免疫系统的自适应学习、动态平衡、免疫克隆及记忆等机制设计动态 CMOAs 求解动态 CMOPs。例如，2011 年张著洪[9]提出一种动态人工免疫优化算法用于非线性动态 CMOPs 的求解。2012 年张著洪等[10-11]又从免疫系统 T 细胞、B 细胞及记忆细胞在免疫系统中所起的作用出发，设计环境识别算子，并根据环境识别算子的识别结果以不同的方式产生新环境的初始群以及设计多子群策略以增强进化群的多样性。

目前，动态 CMOAs 的研究处于起步阶段。一方面，该领域的研究多数借鉴进化理论思想设计算法，研究其他启发式群智能的算法不多；另一方面，上述动态 CMOAs 的约束处理机制均直接沿用静态 CMOAs 的约束处理方法，很少出现专门研究动态 CMOPs 的约束处理方法及动态 CMOAs 的框架。笔者近几年开展了部分多目标 IA 的研究，针对动态 CMOAs 的研究现状跟踪国内外的动态，基于 IA 的动态 CMOAs 研究非常少，而免疫系统本身具有群体多样性的特点，已有的研究成果也表明了 IA 较适合解决动态 CMOPs。

为此，本章首先设计出一系列动态 CMOPs 测试实例，然后进一步挖掘免疫系统的机制设计高级的动态 CMOAs，结合前面章节的研究结果，考虑并行处理策略，设计能解决动态 CMOPs 的并行免疫算法，分析探讨算法的优越性，并对动态 CMOPs 的测试问题进行了试探性研究。

5.2　动态 CMOPs 测试例子

目前，国内外关于动态 CMOPs 的测试例子极少，据目前所知，张著洪、魏静萱等[9,11-12]基于 CTP 系列函数对动态 CMOPs 的测试例子进行了探究，其主要考虑函数随变量（环境）变化而变化。本章在此基础上结合文献[13]中相关的静态 CMOPs，提出另外一系列动态 CMOPs。具体设计描述如下：

测试问题 DSRN（式 5.1）。DSRN 是由静态的 SRN 修改而成的，DSRN 中参数随迭代数变化而变化，由此引起 PS 及 PF 动态变化。图 5.1 绘出了 $t=0.5, 1.0$ 和 1.5 时决策空间 PS、目标空间可行域(feasible region)和 PF。

$$\text{DSRN:}\begin{cases}\min f_1(\boldsymbol{x},t)=2+(x_1-a(t))^2+(x_2-1)^2\\ \min f_2(\boldsymbol{x})=8x_1-(x_2-1)^2\\ \text{s.t. } c_1=x_1^2+x_2^2-225\leqslant 0\\ c_2=x_1-3x_2+10\leqslant 0\\ t=\dfrac{1}{n_{\mathrm{T}}}\left\lfloor\dfrac{\tau}{\tau_{\mathrm{T}}}\right\rfloor, a(t)=5\sin(\pi t)+4\\ -20\leqslant x_1\leqslant 20\\ -20\leqslant x_2\leqslant 20\end{cases}\tag{5.1}$$

类似于静态 SRN，该测试例子的 Pareto 最优解可由式(5.2)获知：$x_1^*=a(t)-4$，$\dfrac{x_1^*+10}{3}\leqslant x_2^*\leqslant\sqrt{225-x_1^*}$。

$$\frac{\dfrac{\mathrm{d}f_1}{\mathrm{d}x_1}}{\dfrac{\mathrm{d}f_1}{\mathrm{d}x_2}}=\frac{\dfrac{\mathrm{d}f_2}{\mathrm{d}x_1}}{\dfrac{\mathrm{d}f_2}{\mathrm{d}x_2}}\Rightarrow\frac{x_1-a(t)}{x_2-1}=\frac{8}{2(x_2-1)}\Rightarrow x_1=a(t)-4\tag{5.2}$$

因此，由 $a(t)=5\sin(\pi t)+4$ 可知，随 t 的变化，x_1^* 也发生变化，故其 Pareto 最优解发生变化。图 5.1 给出了 $t=0.5, 1.0$ 和 1.5 三个不同时刻的 Pareto 最优解；图 5.1(b)～(d)分别给出了三个不同时刻目标空间的可行域(feasible region)及 Pareto最优前沿。由这些图可以看出，随 t 的增大，Pareto 最优前沿逐渐向原点靠近，且斜度逐渐减小，可行域也发生变化。该问题的 PS 和 PF 均随 t 变化而变化。

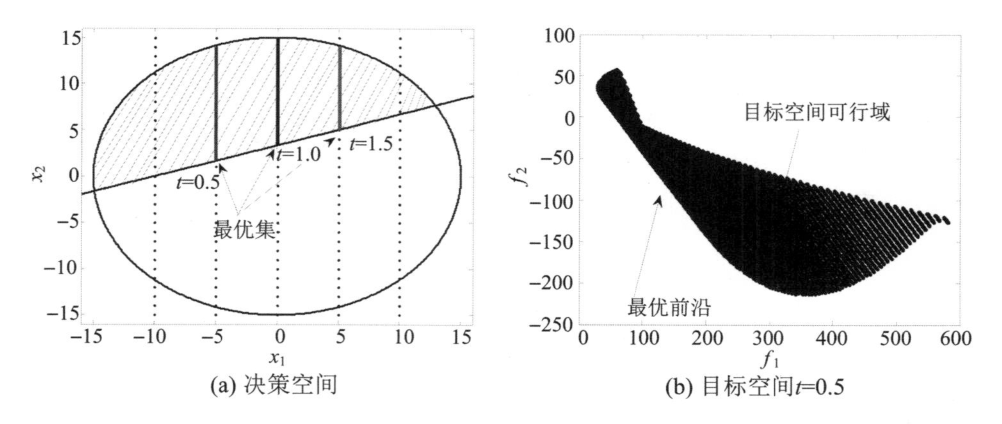

图 5.1　DSRN：不同 t 时决策空间 Pareto 最优集、目标空间可行域和 Pareto 最优前沿

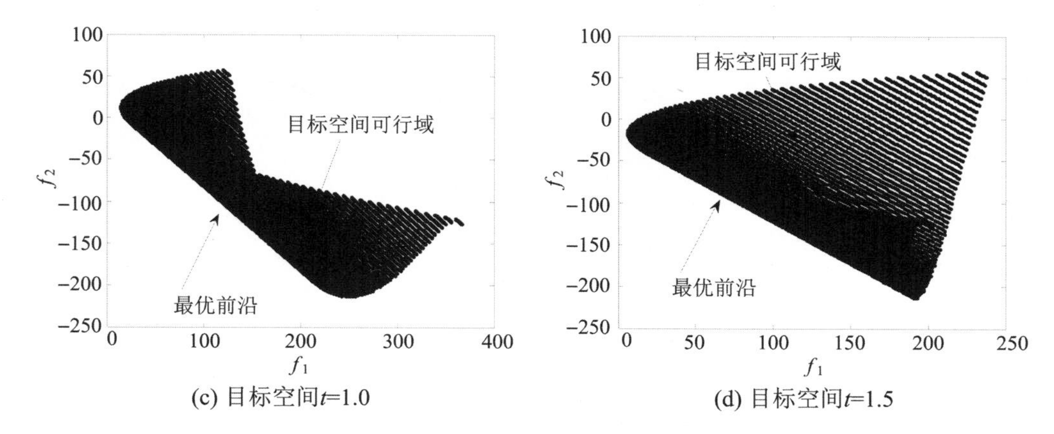

图 5.1　DSRN：不同 t 时决策空间 Pareto 最优集、目标空间可行域和 Pareto 最优前沿(续)

测试问题 DTNK(式 5.3)。DTNK 是由静态 TNK 修改而成的，其中参数 $a(t)$ 随迭代数 τ 变化而变化，由此引起 PS 和 PF 动态变化。图 5.2 给出了 $t=0.1,0.2,0.3,0.4,0.5$ 和 0.6 时目标空间可行域(feasible region)和 Pareto 最优前沿。由图 5.2(a)～(f)知，随 t 的增大，可行域逐渐减小，PF 逐渐由连续的曲线段变为离散的点，如 $t=0.1$ 时是三个连续的段，而 $t=0.6$ 时是两个连续的段和两个离散的点，由此引起问题的求解难度逐渐增大。该问题的 PS 和 PF 均随变量 t 变化而变化，由于问题目标函数的特殊性，其目标空间与决策空间相同，故在此不再单独给出决策空间的变化图形。

$$\text{DTNK:}\begin{cases}\min f_1(\boldsymbol{x}) = x_1 \\ \min f_2(\boldsymbol{x}) = x_2 \\ \text{s. t. } c_1 = a(t)\cos\left(16\arctan\left(\dfrac{x_1}{x_2}\right)\right) - x_1^2 - x_2^2 + 1 \leqslant 0 \\ c_2 = (x_1 - 0.5)^2 + (x_2 - 0.5)^2 - 0.5 \leqslant 0 \\ t = \dfrac{1}{n_{\mathrm{T}}}\left[\dfrac{\tau}{\tau_{\mathrm{T}}}\right], a(t) = t \\ 0 \leqslant x_1 \leqslant \pi \\ 0 \leqslant x_2 \leqslant \pi \end{cases} \tag{5.3}$$

测试问题 DCTP1-Ⅰ和 DCTP1-Ⅱ。这两个动态 CMOPs 是由静态 CTP1 修改而成的，DCTP1-Ⅰ(式 5.4)中约束数目 J 和参数 a，b 随变量 t 变化而产生。$a_j(t)$ 和 $b_j(t)$ 的产生方式类似于 CTP1 中的 a 和 b 的产生方式，详见算法 5.1。该问题在 $t=0.1$(即 $J(t)=2$)时包含 2 个约束，随 t 的增大，J 也增大，在 $t=0.4$(即 $J(t)=5$)时包含 5 个约束。DCTP1-Ⅰ的 PF 由非约束下 PF 的一部分(图 5.3 中 AB 段)和每个约束边界的一部分构成(图 5.3 AB，BC，CD，BE，EF，FG 段)。DCTP1-Ⅰ的求解难度在于随 t 增大，约束数增多，Pareto 最优区域数增多，PF 逐渐变得复杂，由此引起算法搜索到每个约束边界的 Pareto 最优解变得更困难，且目标空间中 f_1 增大方向的

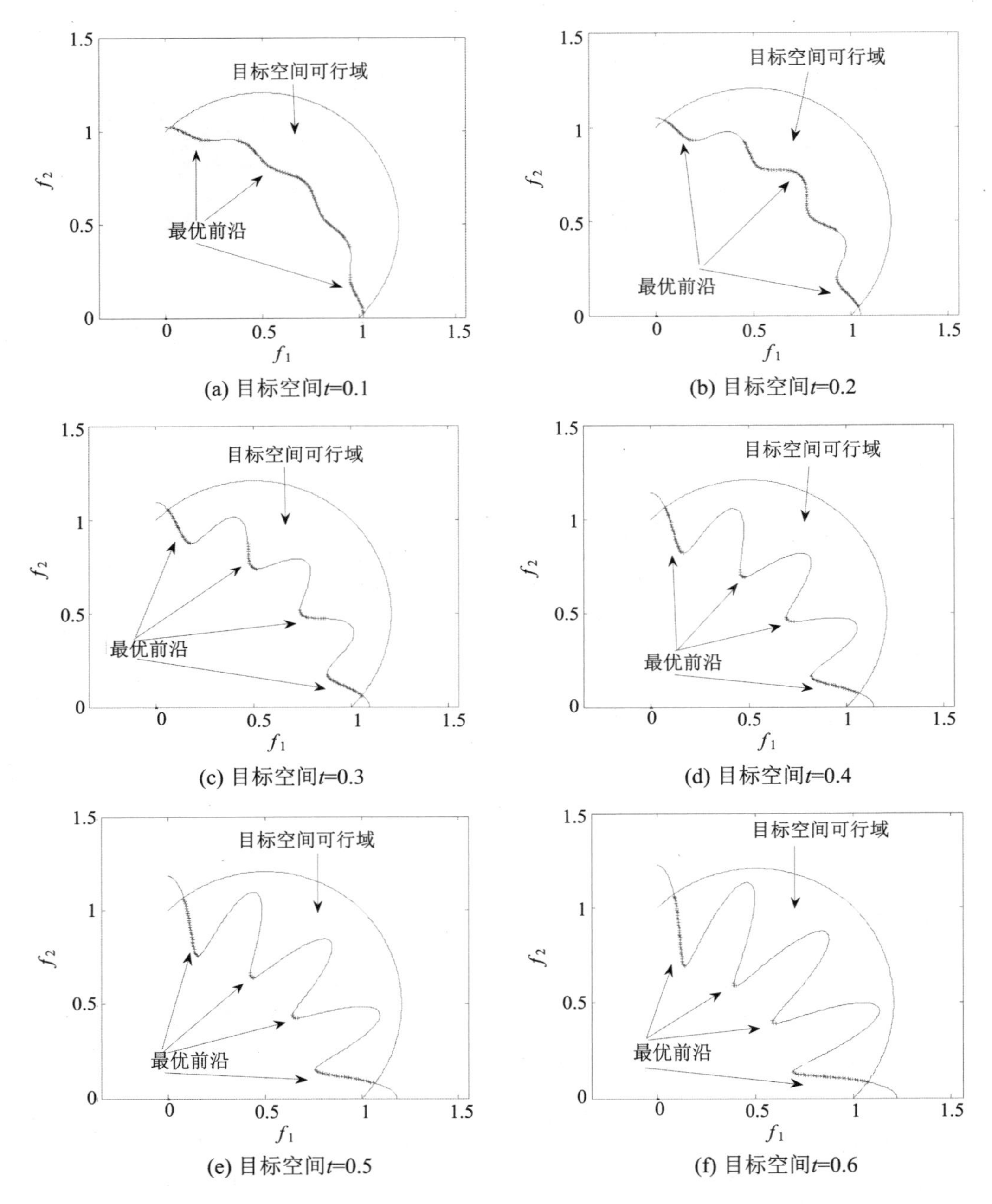

图 5.2 DTNK:不同 t 时目标空间可行域和 Pareto 最优前沿

Pareto 最优解搜索难度更大,由此导致算法易于陷入非约束的 Pareto 最优区域(即 f_1 方向最左边的区域)的搜索。

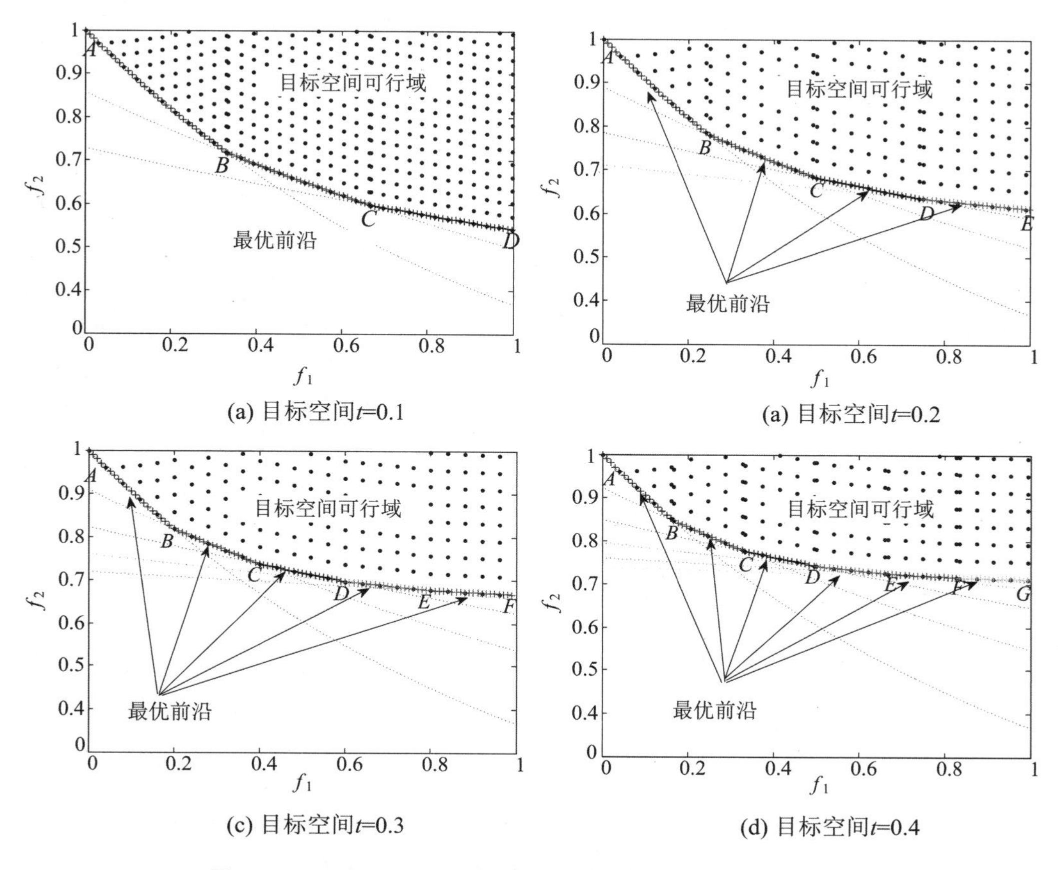

图 5.3　DCTP1-Ⅰ:不同时目标空间可行域和 Pareto 最优前沿

$$\text{DCTP1-Ⅰ}:\begin{cases}\min f_1(x)=x_1\\ \min f_2(x)=g(x)\exp\left(-f_1/g(x)\right)\\ \text{s. t. } c_j=a_j(t)\exp(-b_j(t)f_1)-f_2\leqslant 0\quad (j=1,2,\cdots,J(t))\\ g(x)=1+10(n-1)+\sum_{i=2}^{n}\left[x_i^2-10\cos\left(4\pi x_i\right)\right]\\ t=\dfrac{1}{n_{\mathrm{T}}}\left[\dfrac{\tau}{\tau_{\mathrm{T}}}\right]\quad (J(t)=1+10t)\\ x_1\in[0,1],x_i\in[-5,5]\quad (i=2,3,\cdots,n)\end{cases}\tag{5.4}$$

算法 5.1　参数 $a_j(t)$ 和 $a_j(t)$

---

1. 初始化 $j=0, a_j(t)=b_j(t)=1$,设 $\Delta=1/(J(t)+1)$,令 $x=\Delta$
2. while $j<J(t)$　do
3. 计算 $y=a_j(t)\exp\left(-b_j(t)x\right)$;

---

4. 计算 $a_{j+1}(t)=\dfrac{a_j(t)+y}{2}, b_{j+1}(t)=\dfrac{1}{x}\ln\left(\dfrac{y}{a_{j+1}(t)}\right)$；

5. 置 $x=x+\Delta, j=j+1$；

6. end while

对于 DCTP1-Ⅱ(式 5.5)，除了类似于 DCTP1-Ⅰ中的 J，a 和 b 随 t 发生变化外，约束函数中 g 函数也发生变化(参见方程(5.5))，由此导致其目标函数 f_2 也随变量 t 发生变化，这使得 DCTP1-Ⅱ的 PS 发生变化。DCTP1-Ⅱ非约束下的 PS 为：$x_1\in[0,1], x_2=h(t)(i=2,3,\cdots,n)$。但 DCTP1-Ⅱ的 PF 仍与 DCTP1-Ⅰ相同。

$$\text{DCTP1-Ⅱ}:\begin{cases}\min f_1(\boldsymbol{x})=x_1\\ \min f_2(\boldsymbol{x})=g(\boldsymbol{x},t)\exp\left(-f_1/g(\boldsymbol{x},t)\right)\\ \text{s.t. } c_j=a_j(t)\exp(-b_j(t)f_1)-f_2\leqslant 0\quad (j=1,2,\cdots,J(t))\\ g(\boldsymbol{x},t)=1+10(n-1)+\sum_{i=2}^{n}\left[[x_i-h(t)]^2-10\cos(4\pi x_i)\right]\\ t=\dfrac{1}{n_{\mathrm{T}}}\left[\dfrac{\tau}{\tau_{\mathrm{T}}}\right], h(t)=\sin(\pi t)\quad (J(t)=1+10t)\\ x_1\in[0,1], x_i\in[-5,5]\quad (i=2,3,\cdots,n)\end{cases}\tag{5.5}$$

$$\text{DCTP2-Ⅰ}:\begin{cases}\min f_1(\boldsymbol{x})=x_1\\ \min f_2(\boldsymbol{x})=g(\boldsymbol{x})\exp(1-f_1/g(\boldsymbol{x}))\\ \text{s.t. } c_1(\boldsymbol{x},t)=a(t)\left|\sin\{b\pi[\sin\theta\cdot(f_2-e)+\cos\theta\cdot f_1]^c\}\right|^d\\ \qquad\qquad -[\cos\theta\cdot(f_2-e)-\sin\theta\cdot f_1]\leqslant 0\\ g(\boldsymbol{x})=1+10(n-1)+\sum_{i=2}^{n}[x_i^2-10\cos(4\pi x_i)]\\ t=\dfrac{1}{n_{\mathrm{T}}}\left[\dfrac{\tau}{\tau_{\mathrm{T}}}\right], a(t)=\left|\sin\left(\dfrac{\pi}{4}t\right)\right|\\ x_1\in[0,1], x_i\in[-5,5]\quad (i=2,3,\cdots,n)\end{cases}\tag{5.6}$$

$$\text{DCTP2-Ⅱ}:\begin{cases}\min f_1(\boldsymbol{x})=x_1\\ \min f_2(\boldsymbol{x})=g(x)\exp(1-f_1/g(x))\\ \text{s.t. } c_1(\boldsymbol{x},t)=a(t)\left|\sin\{b\pi[\sin\theta\cdot(f_2-e)+\cos\theta\cdot f_1]^c\}\right|^d\\ \qquad\qquad -[\cos\theta\cdot(f_2-e)-\sin\theta\cdot f_1]\leqslant 0\\ g(\boldsymbol{x},t)=1+10(n-1)+\sum_{i=2}^{n}\left[[x_i-h(t)]^2-10\cos(4\pi x_i)\right]\\ t=\dfrac{1}{n_{\mathrm{T}}}\left[\dfrac{\tau}{\tau_{\mathrm{T}}}\right], a(t)=\left|\sin\left(\dfrac{\pi}{4}t\right)\right|, h(t)=\sin(\pi t)\\ x_1\in[0,1], x_i\in[-5,5]\quad (i=2,3,\cdots,n)\end{cases}\tag{5.7}$$

测试问题 DCTP2-Ⅰ和 DCTP2-Ⅱ。这两个问题由静态 CTP2 修改而成，其中 PF 由多个离散的段构成。对于 DCTP2-Ⅰ(式(5.6))，其约束函数 c_1 的参数$a(t)=|\sin(\pi t/4)|$，其随变量 t 发生变化，由此引起可行域的大小发生变化，不同 t 时目标空间的可行域和 Pareto 最优前沿如图 5.4 所示。由图 5.4(a)～(b)知，随 t 的增大，Pareto 最优前沿所在的可行域带的长度逐渐变长，这使得算法搜索到可行域带顶端的难度也相应地增大。注意，在 $t=0$ 时，其 PF 为一条直线，这是因为 c_1 对任何 x 均满足，此时约束不发生作用。对于 DCTP2-Ⅱ(式(5.7))，除了 DCTP2-Ⅰ中的参数 $a(t)$变化外，g 函数也随t 发生变化(类似于 DCTP1-Ⅱ)，由此导致其Pareto最优解发生变化，但 DCTP2-Ⅱ的 PF 与 DCTP2-Ⅰ的 PF 相同。

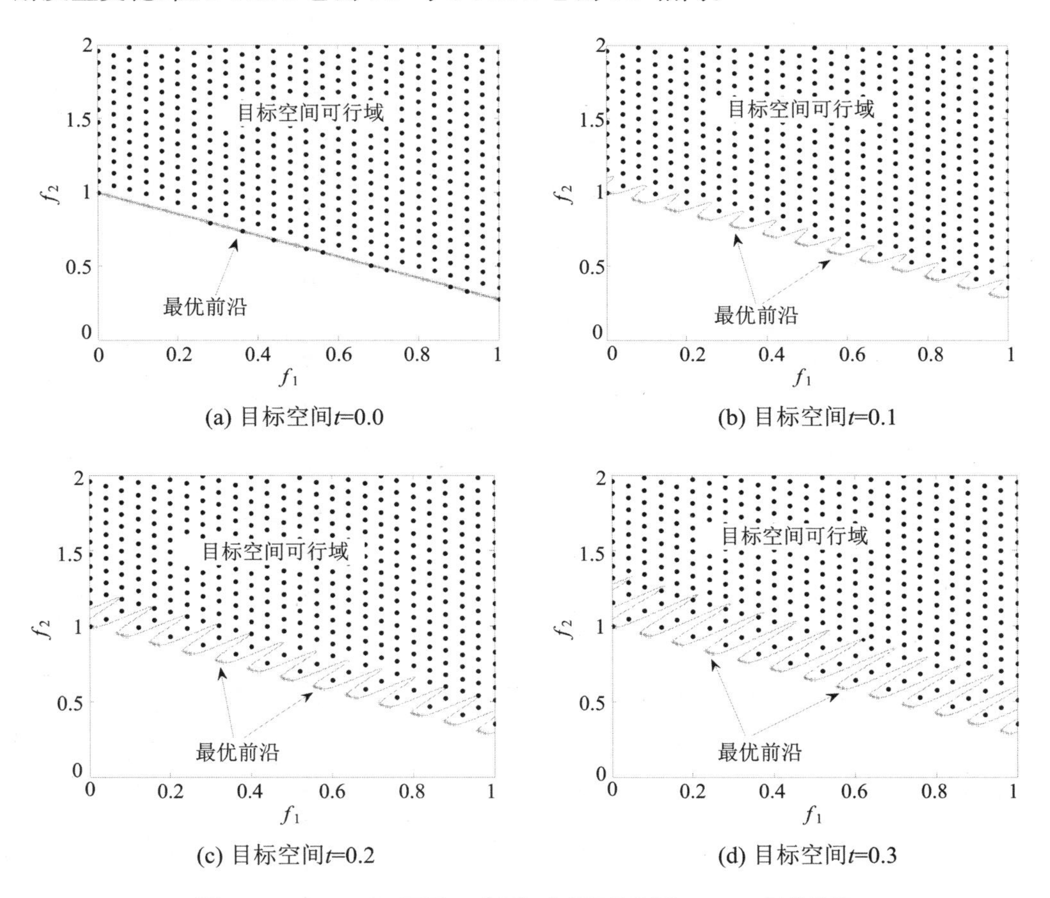

图 5.4　DCTP2-Ⅰ:不同 t 时目标空间可行域和 Pareto 最优前沿

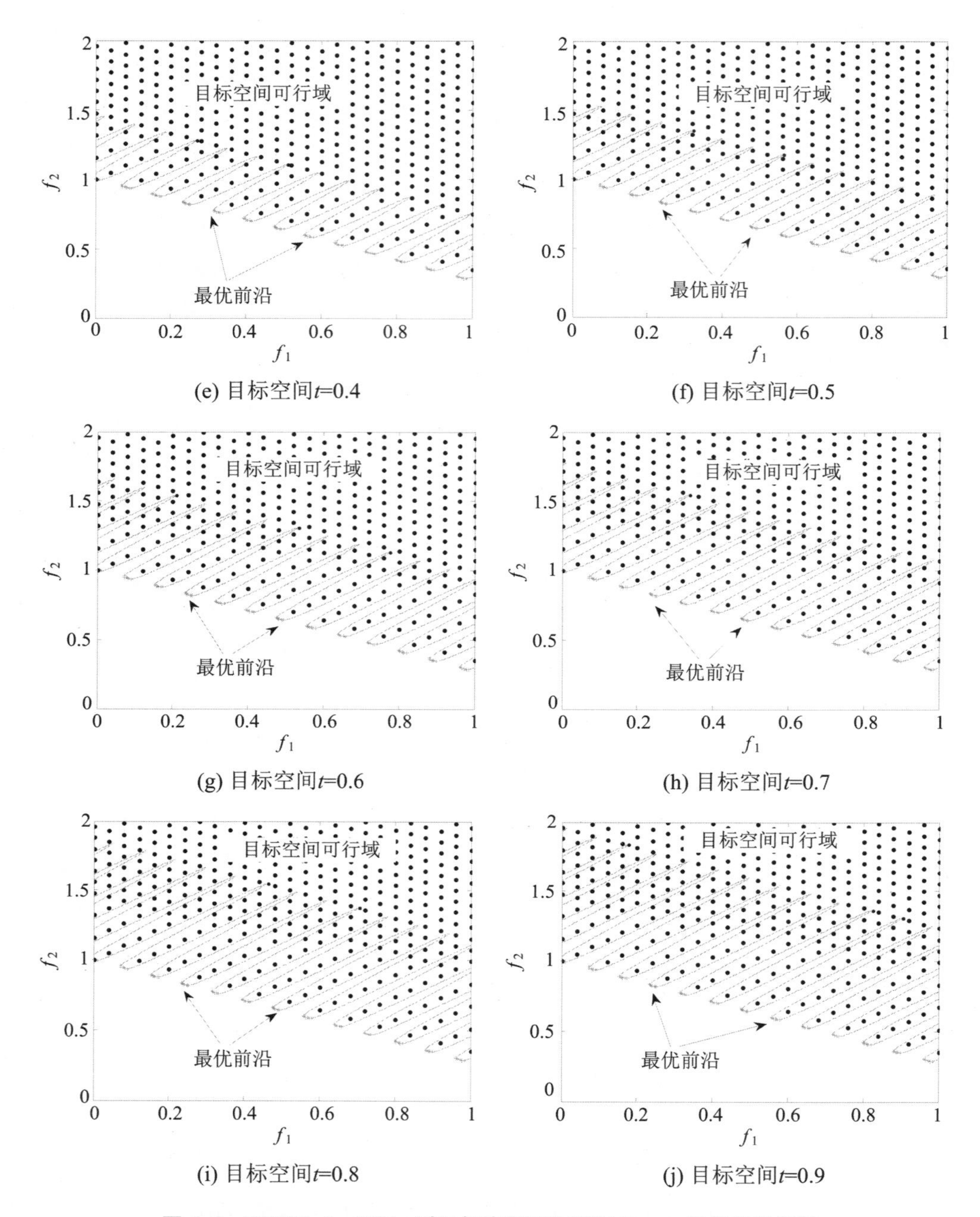

(e) 目标空间t=0.4 (f) 目标空间t=0.5

(g) 目标空间t=0.6 (h) 目标空间t=0.7

(i) 目标空间t=0.8 (j) 目标空间t=0.9

图 5.4 DCTP2-Ⅰ:不同 t 时目标空间可行域和 Pareto 最优前沿(续)

5.3　DCMOIA 的设计及步骤

设计 DCMOAs 的关键是如何提高算法的开采和探索能力以及保持种群多样性的特性。这是因为在当前环境即将变化到下一新环境之前，种群已收敛于当前环境的最优解附近，很少个体分布在其他区域。若新环境最优解的位置相对于当前环境最优解的位置发生变化，就必须要求种群迅速发生转移，朝新最优解方向搜索，若算法不能保持种群多样性，这时可能种群只能游荡于当前环境的最优解附近区域，此时极易陷入早熟。相反，若种群在搜索过程中能保持较好的种群多样性，一部分种群收敛于最优解，而另一部分种群分布于其他区域，即使新环境最优解的位置相对于以前环境最优解的位置发生较大的移动，而因为其他区域已经有过多代进化的候选解，故算法能快速转移到新最优解区域的搜索，这必将加速算法在新环境的最优解的搜索。

为此，本章提出 DCMOIA，其框架采用并行处理策略，期望不同种群在不同区域搜索，降低所有个体集中于同一区域，提高进化种群的多样性；算子设计上提出邻域搜索和高斯迁移策略，加速算法当前环境的开采和探索能力；对环境变化提出变化响应策略，提高算法跟踪新环境的速度。DCMOIA 的流程（图 5.5）和步骤如下：

步骤 1：随机生成规模为 N 的初始抗体群 A，设置初始代数 $\tau=1$，计算环境指数 $\sigma=[\tau/\tau_T]+1$ 以及 $t=\sigma/n_T$，评价群 A，A 中可行的非支配个体保存于 PS。

步骤 2：判断 $\tau\leqslant\sigma\times\tau_T$ 是否成立。若是，转入步骤 3；否则，算法终止，输出 Pareto最优解集。

步骤 3：更新 PS。

步骤 4：种群 A 免疫进化；

步骤 4.1：计算 A 中可行抗体的亲和度，执行克隆选择，获得选择群 $A1$。

步骤 4.2：$A1$ 中每抗体比例克隆，克隆群的规模为 N，获得克隆群群 $B1$。

步骤 4.3：$B1$ 经 SBX 交叉和多项式突变获子群 $C1$。

步骤 4.4：$C1$ 发生局部邻域搜索获子群 $D1$。

步骤 5：种群 A 遗传进化。

步骤 5.1：A 执行二人联赛选择，获选择群 $A2$。

步骤 5.2：$A2$ 经非均匀突变，获突变群 $B2$。

步骤 6：组合 $D1$ 和 $B2$ 获组合群 E，E 经高斯迁移获子群 F。

步骤 7：F 执行拥挤选择获 N 个抗体构成子群 H。τ++，计算环境指数 $\sigma=[\tau/\tau_T]+1$ 以及 $t=\sigma/n_T$。

步骤 8：识别环境是否发生变化。若变化发生，则执行变化响应，转入步骤 2；否则,转入步骤 2。

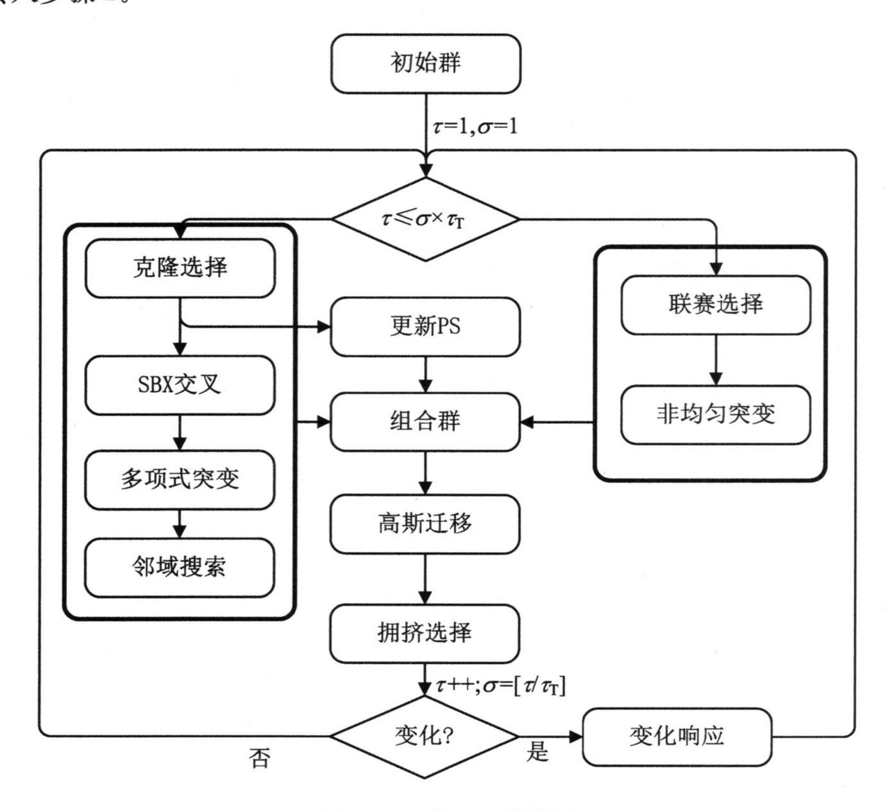

图 5.5 DCMOIA 流程图

5.3.1 邻域搜索

邻域搜索是为了增加 DCMOIA 的局部探索能力,其描述见算法 5.2,$\boldsymbol{p}$,$\boldsymbol{q}$ 为两个临时向量。假设个体 $\boldsymbol{x}$ 将执行邻域搜索,则对其每个变量 x_k 做如下操作:首先计算 x_k 与其上下界的距离,分别记为 $a1$ 和 $a2$;接着确定 $a1$ 和 $a2$ 中最小的值,记为 $\delta=\min\{a1,a2\}$;再以 δ 对 x_k 进行邻域开采,获得两个新的变量 p_k 和 q_k;然后根据改变的 $\boldsymbol{p}$,$\boldsymbol{q}$ 与 $\boldsymbol{x}$ 的约束支配关系($\prec_c$)确定变量 x_k 是否被变量 p_k 或 q_k 替换(第 9~12 行)。若 $\boldsymbol{x}$ 均不被 $\boldsymbol{p}$,$\boldsymbol{q}$ 约束支配,则 x 不做任何替换;否则,做相应的替换。如此依次对 $\boldsymbol{x}$ 的其他变量做上述开采,直到第 n 个变量。

算法 5.2 邻域搜索

1. //个体 $\boldsymbol{x}$ 邻域搜索
2. 设置 $\boldsymbol{p}=\boldsymbol{q}=\boldsymbol{x}$;
3. for $k=1$ to n do

续表

4. 令 $a1 = u_k - x_k, a2 = x_k - l_k, \delta = \min\{a1, a2\}$
5. //做 x_k 邻域开采
6. 评价 $\boldsymbol{p}$ 和 $\boldsymbol{q}$
7. if $\boldsymbol{p} \prec_c \boldsymbol{x}$ then
8. 　$x_k = p_k$
9. else if $\boldsymbol{q} \prec_c \boldsymbol{x}$ then
10. 　$x_k = q_k$
11. end if
12. end for

5.3.2 非均匀突变

非均匀突变(如算法 5.3)应用于种群中所有个体,突变概率为 $1/n$,并且保证每个个体至少有一个变量被突变(算法 5.3 中的第 3 行)。第 9～13 行根据 $\boldsymbol{p}$ 和 $\boldsymbol{q}$ 与 $\boldsymbol{x}$ 的支配关系确定 p_k 和 q_k 是否替换 x_k。

算法 5.3　非均匀突变

1. //个体 $\boldsymbol{x}$ 被突变,k_{rand} 为[1,n]间的任一随机整数
2. for $k=1$ to n do
3. if rand$<1/n$||$k==k_{\text{rand}}$|| then
4. 　令 $\delta = 1 - r^{\left(1-\frac{\tau}{\tau_T}\right)^{\lambda}}$;
5. 　if rand>0.5 then
6. 　$y_k = x_k + (u_k - x_k) \times \delta$;
7. 　else
8. 　$y_k = x_k - (x_k - l_k) \times \delta$;
9. 　end if
10. 　if $y_k < l_k$ then
11. 　$y_k = \min(u_k, 2l_k \cdot x_k)$;
12. 　else
13. 　$y_k = \max(l_k, 2u_k \cdot x_k)$
14. 　end if
15. 　置 $x_k = y_k$;
16. 　end if
17. end for

5.3.3 高斯迁移

高斯迁移每代均执行，目的是提高种群中个体的多样性，加强其探索能力。通过个体间的欧几里得距离确定是否采用高斯迁移。其流程如算法 5.4，假设当前群为 P，其规模为 N。第 2 行是计算个体间在目标空间的欧几里得距离 d_{ij}（i，j 分别表示第 i 和第 j 个体，假设分别为 $\boldsymbol{x}$ 和 $\boldsymbol{y}$，则其之间的距离 $d_{ij}=\sqrt{\sum_{b=1}^{m}(f_h(\boldsymbol{x})-f_h(\boldsymbol{y}))^2}$；第 3 行确定 P 中所有个体间距离的最小值、最大值及所有距离的和。第 4～21 行为高斯迁移操作，其中第 9 行中，变量 x_k 除了以概率 $1/n$ 发生迁移外，且确保被迁移的个体至少有一个变量发生迁移（条件 $k==k_{\text{rand}}$），第 11～14 行是对迁移的变量超界的处理，min(·,·)表示取最小值。

算法 5.4　高斯迁移

---

1. //P 当前群，群体规模为 N；
2. 计算 P 中个体间在目标空间的欧几里得距离，个体 i 与个体 j 的距离记为 d_{ij}；
3. 确定 d_{ij} 中最大和最小的值，分别记为 $d_{\max}$ 和 $d_{\min}$，以及所有个体间的距离的和记为 d_{sum}；
4. for $i=1$ to $N-1$ do
5. 　for $j=i+1$ to N
6. 　　if $d_{ij}<\beta d_{\min}$ then
7. 　　　//第 i 个体 $\boldsymbol{x}=(x_1,x_2,\cdots,x_n)$ 高斯迁移；$k_{\text{rand}}\in[1,n]$
8. 　　　　for $k=1$ to n do
9. 　　　　　　if $rand<\frac{1}{n}\,||\,k==k_{\text{rand}}$ then
10. 　　　　　　　$c_k=x_k+\text{sign}\times\text{rand}$;
11. 　　　　　　　if $c_k<l_k$ then
12. 　　　　　　　　　$c_k=\min(u_k,2l_k-c_k)$;
13. 　　　　　　　　else if $c_k>u_k$ then
14. 　　　　　　　　　$c_k=\max(l_k,2u_k-c_k)$;
15. 　　　　　　　end if
16. 　　　　　　end if
17. 　　　　end for
18. 　　end if
19. 　　break;
20. 　end for
21. end for

5.3.4　变化响应

随算法的进化，种群收敛于当前环境的最优解区域，致使种群的多样性降低。若新环境最优解的位置发生较大的迁移，而算法无多样性提高/保持机制，则有可能陷入局部最优或在有限的代数内不能跟踪新环境的最优解。变化响应机制目的是增加或保持种群多样性，以提高算法适应新环境的能力。本算法采用简单的随机迁移策略保持种群多样性，首先根据新环境的目标函数评价新环境的所有抗体；其次随机排序所有个体；然后随机产生 $\eta N(\eta\in(0,1))$ 个个体，并将产生的个体随机代替以前群中等数目的个体，构成新环境的初始群。

5.4　数值仿真实验及结果分析

为了测试 DCMOIA 求解 DCMOPs 的效果，本节将 DCMOIA 求解所提出的 DCMOPs，并与著名的多目标算法 NSGA-Ⅱ 和 MOEA/D 的修改版 DCNSGA-Ⅱ-B＋CDP 和 DCMOEA/D＋DE＋CDP 进行比较。其中，DCNSGA-Ⅱ-B＋CDP 以 CDP 约束支配概念处理约束，若当前群中有一个个体的目标值发生变化，则认为环境发生变化，此时一部分被变异的个体替换当前群的部分个体构成新环境群；DCMOEA/D＋DE＋CDP 的约束处理策略也为 CDP 规则，个体产生方式为差分进化策略(DE)。

5.4.1　仿真实验设置

选取测试问题为 DSRN，DTNK，DCTP1-Ⅰ，DCTP1-Ⅱ，DCTP2-Ⅰ和 DCTP2-Ⅱ，它们分别是通过约束多目标优化问题 SRN，TNK，CTP1 和 CTP2 修改而成的。各测试问题的最大环境数设置为 4，环境变化幅度及频率见表 5.1。

各算法的种群规模为 $N=100$，DCNSGA-Ⅱ-B＋CDP 采用 SBX 交叉，多项式突变，交叉和突变的分布指数均为 20，交叉概率为 $p_c=0.7$，突变概率为 $p_m=1/n$；DCMOEA/D＋DE＋CDP 的邻域大小 $T=0.1N$，更新数 $n_r=0.01N$，更新概率 $\delta=0.9$，对于 DE 的参数设置为 $CR=1.0$，$F=0.5$，$\eta=20$，$p_m=1/n$；DCMOIA 的非均匀突变中 $\lambda=0.4$，$r=\text{rand}(0.1,0.5)$，$p_m=1/n$，高斯迁移中的 $\beta=10$，变化响应的 $\eta=0.1$；克隆选择率为 0.5，总克隆规模固定为 N，每个体的克隆规模按亲和力比例克隆。

静态多目标优化的评价准则一般采用逆世代距离(inverted generational distance，IGD)[14-16]，其计算如下：假如 P^* 和 P 分别为真实 PF 上均匀分布的点集和算

法所获的近似 Pareto 最优解集，则 IGD 为 P^* 到 P 的递世代距离，定义为

$$\mathrm{IGD}=\frac{\sum_{v\in P^*}d(v,P)}{|P^*|} \tag{5.8}$$

式中，$d(v,P)$表示点 v 到集合 P 的最小欧几里得距离。该式表明，若 P^* 被选取足够大，则 IGD 能够度量近似解集 P 的收敛性和多样性[17]。

对于 DCMOAs，采用所有环境 IGD 的平均值作为收敛性度量指标（记为 MIGD），MIGD 度量所有环境真实的 PF 上均匀分布的点到所获的 Pareto 最优解集距离和的平均值。它能度量所获近似 PF 的收敛性和 Pareto 最优解的多样性。MIGD 越小，则各环境所获的 PF 越靠近真实的 PF，且具有较好的分布性和收敛性，否则相反。

为了公平的比较，类似于文献[18]，各算法所获最后 Pareto 最优解集中 100 个非支配解被选取计算 MIGD。为了计算 MIGD 值，从真实的 PF 上产生 1000 个均匀分布的点。注意：若测试问题的真实 PF 为离散的点（如 DCTP2-Ⅰ，DCTP2-Ⅱ，DTNK等），则以真实 Pareto 最优前沿上实际数目的离散点计算 MIGD。

5.4.2　仿真实验结果及分析

各算法对每测试问题独立执行 30 次所获的平均 MIGD 见表 5.1。表 5.1 给出了不同的变化频率 τ_T 下，各算法对不同的问题所获的 MIGD 平均值及对应的方差，其中方差后面括号内的数值为所有算法对该测试问题所获 MIGD 的排行。由表获知，对于 DSRN 和 DTNK，DCNSGA-Ⅱ-B+CDP 的 MIGD 排行保持第一，而 DCMOIA 仅获第二，此表明基于 NSGA-Ⅱ的 DCNSGA-Ⅱ-B+CDP 对这两个问题的优化效果优越于其他两个算法。原因是这两个测试问题的 PF 为连续的且决策空间维数较低（例如 6 维和 2 维），故原 NSGA-Ⅱ的优化能力和拥挤排序选择策略能很好地解决该类简单的优化问题，而 DCMOIA 其强的探索和局部搜索机制增大了个体的多样性，种群中的个体分布于整个搜索域，在有限的搜索代数内降低了其收敛速度，致使优化效果有所降低。这是因为在多目标优化中，多样性与收敛性是一对矛盾的问题，算法的性能极大地决定于这个指标间的合理折中，多样性高的算法收敛速度必将比较慢，相反，收敛速度快的算法极易失去多样性。在这些算法中，CMOEA/D+DE+CDP 所获结果最差，此表明虽然 MOEA/D 对 UCMOPs 能获得非常优越的优化性能，但其处理动态 CMOPs 时不能显示其独特的优势。这是因为 MOEA/D 采取分解的策略处理多目标问题，其不再适合约束的多目标优化，约束的多目标优化不仅要求算法能获得好的 Pareto 最优解，更要求算法具有强的约束处理能力，故适合于非约束的多目标优化算法在处理约束多目标优化时并不能呈现其特有的优势。然而，对于动态 CTP 系列问题，DCMOIA 均能获得最好的性能，而 DCNSGA-Ⅱ-B+CDP 却获得最差的结果，这说明 DCNSGA-Ⅱ-B+CDP 不适应解决动态 CTP

系列类的问题(具有高度的非线性,且变量维数明显增大),该类问题的真实 PF 具有不连续性,故其拥挤排序策略使得所获的 Pareto 最优解集分布性不均匀。而 DCMOIA 的邻域搜索等策略极大地加强了局部探索和开采能力,使得所获的 Pareto 最优解分布较均匀,在有限的代数内收敛速度优于其他算法。对于不同的环境变化频率,从表 5.1 获知,其大小对 MIGD 性能的影响较小,仅极少数测试问题发生排行的变化。从总排行获知,DCMOIA 获得最好的排行,DCNSGA-Ⅱ-B+CDP 次之,CMOEA/D+DE+CDP 效果最差。

表 5.1　三算法对 6 个测试问题独立执行 30 次所获的平均 MIGD 比较

(N,τ_T)	例子	(m,n)	DCNSGA-Ⅱ-B+CDP	CMOEA/D+DE+CDP	DCMOIA
	DSRN	(2,6)	1.110034(1)	11.39123(3)	7.870051(2)
	DTNK	(2,2)	0.0090001(1)	0.0160003(3)	0.01190001(2)
	DCTP1-Ⅰ	(2,10)	14.3054622(3)	0.0450006(2)	0.0420001(1)
	DCTP1-Ⅱ	(2,10)	0.3520085(3)	0.04870007(2)	0.04540004(1)
	DCTP2-Ⅰ	(2,10)	0.65350090(3)	0.07060003(2)	0.05630001(1)
	DCTP2-Ⅱ	(2,10)	0.58720094(2	0.07180002(3)	0.05710001(1)
	总排行		(13)	(17)	(8)
(80,10)	DSRN	(2,6)	1.12790033(1)	11.40840873(3)	7.76310046(2)
	DTNK	(2,2)	0.00580000(1)	0.01540003(3)	0.00920000(2)
	DCTP1-Ⅰ	(2,10)	9.16403268(3)	0.04560002(2)	0.04320002(1)
	DCTP1-Ⅱ	(2,10)	0.16670037(3)	0.04690004(2)	0.04560005(1)
	DCTP2-Ⅰ	(2,10)	0.44390111(3)	0.06110001(2)	0.05590001(1)
	DCTP2-Ⅱ	(2,10)	0.40010077(3)	0.06110002(2)	0.05630001(1)
	总排行		(14)	(17)	(8)

续表

(N,τ_T)	例子	(m,n)	DCNSGA-Ⅱ-B+CDP	CMOEA/D+DE+CDP	DCMOIA
(120,10)	DSRN	(2,6)	1.12490032(1)	11.49001943(3)	7.77850063(2)
	DTNK	(2,2)	0.00460000(1)	0.01630004(3)	0.00800000(2)
	DCTP1-Ⅰ	(2,10)	6.32762151(3)	0.04580002(2)	0.04330001(1)
	DCTP1-Ⅱ	(2,10)	0.15630027(3)	0.04600002(2)	0.04450004(1)
	DCTP2-Ⅰ	(2,10)	0.41480106(3)	0.05970003(2)	0.05560001(1)
	DCTP2-Ⅱ	(2,10)	0.33880069(3)	0.06000002(2)	0.05580000(1)
	总排行		(14)	(17)	(8)
(160,10)	DSRN	(2,6)	1.13260029(1)	11.28661445(3)	7.78210054(2)
	DTNK	(2,2)	0.00400000(1)	0.01600003(3)	0.00740000(2)
	DCTP1-Ⅰ	(2,10)	4.28681550(3)	0.04560001(2)	0.04300000(1)
	DCTP1-Ⅱ	(2,10	0.16570033(3)	0.04770002(2)	0.04440003(1)
	DCTP2-Ⅰ	(2,10)	0.38800103(3	0.05910001(2)	0.05550000(1)
	DCTP2-Ⅱ	(2,10)	0.33520102(3)	0.05920001(2)	0.05560000(1)
	总排行		(14)	(17)	(8)
(200,10)	DSRN	(2,6)	1.12240028(1)	11.65971642(3)	7.76440050(2)
	DTNK	(2,2)	0.00360000(1)	0.01560004(3)	0.00690000(2)
	DCTP1-Ⅰ	(2,10)	3.06471545(3)	0.04630002(2)	0.04280000(1)
	DCTP1-Ⅱ	(2,10)	0.14790037(3)	0.04690002(2)	0.04490004(1)
	DCTP2-Ⅰ	(2,10)	0.39170106(3)	0.05850001(2)	0.05560001(1)
	DCTP2-Ⅱ	(2,10)	0.32980095(3)	0.05890001(2)	0.05570000(1)
	总排行		(14)	(17)	(8)

图5.6～图5.11给出了各算法对6个测试问题30次执行中所获最好的MIGD时所对应的PF，为了观察得清楚些，在此仅给出了$\tau_T=40$时前面3个环境的PF。对于DSRN，观察图5.6(a)和图5.6(c)知，DCNSGA-Ⅱ-B+CDP和DCMOIA获得较类似的PF，但DCMOIA所获的PF范围比DCNSGA-Ⅱ-B+CDP的更广（如$t=1.5$）；而DCMOEAD+DE+CDP虽然能跟踪不同环境的PF，但所获的Pareto最优解分布很不均匀。对DTNK，三算法均能跟踪不同环境的PF，但所获Pareto最优解

的数目 DCNSGA-Ⅱ-B+CDP 比 DCMOIA 多。对于动态 CTP 系列问题，三算法的差别比较明显，DCMOEAD+DE+CDP 对 DCTP1-Ⅰ未能获得 Pareto 最优解，这是由于其弱的探索和开采能力，在变量维数增加时，其不能获得可行的解。DCMIOA 虽然在 $t=0.2,0.3$ 时也不能跟踪到真实的 PF，但能获得部分的局部 Pareto 最优解。对 DCTP1-Ⅰ，DCNSGA-Ⅱ-B+CDP 也能获得部分可行的解，但逼近于真实的 PF 的程度较差。对于 DCTP2-Ⅰ和 DCTP2-Ⅱ，由于其 3 个环境的 PF 位置不发生变化，仅其可行域发生变化，故图 5.10 和图 5.11 所获的近似 PF 处于同一直线上。由图知，DCMOIA 能获得较好的近似 PF。而其他两算法的跟踪效果较差。

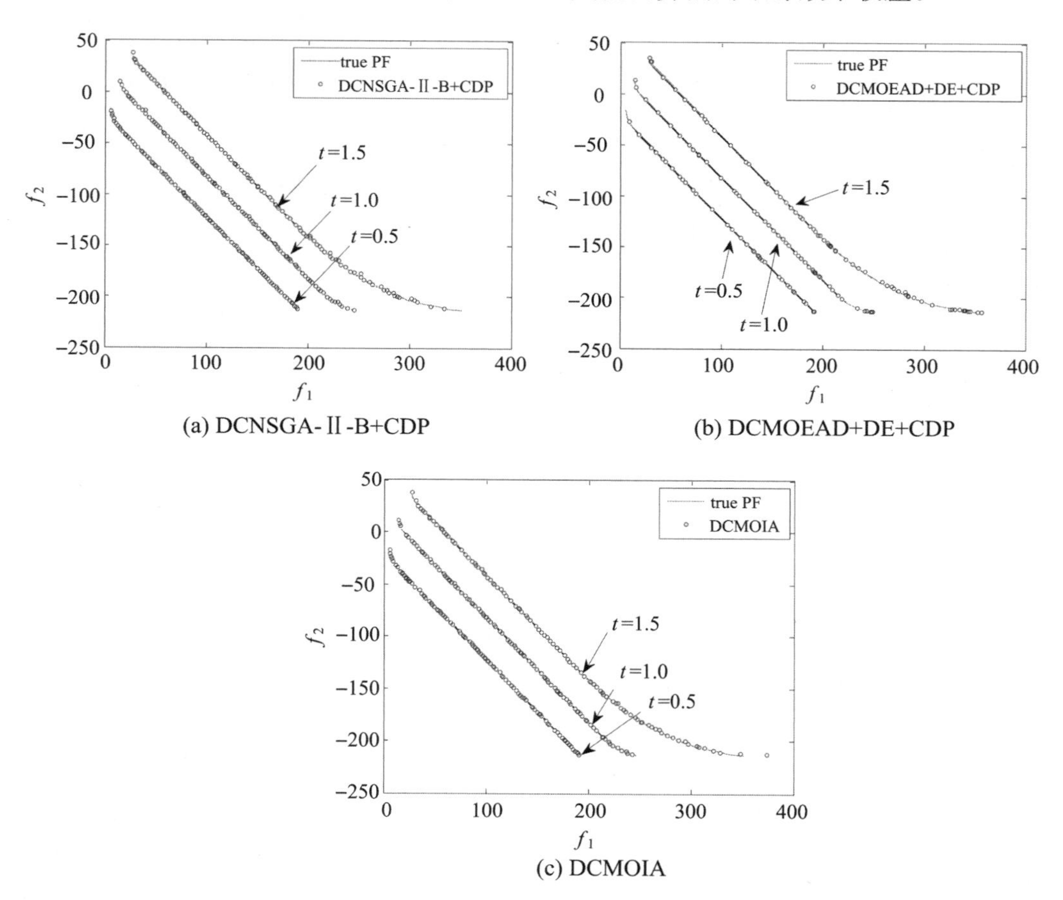

(a) DCNSGA-Ⅱ-B+CDP　(b) DCMOEAD+DE+CDP

(c) DCMOIA

图 5.6　三算法对 DSRN 所获最好 IGD 下的 PF 比较

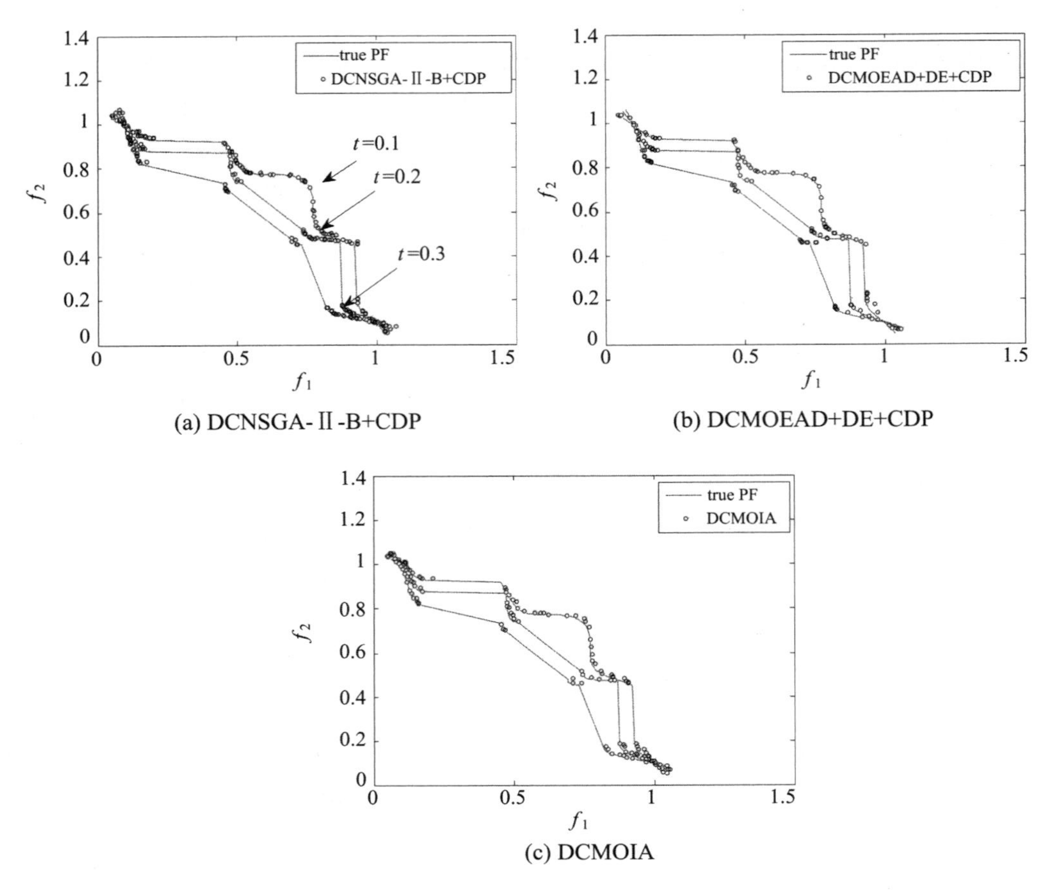

(c) DCMOIA

图 5.7　三算法对 DTNK 所获最好 IGD 下的 PF 比较

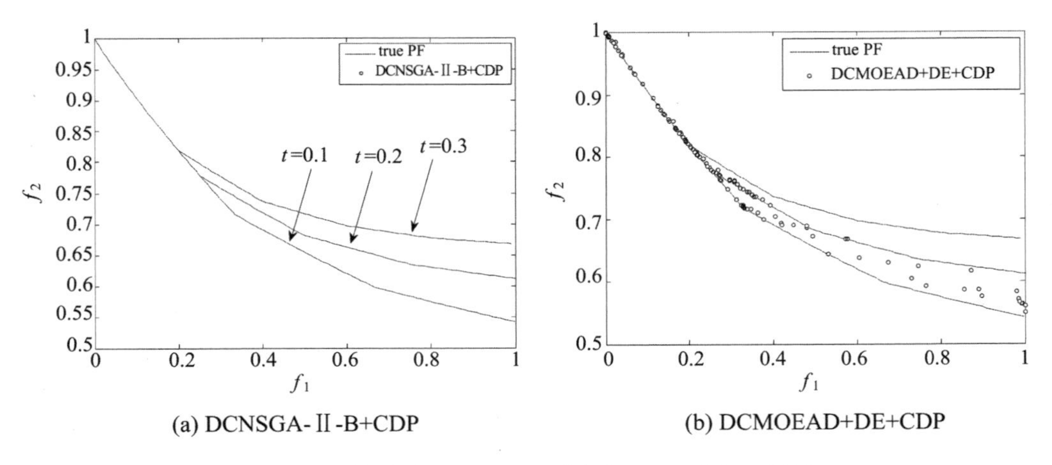

(a) DCNSGA-Ⅱ-B+CDP　　　　(b) DCMOEAD+DE+CDP

图 5.8　三算法对 DCTP1-Ⅰ 所获最好 IGD 下的 PF 比较

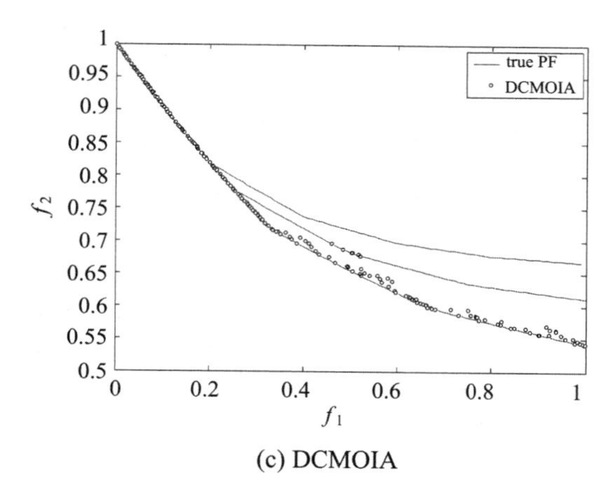

(c) DCMOIA

图 5.8 三算法对 DCTP1-Ⅰ所获最好 IGD 下的 PF 比较(续)

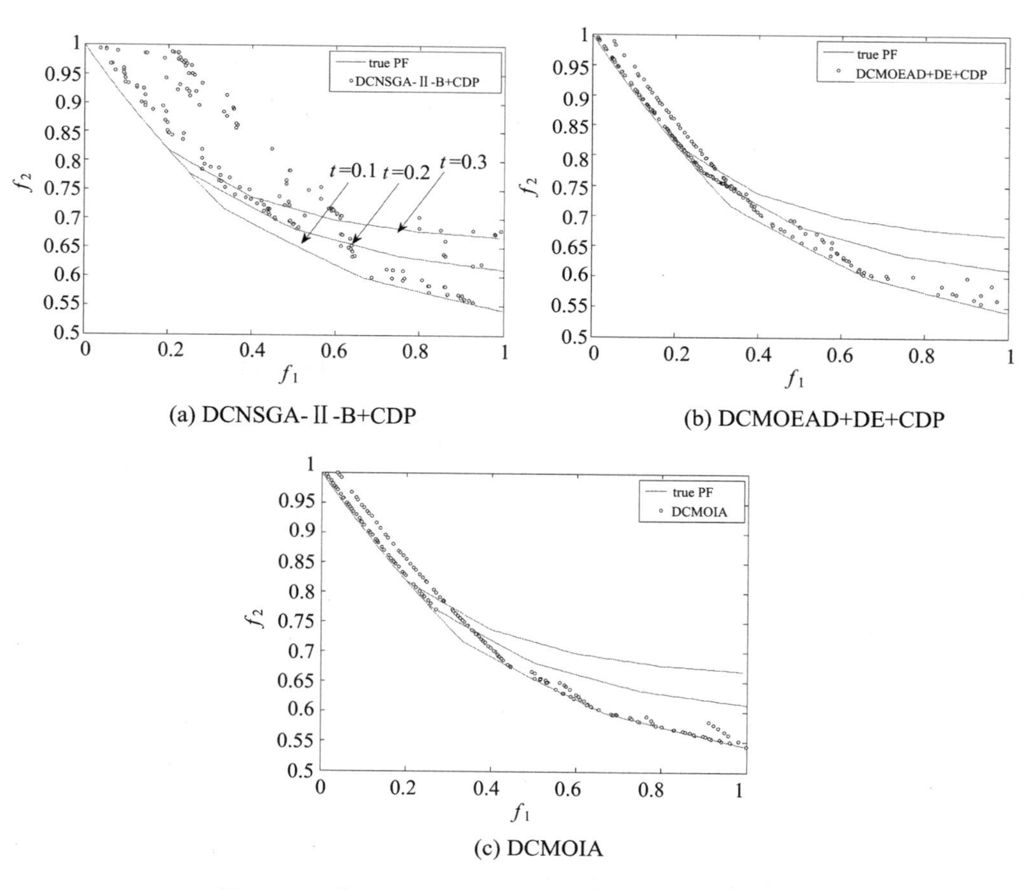

(a) DCNSGA-Ⅱ-B+CDP

(b) DCMOEAD+DE+CDP

(c) DCMOIA

图 5.9 三算法对 DCTP1-Ⅱ所获最好 IGD 下的 PF 比较

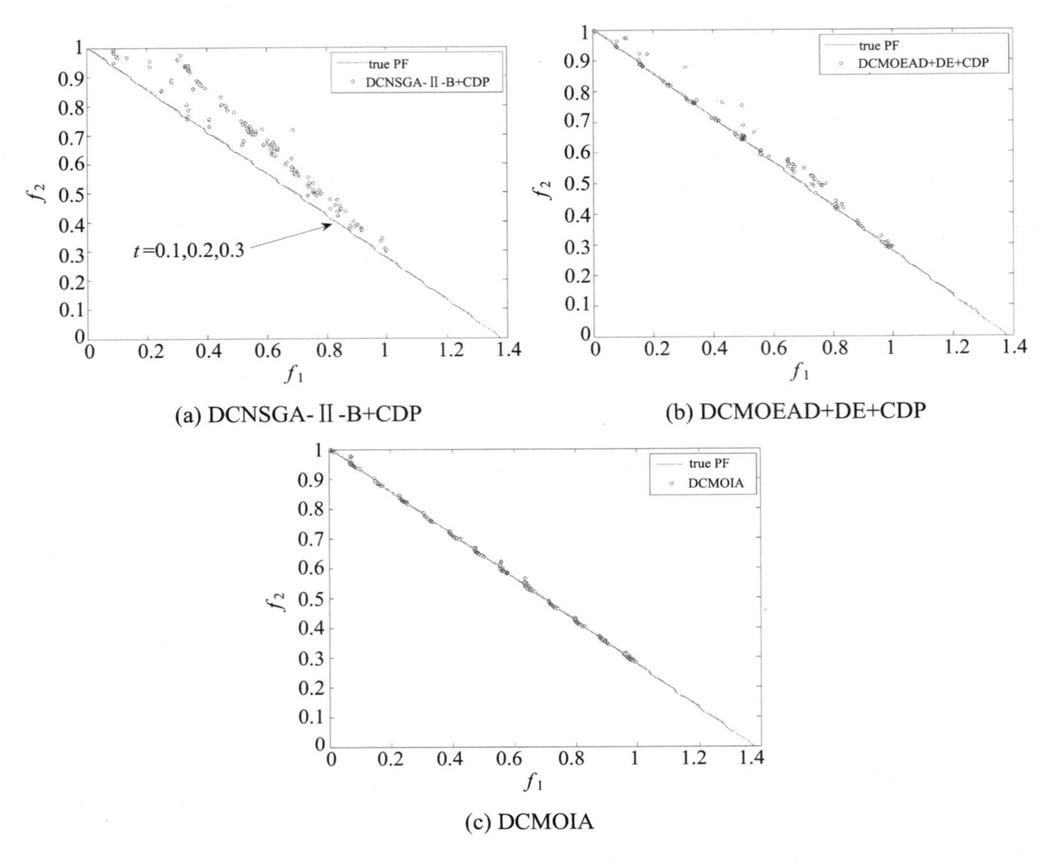

图 5.10　三算法对 DCTP2-Ⅰ所获最好 IGD 下的 PF 比较

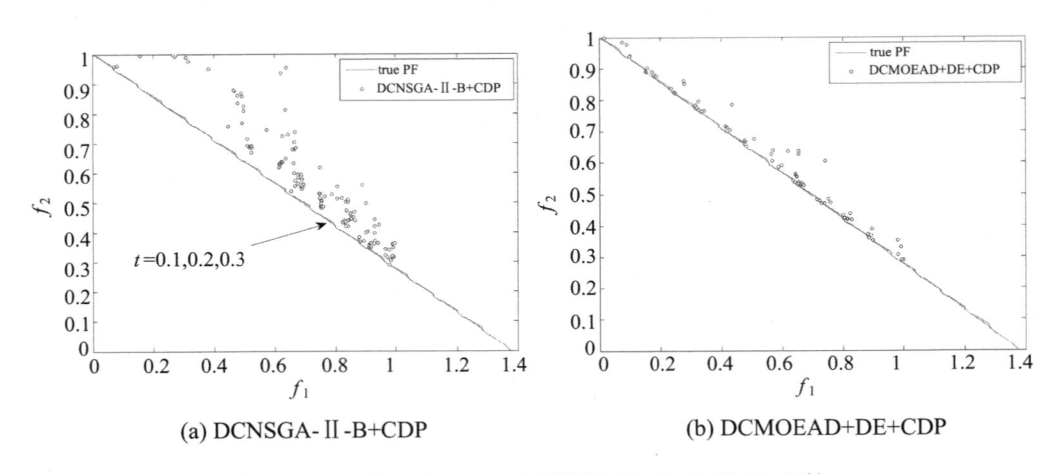

图 5.11　三算法对 DCTP2-Ⅱ所获最好 IGD 下的 PF 比较

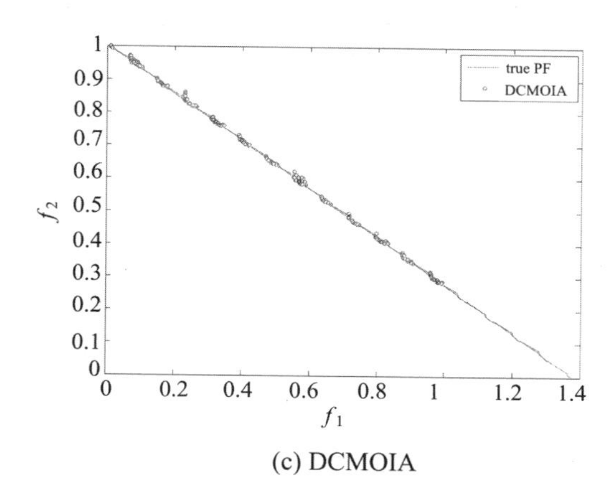

(c) DCMOIA

图 5.11　三算法对 DCTP2-Ⅱ所获最好 IGD 下的 PF 比较(续)

5.5　小　　结

本章提出了一种动态约束多目标优化算法——DCMOIA。并根据已有的静态约束多目标优化问题提出了一系列动态约束多目标优化测试问题。数值实验中将 DCMOIA 应用于一系列动态测试问题的求解,并比较了 DCMOIA 与其他两种动态多目标优化算法的性能,实验仿真结果表明:被提出的测试问题对这些算法均具有一定的挑战性。然而,DCMOIA 求解这些动态约束多目标测试问题时虽不能获得较为满意的结果,但其所获的 Pareto 最优解总体上优于其他两类被比较的算法。而且由本章可获得如下结论:具有极大优势的动态非约束多目标优化算法在处理动态约束多目标问题时并不能呈现出优越的性能。由此可知,研究新型的动态约束多目标算法对优化算法领域的发展非常必要,已有的动态非约束多目标优化算法依靠简单的增设约束处理算子/策略直接求解动态约束多目标优化问题并不能达到满意的效果,该研究的领域有待于进一步探索和提高。本章对动态约束多目标优化的测试例子进行了初步探索,提出了一种新型算法对其求解,并与其他同类算法进行了比较,但对动态约束多目标优化问题和其算法的相关理论和应用还远远不够,此方面有待进一步加强和深入研究,特别是结合工程实际问题提出相应的测试问题或算法将更具现实而深远的意义。

参 考 文 献

[1] Zhang Z. Multiobjective optimization immune algorithm in dynamic environments and its application to greenhouse control[J]. Applied Soft Computing, 2008, 8(2):959-971.

[2] Nasr G, Hassan A. Multiobjective genetic programming for financial portfolio management in dynamic environments[D]. London: University College London, 2010.

[3] Hatzakis I. Multi-objective evolutionary methods for time-changing portfolio optimization problems[J]. Massachusetts Institute of Technology, 2007.

[4] Deb K, Udaya B R N, Karthik S. Dynamic multi-objective optimization and decision-making using modified NSGA Ⅱ: A case study on hydro-thermal power scheduling[C]//International Conference on Evolutionary Multi-Criterion Optimization, 2007:803-817.

[5] Cruz C, González J R, Pelta D A. Optimization in dynamic environments: a survey on problems, methods and measures[J]. Soft Computing, 2011, 15(7):1427-1448.

[6] Liu C, Wang Y. Multiobjective evolutionary algorithm for dynamic nonlinear constrained optimization problems[J]. Journal of Systems Engineering and Electronics, 2009, 20(1):204-210.

[7] 刘淳安. 一类动态非线性约束优化问题的新解法[J]. 计算机工程与应用, 2011, 47(22).

[8] 杨亚强, 刘淳安, 等. 一类带约束动态多目标优化问题的进化算法[J]. 计算机工程与应用, 2012:45-48.

[9] Zhang Z, Qian S. Artificial immune system in dynamic environments solving time-varying nonlinear constrained multi-objective problems[J]. Soft Computing, 2011, 15(7):1333-1349.

[10] Zhang Z, Liao M, Wang L. Immune optimization approach for dynamic constrained multiobjective multimodal optimization problems[J]. American Journal of Operations Research, 2012, 2(2):193.

[11] Zhang Z, Qian S, Tu X. Dynamic clonal selection algorithm solving constrained multi-objective problems in dynamic environments[C]//2010 Sixth International Conference on Natural Computation, 2010, 6:2861-2865.

[12] Wei J, Jia L. A novel particle swarm optimization algorithm with local search for dynamic constrained multi-objective optimization problems[C]//Evolutionary Computation (CEC), 2013 IEEE Congress on, 2013, 1:2436-2443.

[13] Deb K, Pratap A, Meyarivan T. Constrained test problems for multi-objective evolutionary optimization[C]//Evolutionary Multi-Criterion Optimization, 2001:284-298.

[14] Zitzler E, Thiele L, Laumanns M, et al. Performance assessment of multiobjective optimizers: an analysis and review[J]. IEEE Transactions on Evolutionary Computation, 2003, 7(2):117-132.

[15] Nag K, Pal T, Pal N R. ASMiGA: An archive-based steady-state micro genetic algorithm[J]. IEEE Transactions on Cybernetics, 2015, 45(1):40-52.

[16] Zhang Q, Zhou A, Jin Y. RM-MEDA: A regularity model-based multiobjective estimation of

distribution algorithm[J]. IEEE Transactions on Evolutionary Computation, 2008, 12(1): 41-63.

[17] Zhang Q, Li H. MOEA/D: A multiobjective evolutionary algorithm based on decomposition [J]. IEEE Transactions on Evolutionary Computation, 2007, 11(6):712-731.

[18] Zhang Q, Liu W, Li H. The performance of a new version of MOEA/D on CEC09 unconstrained MOP test instances[C]//IEEE Congress on Evolutionary Computation, 2009, 1: 203-208.

第 6 章　基于修补策略的约束多目标动态环境经济调度优化算法

本章针对传统的优化算法求解多目标动态环境经济调度(multiobjective dynamic economic emission dispatch，MODEED)模型时极难获得高质量的可行解，且收敛速度慢等问题提出优化算法。首先，根据 MODEED 模型约束特征，设计了一种约束修补策略；其次，将该策略嵌入非支配排序算法(NSGA-Ⅱ)，进而提出一种修补策略的约束多目标优化算法(CMEA/R)；然后，借助模糊决策理论给出了多目标问题的最优解决策解；最后，以经典的 10 机系统为例，验证了 CMEA/R 的求解能力，并比较了不同群体规模下 CMEA/R 与 NSGA-Ⅱ的性能。结果表明，在不同群体规模下，与 NSGA-Ⅱ相比，CMEA/R 的污染排放平均减少了 4.8e+2 磅，燃料成本平均减少了 7.8e+3 美元，执行时间平均减少了 0.021 秒；HR 性能优于 NSGA-Ⅱ，且收敛速度较 NSGA-Ⅱ快。

6.1 引　　言

近年来，随着风力发电技术的不断进步以及风电并网规模的日益扩大，风电的波动及随机性对传统的电力系统调度带来了新的问题和挑战[1-2]，已有算法难以适应新模型的求解。特别地，在电力系统调度中由传统的单目标环境经济调度(single-objective environment/economic dispatch，SOEED)转变为多目标动态环境经济调度(MODEED)，致使目标函数、变量维数及约束数增多，这对求解算法提出了极高的要求。为此，国内外学者对 MODEED 求解算法开展了大量研究[3-4]，主要包括数学优化算法和智能优化算法。由于 MODEED 目标函数和约束的复杂性，智能优化技术备受学者的青睐。遗传算法(GA)[5]、差分进化(DE)[6]、粒子群优化(PSO)[7]和克隆选择算法(clone selection algorithm，CSA)[8-9]等在 MODEED 求解中均有广泛应用。Basu[10]首次验证了著名的非支配排序遗传算法(NSGA-Ⅱ)求解 MODEED 的有效性，其采用重复交叉和变异的方式获取可行子体存入匹配池，直到匹配池个体数目达到预定数才进入下一代循环，但未对算法做任何改进，且无任何约束处理策略，数值仿真表明了基于 Pareto 支配法优越于权重系数法，由于该算法借助重复交叉和变异获取可行个体，故需要多次循环才能获取一定数目的可行个体，致使计算开销较大。近期，Basu 将 DE 算子替代 NSGA-Ⅱ中的交叉和突变算子提出了多目标差分进化算法（multiobjective differential evolution，MODE）求解 MODEED 问题[11]，并通过仿真比较验证了 MODE 的有效性。邱威等[12]提出一种混沌多目标差分进化（chaotic multiobjective differential evolution，CMODE）求解 MODEED，CMODE 基于非支配排序的分级机制，引入了基于 Tent 混沌映射的种群初始化和控制参数动态调整策略以提高算法的全局寻优能力。江兴稳等[13]将非支配排序机制应用于 DE 中，并引入二次选择和随机替换操作克服早熟收敛，同时嵌入动态约束处理方法，提出了改进的动态约束多目标差分进化算法用于 MODEED 的求解，数值实验验证了所提方法的有效性。陈功贵等[14]在 PSO 中引入早熟判断及混沌机制，提出改进的量子 PSO 求解 MODEED。张晓辉等[15]采用改进的 PSO 求解 MODEED，仿真验证了算法的有效性，但模型忽略了阀点效应成本对总成本的影响，势必降低了模型的难度。

虽然 MODEED 的求解算法已呈现多样性，但多数是已有多目标算法的直接应用，设计适合求解 MODEED 的算法仍为研究热点，且对复杂约束处理技术的探索有待进一步研究[16]。为此，本章提出一种约束修补策略，将其嵌入 NSGA-Ⅱ的基本框架，获得一种基于修补策略的约束多目标进化算法（constrained multiobjective evolutionary algorithm based on repairing strategy，CMEA/R），数值实验基于 10 机系统测试了不同群体规模下 CMEA/R 的性能，并将 CMEA/R 与 NSGA-Ⅱ进行了比较，结果表明所提出的策略在解决 MODEED 问题时能获较好的 Pareto 有效面，且收敛性好。

6.2　MODEED 模型及相关预备知识

6.2.1　MODEED 数学模型

假设某电力调度系统有火电机组 N 台，调度周期被均匀分成 T 个时段，每时段均满足一定的负荷需求。则 MODEED 模型的目标函数和约束条件如下：

1. 目标函数

（1）经济成本

常规机组的煤耗成本（美元/h）为机组有功出力的二次函数[17]，其表示为

$$f_c(P_{t,i}) = a_i + b_iP_{t,i} + c_i(P_{t,i})^2 \tag{6.1}$$

式中，下标 t 和 i 分别表示时段和机组；$P_{t,i}$ 为有功出力（MW）；a_i, b_i, c_i 为机组 i 耗煤

成本函数的系数。另外，当汽轮机打开每个蒸汽进气阀时，都会产生一个脉冲，由此产生阀点效应成本[18]，其表示为

$$f_v(P_{t,i}) = |d_i \sin[e_i(P_i^{\min} - P_{t,i})]| \tag{6.2}$$

式中，$P_i^{\min}$ 为机组 i 的有功出力下限；系数 e_i，d_i 为机组 i 的阀点特征参数。

由式(6.1)、式(6.2)，可得计及阀点效应的经济总成本为

$$F_c(\boldsymbol{P}) = \sum_{t=1}^{T} \sum_{i=1}^{N} [\Delta_t (f_c(P_{t,i}) + f_v(P_{t,i}))] \tag{6.3}$$

式中，$\boldsymbol{P}$ 为 N 个机组在 T 个时段内的有功出力向量；Δ_t 为 t 时段的时间长度。

(2) 环境成本

火电机组燃煤过程中产生的主要污染气体是 SO_2，CO_2，NO_x，其中 SO_2 和 CO_2 的排放量为机组有功出力的二次函数，而 NO_x 的排放量涉及的因素比较复杂，表现为指数形式[10]。其总排放可表示为二次函数和指数函数的组合，即

$$F_e(\boldsymbol{P}) = \sum_{t=1}^{T} \sum_{i=1}^{N} [\Delta_t (\alpha_i + \beta_i P_{t,i} + \gamma_i P_{t,i}^2 + \eta_i \exp(\delta_i P_{t,i}))] \tag{6.4}$$

式中，α_i，β_i，γ_i，η_i，δ_i 表示机组 i 的排放系数。

2. 约束条件

(1) 有功功率平衡

$$\sum_{i=1}^{N} P_{t,i} - PL_t - PD_t = 0 \quad (t = 1,2,\cdots,T) \tag{6.5}$$

式中，$PL_t = \sum_{i=1}^{N-1} \sum_{j=1}^{N-1} P_{t,i} B_{ij} P_{t,j} + 2P_{t,N} (\sum_{i=1}^{N-1} B_{Ni} P_{t,i}) + B_{NN} P_{t,N}^2$；$B_{ij}$ 为网损系数矩阵 $\boldsymbol{B}$ 第 i 行第 j 列分量，B_{i0} 为网损向量 $\boldsymbol{B}_0$ 的第 i 分量，B_{00} 为网损常数；PD_t 为 t 时段负荷需求。

(2) 发电机各时段的出力

$$P_i^{\min} \leqslant P_{t,i} \leqslant P_i^{\max} \quad (t = 1,2,\cdots,T; i = 1,2,\cdots,N) \tag{6.6}$$

式中，$P_i^{\min}$ 和 $P_i^{\max}$ 分别为发电机的出力下限和上限。

(3) 发电机的向上和向下最大爬坡率为

$$\begin{cases} P_{t,i} - P_{t-1,i} \leqslant UR_i, \ P_{t,i} > P_{t-1,i} \\ P_{t-1,i} - P_{t,i} \leqslant DR_i, \ P_{t,i} < P_{t-1,i} \\ t = 2,3,\cdots,T; \ i = 1,2,\cdots,N \end{cases} \tag{6.7}$$

式中，UR_i 和 DR_i 分别为机组 i 在相邻的时段出力容许的最大上升值和最大下降值。

根据目标函数和约束条件可得 MODEED 模型如下：

$$\min f(\boldsymbol{P}) = (F_c(\boldsymbol{P}), F_e(\boldsymbol{P}))$$

$$\text{s. t.} \begin{cases} PL_t + PD_t - \sum_{i=1}^{N} P_{t,i} = 0 \quad (t = 1,2,\cdots,T) \\ P_{t,i} - P_{t-1,i} - UR_i \leqslant 0, \ P_{t,i} > P_{t-1,i} \quad (t = 2,3,\cdots,T) \\ P_{t-1,i} - P_{t,i} - DR_i \leqslant 0, \ P_{t,i} < P_{t-1,i} \quad (t = 2,3,\cdots,T) \\ P_i^{\min} \leqslant P_{t,i} \leqslant P_i^{\max} \quad (t = 1,2,\cdots,T; i = 1,2,\cdots,N) \end{cases}$$

其中，$\boldsymbol{P}=(P_{1,1},P_{1,2},\cdots,P_{1,N},\cdots,P_{T,1}P_{T,2},\cdots,P_{T,N})\in\mathbf{R}^{T\times N}$为各时段各机组的有功出力向量，$P_i^{\min}\leqslant P_{t,i}\leqslant P_i^{\max}$。该模型包括2个非线性目标函数，$T$个等式约束和$2N(T-1)+NT$个不等式约束。需要确定最优的出力向量$\boldsymbol{P}$，使得在满足所有约束下的经济成本$F_c(\boldsymbol{P})$和环境成本$F_e(\boldsymbol{P})$尽可能小。

MODEED可简化为一般性极小化CMOP：

$$\min f(\boldsymbol{x})=(f_1(\boldsymbol{x}),f_2(\boldsymbol{x}),\cdots,f_M(\boldsymbol{x}))$$
$$\text{s.t.}\begin{cases}\bar{g}_i(\boldsymbol{x})=0 & (i=1,2,\cdots,p)\\ g_i(\boldsymbol{x})\leqslant 0 & (i=p+1,p+2,\cdots,p+q)\\ a_j\leqslant x_j\leqslant b_j & (j=1,2,\cdots,n)\end{cases}\tag{6.8}$$

式中，$\boldsymbol{x}=\boldsymbol{P}\in\mathbf{R}^{T\times N}$为决策向量；$p=T$为等式约束数，$q=2N(T-1)+NT$为不等式约束数；$M(\geqslant 2)$为目标数。满足所有约束的$\boldsymbol{x}$称为可行解，所有可行解构成的集合称为可行域，记为$\Omega$。

6.2.2 相关定义

在CMOPs求解中，一般将等式约束转化为不等式约束。如式(6.8)可将等式约束转化为$g_i=|\bar{g}_i|-\varepsilon\leqslant 0$，其中，$\varepsilon$为给定的约束阈值。则式(6.8)可转化为

$$\min f(\boldsymbol{x})=(f_1(\boldsymbol{x}),f_2(\boldsymbol{x}),\cdots,f_M(\boldsymbol{x}))$$
$$\text{s.t.}\begin{cases}g_i(\boldsymbol{x})\leqslant 0 & (i=1,2,\cdots,p+q)\\ a_j\leqslant x_j\leqslant b_j & (j=1,2,\cdots,n)\end{cases}\tag{6.9}$$

为便于表述，下面给出CMOPs的相关定义。

定义6.1　[违背度]设向量$\boldsymbol{x}\in\mathbf{R}^n$，其违背度定义为$VD(\boldsymbol{x})=\sum_{i=1}^{p+q}\max\{g_i(\boldsymbol{x}),0\}$。

定义6.2　[Pareto支配]设$\boldsymbol{x},\boldsymbol{y}\in\Omega\subset\mathbf{R}^n$，称$\boldsymbol{x}$ Pareto支配$\boldsymbol{y}(\boldsymbol{x}\prec\boldsymbol{y})$。若对任意$m\in\{1,2,\cdots,M\}$，均有$f_m(\boldsymbol{x})\leqslant f_m(\boldsymbol{y})$，且至少存在一个$m\in\{1,2,\cdots,M\}$，使得$f_m(\boldsymbol{x})<f_m(\boldsymbol{y})$。

定义6.3　[Pareto最优]设$\boldsymbol{x}\in\Omega\subset\mathbf{R}^n$，若不存在任何向量$\boldsymbol{y}\in\Omega(\boldsymbol{y}\neq\boldsymbol{x})$，使得$\boldsymbol{y}\prec\boldsymbol{x}$($\boldsymbol{y}$ Pareto支配$\boldsymbol{x}$)，则称$\boldsymbol{x}$为Pareto最优。

定义6.4　[约束支配]设向量$\boldsymbol{x},\boldsymbol{y}\in\mathbf{R}^n$，称$\boldsymbol{x}$约束支配$\boldsymbol{y}(\boldsymbol{x}\prec_c\boldsymbol{y})$。若满足下列条件之一：(1) $\boldsymbol{x}\in\Omega,\boldsymbol{y}\notin\Omega$；(2) $\boldsymbol{x},\boldsymbol{y}\in\Omega,\boldsymbol{x}\prec\boldsymbol{y}$；(3) $\boldsymbol{x},\boldsymbol{y}\notin\Omega,VD(\boldsymbol{x})<VD(\boldsymbol{y})$。

定义6.5　[Pareto最优集(Pareto-optimal set, PS)和Pareto最优面(Pareto-optimal front, PF)]所有Pareto最优解构成的集合称为Pareto最优集，即

$$\mathrm{PS}=\{\boldsymbol{x}\in\Omega\mid\neg\exists\,\boldsymbol{y}\in\Omega,\text{s.t. }\boldsymbol{y}\prec\boldsymbol{x}\}$$

所有Pareto最优解通过$f(\cdot)$映射到目标函数空间构成的集合称为Pareto最优面，即

$$\mathrm{PF}=\{f(\boldsymbol{x})\mid\forall\,\boldsymbol{x}\in PS\}$$

求解 CMOP 任务即获得分布均匀且收敛性好的 Pareto 最优面。

6.2.3 最优解(折中解)决策方法

对于 MODEED 所获的 Pareto 最优解，调度人员可根据自身实际选择最合适的调度方法，即最优决策。而模糊集理论已被应用于多目标最优决策[19]。本书选择模糊集决策方法获取 Pareto 最优解的最优目标向量。具体步骤为：假设所获的 Pareto 最优集为 $X=\{x_1,x_2,\cdots,x_N\}$。

步骤 1：计算每个 Pareto 最优解 $x_i\in X$ 的各子目标的线性隶属度函数

$$\mu_m(x_i)=\begin{cases}1, & f_m(x_i)\leqslant f_m^{\min}\\ \dfrac{f_m^{\max}-f_m(x_i)}{f_m^{\max}-f_m^{\min}}, & f_m^{\min}<f_m(x_i)<f_m^{\max}\\ 0, & f_m(x_i)\geqslant f_m^{\max}\end{cases}$$

式中，$f_m^{\min}$，$f_m^{\max}$ 分别表示第 m 子目标函数的最小和最大目标值。

步骤 2：计算每个 Pareto 最优解 $x_i\in X$ 的标准化隶属度函数

$$\eta(x_i)=\frac{\sum_{m=1}^{M}\mu_m(x_i)}{\sum_{i=1}^{N}\sum_{m=1}^{M}\mu_m(x_i)}$$

式中，M 为目标函数的数目。

步骤 3：标准化后隶属度最大的 Pareto 最优解即为最优决策。

6.3 CMEA/R 步骤描述及算子设计

6.3.1 步骤描述

CMEA/R 流程如图 6.1 所示，图中 g 表示迭代数，G 为最大迭代数。其步骤描述为：

步骤 1：产生初始可行群。

步骤 1.1：初始化群体 A_0；

步骤 1.2：依次修补 A_0 中不满足平衡方程和爬坡率的个体，获群 B_0，计算 B_0 中个体的目标向量和违背度；

步骤 1.3：根据违背度和约束支配关系，执行二人联赛选择从 B_0 中选择 Ps 个个体，构成群 C_0；

步骤 1.4：模拟二进制交叉和多项式变异[10]作用于 C_0，获群 D_0；

步骤1.5：依次修补 D_0 中不满足平衡方程和爬坡率的个体，获群 E_0，计算 E_0 中个体的目标向量和违背度。

步骤2：设定初始代数 $g=1$。

步骤3：组合 A_{g-1} 和 E_{g-1}，获群 $Q_g=A_{g-1}\cup E_{g-1}$。

步骤4：对 Q_g 执行拥挤选择，获下一代群 A_g。

步骤5：外部集更新。

步骤6：判断是否达到最大迭代数。若是，则输出结果；否则，转入步骤7。

步骤7：根据分层及拥挤距离对 A_g 执行二人联赛选择，获群 C_g。

步骤8：模拟二进制交叉和多项式变异作用于群 C_g，获群 D_g。

步骤9：依次修补群 D_g 中不满足平衡方程和爬坡率的个体，获群 E_g，计算 E_g 中个体的目标向量和违背度。

步骤10：置 $g\leftarrow g+1$，转入步骤3。

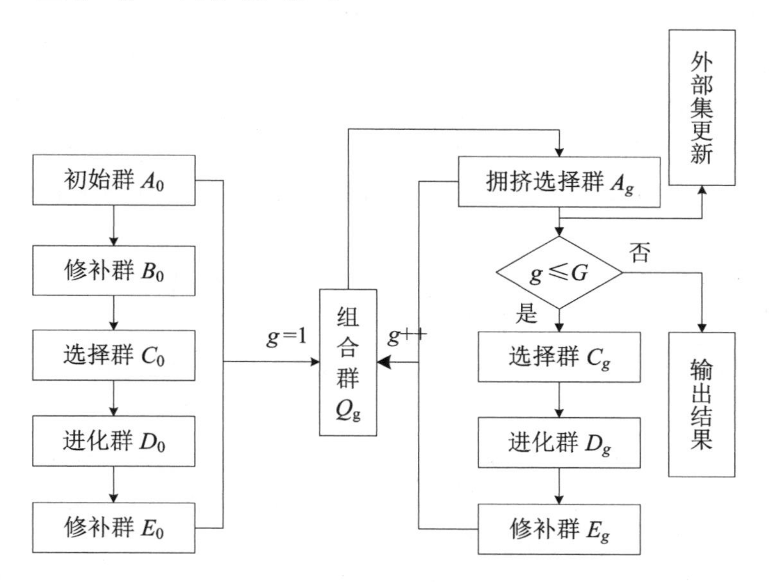

图6.1　CMEA/R 流程图

6.3.2　主要算子设计

(1) 初始化群体

由于MODEED问题需要确定各时段各机组的最优出力，结合算法特征，个体对应于各机组在各时段的出力向量，则个体 $\boldsymbol{P}$ 的编码可表示为

$$\boldsymbol{P}=(P_{1,1},P_{1,2},\cdots,P_{1,N},\cdots,P_{T,1},P_{T,2},\cdots,P_{T,N})$$

根据 $P_{t,i}=P_i^{\min}+(P_i^{\max}-P_i^{\min})\cdot r$ 随机产生 P_s 个个体构成初始群体 A_0。其中，r 为[0,1]间均匀分布的随机数。

(2) 功率平衡方程和爬坡率约束处理

求解 MODEED 关键问题是功率平衡方程和爬坡率约束处理。模型要求每个时段均满足平衡方程(式 6.5)且各连续的时段间还必须满足爬坡率约束(式 6.7),这些使得按照传统的方式产生的初始个体不可行率较高,严重影响了算法的寻优能力。即使算法多次采样产生可行的初始群,但经交叉和突变后的子体仍可能不满足约束。因此,约束处理策略在 MODEED 问题求解中显得尤为重要,本节提出一种修补策略提高群体的可行率。个体 $\boldsymbol{P}$ 的功率平衡方程约束采取逐时段修补,具体如下:

步骤 1:对每时段 $t(1\leqslant t\leqslant T)$,置初始修补数 $l=0$, 计算违背值 $v_t = PD_t + PL_t - \sum_{t=1}^{N} P_{t,i}$。

步骤 2:若$(|v_t|>\varepsilon)\wedge(l<L)$,则转至步骤 3;否则停止。

步骤 3:对每机组 $i(1\leqslant i\leqslant N)$修补其出力

$$P_{t,i}=P_{t,i}+v_t/N$$

步骤 4:若修补后的出力 $P_{t,i}>P_i^{\max}$,令 $P_{t,i}=P_i^{\max}$;若 $P_{t,i}<P_i^{\min}$,令 $P_{t,i}=P_i^{\min}$。

步骤 5:重新计算违背值 v_t,置 $l++$,转至步骤 2。

其中,ε 为约束阈值(非常小的数);l 为修补次数计数;L 为预先设定的数,其控制最大的修补次数。

群体中所有个体的爬坡率约束采用整体修补,对每机组 $i(1\leqslant i\leqslant N)$及每两个相邻时段 $t-1$ 和 $t(2\leqslant t\leqslant T)$。修补方法如下:

步骤 1:判断向上爬坡率 $P_{t,i}-P_{t-1,i}$是否大于 UR_i。若是,按式(6.10)修补,并判断修补后的出力 $P_{t,i}$是否超出上界,若是,则令 $P_{t,i}=P_i^{\max}$。

$$P_{t,i} = P_{t-1,i} + UR_i - r \tag{6.10}$$

步骤 2:判断向下爬坡率 $P_{t-1,i}-P_{t,i}$是否大于 DR_i。若是,按式(6.11)修补,并判断修补后的出力 $P_{t,i}$是否超出下界,若是,则令 $P_{t,i}=P_i^{\min}$。

$$P_{t,i} = P_{t-1,i} - UR_i + r \tag{6.11}$$

其中,r 为[0,1]间的均匀分布的随机数。

(3) 拥挤选择

拥挤选择即从组合群 Q_g 中选择 N 个优秀个体构成新一代群体 A_g,其步骤为:

步骤 1:对群体 Q_g 根据定义 6.4 进行约束支配分层,并按层由小到大排序。

步骤 2:依次将第 1 层、第 2 层、…、中个体存入 A_g。若选到第 k 层时,$|A_g|<N$;但若添加第 $k+1$ 层个体有$|A_g|>N$,则计算第 $k+1$ 层中个体的拥挤距离[14]。

步骤 3:选取第 $k+1$ 层中拥挤距离较大的部分个体,使其与前面 k 层所有个体构成规模为 N 的新一代群体 A_g(即$|A_g|=N$)。

(4) 外部集更新

外部集用于保存 Pareto 最优解,算法每执行一代所获的 Pareto 最优解将复制到外部集。因此，随着算法的循环，外部集中 Pareto 最优解的数目逐渐增多，为了避免外部集无限的增大，预先设定 Pareto 最优解的最大数目为群体规模 P_s。当外部集中 Pareto 最优解的数目大于 P_s，则根据拥挤距离选择 P_s 个个体作为当前代 Pareto最优解。

6.4　数值实验及结果分析

为了验证被提出的算法求解 MODEED 的有效性，本章选用经典的 10 机系统[20]作为测试实例，并将其与 NSGA-Ⅱ比较。数值实验中，为避免随机性对实验结果的影响，采用各算法独立执行 20 次，然后分析所获结果的统计特征。模型、算法的参数设置及结果比较如下：

6.4.1　MODEED 模型参数设置

调度周期 $T=24$ h，每时段的时间长度 $\Delta_t=1$ h，通过多次测试效果分析选取约束阈值 $\varepsilon=10^{-2}$。模型中其他参数及网损矩阵见文献[10]。

6.4.2　算法参数设置

各算法使用 C++语言在个人计算机（Intel（R）Core（TM） i5-4200U，500 G，2.3 GHz）上通过 VC 平台实现，群体规模 Ps 分别考虑 20，40，60，80 和 100 五种情况，以便分析群体规模对求解结果的影响，最大迭代数 $G=1000$，外部集最大规模等于相应的 Ps 大小。NSGA-Ⅱ的交叉概率和变异概率根据文献[10]设置，分别为0.9 和$\frac{1}{n}+\frac{g}{G}\left(1-\frac{1}{n}\right)$。CMEA/R 交叉概率为 0.9，突变概率采用分段设置：当迭代数 $g<\frac{2}{3}G$ 时，突变概率为 0.2，此意在提高算法的前期开采能力；当 $g>\frac{2}{3}G$ 时，突变概率为$\frac{1}{g}$，意在提高算法的后期局部探索能力。CMEA/R 功率平衡方程约束的最大的修补次数 $L=5$。NSGA-Ⅱ、CMEA/R 的交叉和突变方式均为模拟二进制交叉和多项式突变[10]。

6.4.3　仿真结果比较分析

在多目标算法性能分析中，Pareto 最优解的覆盖率（hypervolume rate，HR）是度量所获 Pareto 最优解在目标空间中的覆盖范围，收敛性可由（inverted generational distance，IGD）度量[21]。其中 HR 定义为：如图 6.2 所示的二维目标空间，假设算法 A 和 B 所获的 Pareto 最优解集分别为 $X=\{x_1,x_2,x_3,x_4\}$ 和 $Y=\{y_1,y_2,y_3,y_4\}$，C 为选定的参考点，则 δ 为 X,Y 的公共覆盖（控制）区域，$\delta+\sigma$ 为 Y 的覆盖区域（虚线包围部分），$\delta+\rho$ 为 X 的覆盖区域（实线包围部分）。则 X 对 Y 和 Y 对 X 的相对覆盖率（简称覆盖率）分别定义为

$$\mathrm{HR}(X,Y)=\frac{\delta+\rho}{\rho+\delta+\sigma},\quad \mathrm{HR}(Y,X)=\frac{\delta+\sigma}{\rho+\delta+\sigma}$$

式中，$0\leqslant \mathrm{HR}(\cdot,\cdot)\leqslant 1$。若 $\mathrm{HR}(X,Y)>\mathrm{HR}(Y,X)$，表明：Parero 最优解集 X 接近于 X 和 Y 公共面的程度优越于 Pareto 最优解集 Y 接近于 X 和 Y 公共面的程度，即对应的算法 A 优越于算法 B。

注 由图 6.2 知覆盖率的计算涉及区域大小的计算，主要是参考点 C 的选取，观察两算法 20 次执行所获的 Pareto 最优解，发现其在各目标轴方向上最大的目标值不超过 3.0×10^5 和 2.6×10^6，故选该点为参考点 C 的坐标。

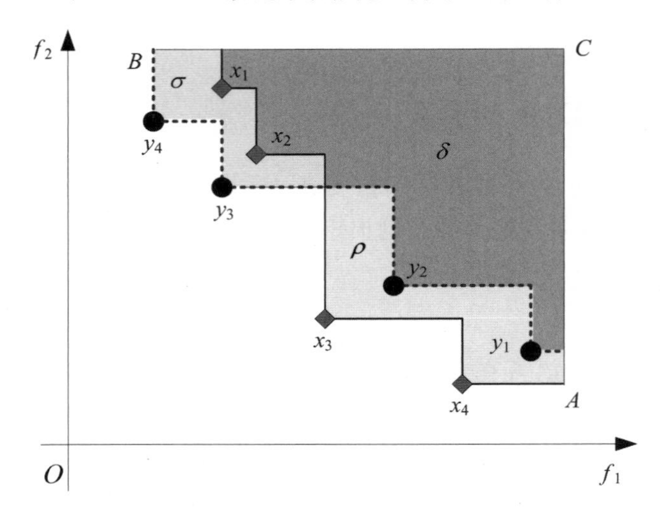

图 6.2 覆盖率度量指标示意图

表 6.1 给出了两算法在不同群体规模下分别独立执行 20 次所获平均覆盖率 HR、平均执行时间及模糊最优决策目标向量的比较。从表 6.1 可以看出：在不同群体规模下，算法 CMEA/R 所获的性能指标 HR 平均值均接近于 100%，而算法 NSGA-Ⅱ均比 85%低，此表明 CMEA/R 的收敛能力明显强于 NSGA-Ⅱ的。随群体规模的增大，两算法的性能指标 HR 平均值逐渐增大，但 CMEA/R 均能保持在 99%以上，此充分表明 CMEA/R 具有较好的鲁棒性，受群体规模影响较小。由每代的平均执行时间获知 CMEA/R 略低于 NSGA-Ⅱ，与 NSGA-Ⅱ相比，CMEA/R 的执行时间平均减少了 0.021 s，此由于 CMEA/R 采用了合适的修补策略，算法易于搜索到可行的解，而 NSGA-Ⅱ需要多次的循环才能获取一定数目的可行解。根据模糊决策方法，CMEA/R 获得的最优决策目标向量在不同群体规模下均优于 NSGA-Ⅱ所获结果（表 6.1 最后列为 CMEA/R 与 NSGA-Ⅱ所获的最优目标向量的差），与 NSGA-Ⅱ

相比，CMEA/R的污染排放平均减少4.8e+2磅，成本平均减少7.8e+3美元。此表明：CMEA/R所获的Pareto最优解的质量优越于NSGA-Ⅱ，CMEA/R更适应MODEED模型的求解，具有较好的应用潜力。

以下分析仅选取群体规模为40和80两种情况，图6.3描述了群体规模为40和80时两算法在20次独立执行中所获的HR统计盒图。观察图6.3(a)易知，CMEA/R的HR均值接近于1，而NSGA-Ⅱ劣于CMEA/R，且CMEA/R最坏的HR值也优越于NSGA-Ⅱ最好的HR值。群体规模为80时可得同样的结论(图6.3(b))。

图6.4(a)，(b)为两算法在群体规模为40和80时独立执行20次所获的所有Pareto最优面及最优决策目标向量。由图知，CMEA/R的20个Pareto最优面均优越于NSGA-Ⅱ所获的Pareto最优面。图6.4(c)，(d)为最好的一个Pareto最优面及对应的最优决策目标向量。观察图易知，CMEA/R所获的最优目标向量明显优越于NSGA-Ⅱ的最优目标向量。

表6.1　不同群体规模时各算法独立执行20次所获性能指标HR均值、平均执行时间/代(秒)及最优决策目标向量

群体规模 P_s	性能指标HR平均值(%)	算法	平均时间/代(s)	平均最优决策目标	CEMA/R的目标减少量
20	HR(CMEA/R, NSGA-Ⅱ)=99.58%	CMEA/R	0.075	(2.963e+5,2.538e+6)	(7.0e+2,6.0e+3)
	HR(NSGA-Ⅱ, CMEA/R)=80.45%	NSGA-Ⅱ	0.090	(2.970e+5,2.544e+6)	
40	HR(CMEA/R, NSGA-Ⅱ)=99.29%	CMEA/R	0.169	(2.955e+5,2.540e+6)	(3.0e+2,7.0e+3)
	HR(NSGA-Ⅱ, CMEA/R)=80.31%	NSGA-Ⅱ	0.179	(2.958e+5,2.547e+6)	
60	HR(CMEA/R, NSGA-Ⅱ)=100.00%	CMEA/R	0.246	(2.952e+5,2.539e+6)	(2.0e+2,1.1e+4)
	HR(NSGA-Ⅱ, CMEA/R)=80.55%	NSGA-Ⅱ	0.267	(2.954e+5,2.550e+6)	

续表

群体规模 P_s	性能指标 HR 平均值(%)	算法	平均时间/代	平均最优决策目标	CEMA/R 的目标减少量
80	HR(CMEA/R, NSGA-Ⅱ)=100.00%	CMEA/R	0.332	(2.947e+5,2.543e+6)	(4.0e+2,9.0e+3)
	HR(NSGA-Ⅱ, CMEA/R)=83.19%	NSGA-Ⅱ	0.357	(2.951e+5,2.552e+6)	
100	HR(CMEA/R, NSGA-Ⅱ)=100.00%	CMEA/R	0.415	(2.947e+5,2.541e+6)	(8.0e+2,6.0e+3)
	HR(NSGA-Ⅱ, CMEA/R)=84.11%	NSGA-Ⅱ	0.449	(2.955e+5,2.547e+6)	

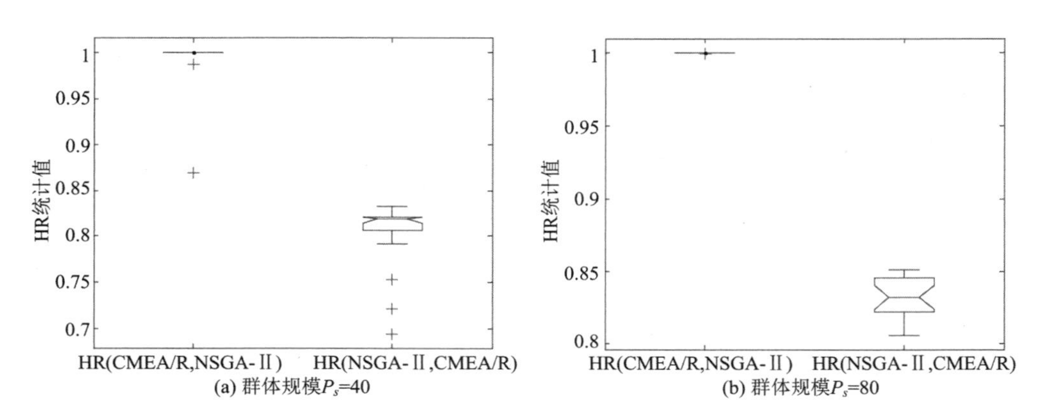

图 6.3 群体规模 P_s 为 40 和 80 时各算法独立执行 20 次所获覆盖率统计盒图

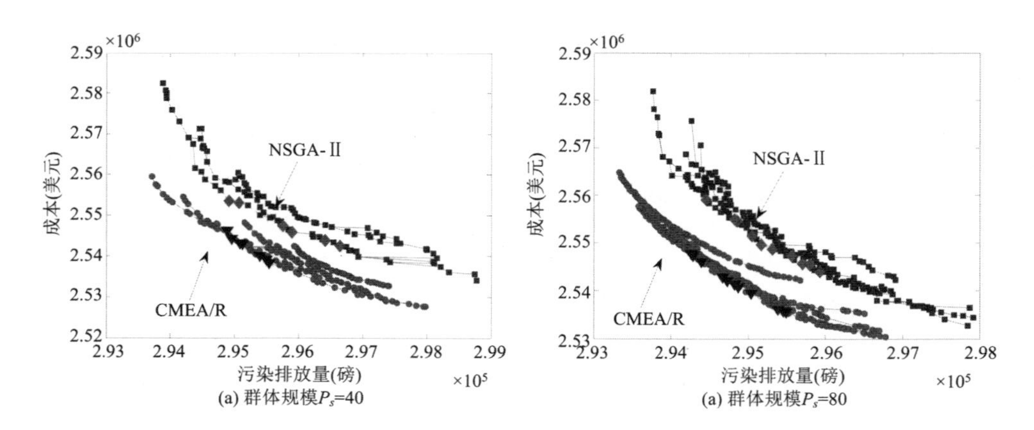

图 6.4 群体规模 P_s 为 40 和 80 时各算法独立执行 20 次所获 Pareto 最优面及最优决策目标向量

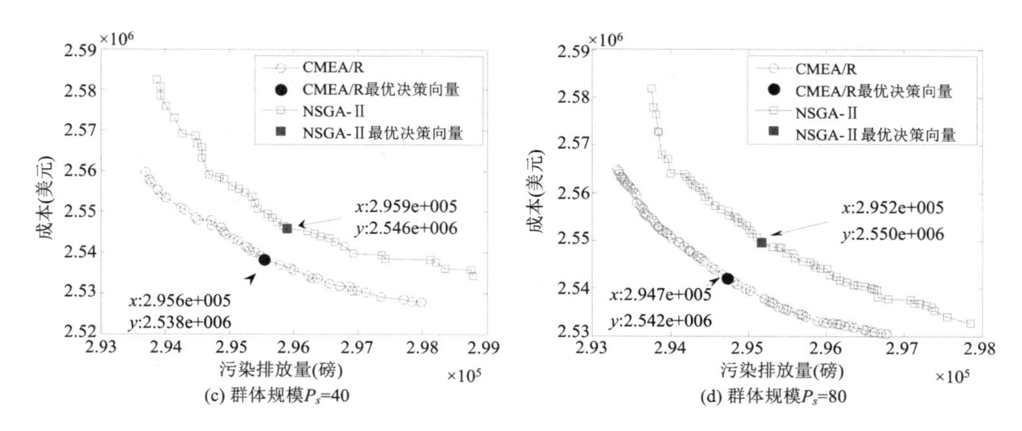

(c) 群体规模P_s=40　(d) 群体规模P_s=80

图 6.4　群体规模 P_s 为 40 和 80 时各算法独立执行 20 次所获 Pareto 最优面及最优决策目标向量(续)

图 6.5 为各算法在群体规模为 40 和 80 时分别独立执行 20 次所获平均 IGD 曲线。需要注意的是:由于 MODEED 问题真正 Pareto 有效面未知,故在计算 IGD 时,通过 CMEA/R 执行 10000 代后所获的 Pareto 最优面作为近似 Pareto 最优面,进而计算 IGD 值。由图 6.5 获知,在该两种群体规模下,CMEA/R 收敛速度均快于 NSGA-Ⅱ。

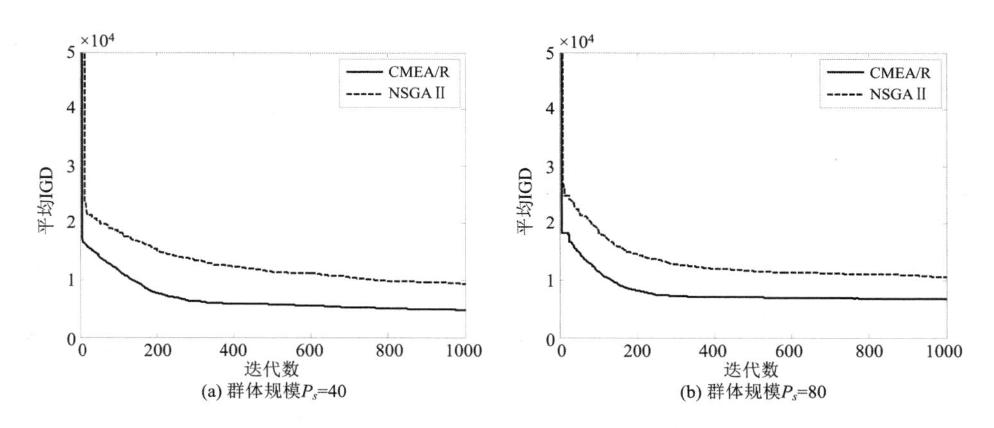

(a) 群体规模P_s=40　(b) 群体规模P_s=80

图 6.5　各算法在不同群体规模下所获平均 IGD 曲线比较

表 6.2 和表 6.3 分别给出了群体规模为 80 时 CMEA/R 和 NSGA-Ⅱ所获最优决策目标下的各机组在 24 时段内的出力大小。由表知,根据各算法所获最优出力,CMEA/R 较 NSGA-Ⅱ使污染排放量减少了 4.8e+2 磅,成本减少了 7.8e+3 美元。

表 6.2 群体规模 P_s=80 时 CMEA/R 的最优决策目标所对应的各机组在 24 时段的出力(MW)及对应的目标向量[排放 2.947e+5(磅);成本 2.542e+6(美元)]

t	机组 1	机组 2	机组 3	机组 4	机组 5	机组 6	机组 7	机组 8	机组 9	机组 10
1	151.025	137.175	81.253	84.886	124.455	124.365	98.044	119.861	79.868	54.863
2	151.509	136.743	98.714	102.617	145.056	139.008	103.847	120.000	80.000	55.000
3	152.342	139.105	139.534	131.194	182.042	157.866	129.492	120.000	80.000	55.000
4	159.449	170.449	169.406	167.867	229.690	160.000	130.000	120.000	80.000	55.000
5	164.262	204.792	185.698	177.316	243.000	160.000	130.000	120.000	80.000	55.000
6	232.678	230.744	215.976	210.056	243.000	160.000	130.000	120.000	80.000	55.000
7	239.014	247.249	238.017	243.965	243.000	160.000	130.000	120.000	80.000	55.000
8	250.601	289.744	248.119	259.251	243.000	160.000	130.000	120.000	80.000	55.000
9	305.802	313.148	296.147	292.127	243.000	160.000	130.000	120.000	80.000	55.000
10	331.572	348.600	333.465	300.000	243.000	160.000	130.000	120.000	80.000	55.000
11	380.043	385.835	340.000	300.000	243.000	160.000	130.000	120.000	80.000	55.000
12	407.962	406.518	340.000	300.000	243.000	160.000	130.000	120.000	80.000	55.000
13	361.086	367.353	340.000	300.000	243.000	160.000	130.000	120.000	80.000	55.000
14	305.287	313.464	288.462	300.000	243.000	160.000	130.000	120.000	80.000	55.000
15	244.726	293.931	251.293	257.745	243.000	160.000	130.000	120.000	80.000	55.000
16	188.216	226.137	188.593	213.242	237.372	160.000	130.000	120.000	80.000	55.000
17	160.461	211.801	184.456	178.052	240.329	160.000	130.000	120.000	80.000	55.000
18	228.517	232.276	208.652	219.962	243.000	160.000	130.000	120.000	80.000	55.000
19	250.649	278.586	256.170	262.172	243.000	160.000	130.000	120.000	80.000	55.000
20	314.534	325.858	318.756	300.000	243.000	160.000	130.000	120.000	80.000	55.000
21	313.622	317.849	296.517	279.443	243.000	160.000	130.000	120.000	80.000	55.000
22	234.432	237.866	218.614	230.130	216.805	158.033	129.334	119.192	79.294	53.842
23	157.777	166.421	149.330	182.311	177.331	148.523	129.364	119.413	79.342	54.361
24	152.137	137.312	105.956	139.374	149.661	139.979	130.000	120.000	80.000	55.000

表 6.3　群体规模 P_s =80 时 NSGA Ⅱ 的最优决策目标所对应的各机组在 24 时段的出力(MW)及对应的目标向量[排放 2.952e+5(磅)；成本 2.550e+6(美元)]

t	机组 1	机组 2	机组 3	机组 4	机组 5	机组 6	机组 7	机组 8	机组 9	机组 10
1	155.730	139.349	87.733	83.040	118.301	120.357	97.176	119.728	79.722	54.722
2	155.811	148.363	84.744	99.071	145.868	139.992	103.816	119.996	79.995	54.997
3	169.008	148.660	108.219	141.193	174.741	160.000	130.000	120.000	80.000	55.000
4	166.308	181.883	151.143	176.158	221.529	160.000	130.000	120.000	80.000	55.000
5	189.505	192.111	187.060	182.094	224.403	160.000	130.000	120.000	80.000	55.000
6	221.724	229.360	221.380	216.822	243.000	160.000	130.000	120.000	80.000	55.000
7	245.500	257.065	230.812	235.073	243.000	160.000	130.000	120.000	80.000	55.000
8	238.724	288.598	267.675	252.562	243.000	160.000	130.000	120.000	80.000	55.000
9	302.465	318.767	295.068	290.952	243.000	160.000	130.000	120.000	80.000	55.000
10	334.187	352.133	327.406	300.000	243.000	160.000	130.000	120.000	80.000	55.000
11	379.877	385.999	340.000	300.000	243.000	160.000	130.000	120.000	80.000	55.000
12	402.380	412.081	340.000	300.000	243.000	160.000	130.000	120.000	80.000	55.000
13	368.201	360.263	340.000	300.000	243.000	160.000	130.000	120.000	80.000	55.000
14	296.244	308.522	302.242	300.000	243.000	160.000	130.000	120.000	80.000	55.000
15	249.817	283.345	254.310	260.151	243.000	160.000	130.000	120.000	80.000	55.000
16	189.911	226.089	193.584	221.039	222.932	160.000	130.000	120.000	80.000	55.000
17	184.184	172.035	192.299	189.637	236.792	160.000	130.000	120.000	80.000	55.000
18	222.404	235.973	216.689	214.305	243.000	160.000	130.000	120.000	80.000	55.000
19	267.894	262.970	262.184	254.582	243.000	160.000	130.000	120.000	80.000	55.000
20	309.471	329.441	320.689	299.515	243.000	160.000	130.000	120.000	80.000	55.000
21	315.237	320.531	296.948	274.778	243.000	160.000	130.000	120.000	80.000	55.000
22	235.241	243.598	224.370	231.201	210.967	147.303	130.000	120.000	80.000	55.000
23	171.517	176.363	158.809	187.090	175.153	125.690	114.924	119.972	80.000	54.975
24	166.540	145.750	92.404	144.809	152.437	137.837	114.872	120.000	80.000	55.000

6.5 小　结

本章针对多目标动态环境经济调度问题，提出了一种约束的多目标进化算法用于该问题的求解。根据模型约束的复杂性，设计了一种约束修补策略。数值实验以典型的10机系统为测试算例，根据所获的性能指标及Pareto最优面充分表明了被提出的算法求解动态环境经济调度问题的有效性和可行性。通过与NSGA-Ⅱ的仿真比较，结果表明提出的算法在求解动态环境经济调度模型中表现出极其优越的性能。本算法与其他类算法(如PSO)的比较以及应用于更复杂的动态环境经济调度模型将是下一步的研究工作。

参考文献

[1] 曹一家，王光增. 电力系统复杂性及其相关问题研究[J]. 电力自动化设备，2010，30(2)：5-10.

[2] 张丽英，叶廷路，辛耀中，等. 大规模风电接入电网的相关问题及措施[J]. 中国电机工程学报，2010，30(25)：1-9.

[3] Ciornei I，Kyriakides E. Recent methodologies and approaches for the economic dispatch of generation in power systems[J]. International Transactions on Electrical Energy Systems，2013，23(7)：1002-1027.

[4] 李丹，高立群，王珂，等. 电力系统机组组合问题的动态双种群粒子群算法[J]. 计算机应用，2008，28(1)：104-107.

[5] Platbrood L，Capitanescu F，Merckx C，et al. A generic approach for solving nonlinear-discrete security-constrained optimal power flow problems in large-scale systems[J]. IEEE Transactions on Power Systems，2014，29(3)：1194-1203.

[6] 王凌，黄付卓，李灵坡. 基于混合双种群差分进化的电力系统经济负荷分配[J]. 控制与决策，2009，24(8)：1156-1160.

[7] Zhang Y，Gong D，Geng N，et al. Hybrid bare-bones PSO for dynamic economic dispatch with valve-point effects[J]. Applied Soft Computing，2014，18：248-260.

[8] Srinivasa Rao B，VAISAKH K. Multi-objective adaptive Clonal selection algorithm for solving environmental/economic dispatch and OPF problems with load uncertainty[J]. International Journal of Electrical Power & Energy Systems，2013，53：390-408.

[9] 郭创新，朱承治，赵波，等. 基于改进免疫算法的电力系统无功优化[J]. 电力系统自动化，2005 (15)：1-7.

[10] Basu M. Dynamic economic emission dispatch using nondominated sorting genetic algorithm-Ⅱ[J]. International Journal of Electrical Power & Energy Systems, 2008, 30(2): 140-149.

[11] Basu M. Multi-objective differential evolution for dynamic economic emission dispatch[J]. International Journal of Emerging Electric Power Systems, 2014, 15(2): 141-150.

[12] 邱威，张建华，吴旭，等. 采用混沌多目标差分进化算法并考虑协调运行的环境经济调度[J]. 电力自动化设备，2013，33(11)：26-31.

[13] 江兴稳，周建中，王浩，等. 电力系统动态环境经济调度建模与求解[J]. 电网技术，2013，37(2)：385-391.

[14] 陈功贵，陈金富. 含风电场电力系统环境经济动态调度建模与算法[J]. 中国电机工程学报，2013，33(10)：27-35.

[15] 张晓辉，董兴华. 含风电场多目标低碳电力系统动态环境经济调度研究[J]. 电网技术，2013，37(1)：24-31.

[16] 翁振星，石立宝，徐政，等. 计及风电成本的电力系统动态经济调度[J]. 中国电机工程学报，2014，34(4)：514-523.

[17] Gent M R, Lamont J W. Minimum emission dispatch[J]. IEEE Transactions on power apparatus and systems, 1971, 90(6): 2650-2660.

[18] Chen Y, Wen J, Jiang L, et al. Hybrid algorithm for dynamic economic dispatch with valve-point effects[J]. IET Generation, Transmission & Distribution, 2013, 7(10): 1096-1104.

[19] Farina M, Amato P. A fuzzy definition of optimality for many criteria optimization problems [J]. IEEE Trans. Syst., Man, Cybern. A Syst., Humans, 2004, 34(3): 315-326.

[20] Attaviryanupap P, Kita H, Tanaka E, et al. A hybrid EP and SQP for dynamic economic dispatch with nonsmooth fuel cost function[J]. Power Systems, IEEE Transactions on, 2002, 17(2): 411-416.

[21] Zitzler E, Deb K, Thiele L. Comparison of multiobjective evolutionary algorithms: Empirical results[J]. Evolutionary Computation, 2000, 8(2): 173-195.

第 7 章　求解动态环境经济调度问题的免疫克隆演化算法

本章针对电力系统动态环境经济调度(DEED)优化为一类非线性大规模约束的多目标问题,目前的算法不能获得较高质量的 Pareto 前沿,结合免疫系统的克隆选择原理和遗传进化机制,提出了一种免疫克隆进化算法(ICEA)。ICEA 建立了克隆选择算法与进化算法的动态结合机制,引入动态免疫选择和自适应非均匀突变算子,并针对 DEED 问题设计了不同的等式和不等式约束的修补策略,使其适合大规模约束的 DEED 问题求解。数值实验将 ICEA 应用于 10 机系统进行测试,并与同类算法展开比较,仿真结果表明 ICEA 具有较好的收敛性和优化效果,获得的 Pareto 前沿具有较好的均匀性和延展性,能为电力系统调度人员提供较为高效的调度决策方案。

7.1　引　　言

电力系统动态环境经济调度(DEED)是一类含大规模约束的复杂多目标优化问题[1]。与静态环境经济调度模型不同,DEED 模型考虑不同时刻各机组的输出功率以满足不同时刻负载的需求。因而,DEED 模型更切合实际电力系统调度运行,其目标是满足机组爬坡率、功率平衡等约束下的污染排放和燃料成分最小[2]。由于 DEED 模型具有多目标性、高维性及大规模约束性,该问题的求解备受众多学者的关注,并已出现了大量的求解算法,这些算法可分为传统的数学优化方法[3]和群体启发式方法[4-5]。

由于数学优化方法不易于解决非凸的目标函数,而且每次运行仅能获得一个 Pareto 解,故国内外更多的工作集中于群体启发式方法,如 EA,PSO 等[6]。文献[7]中,Basu 借助著名的多目标 EA(NSGA-Ⅱ)求解 DEED 问题,算法在进化过程中,对非可行的个体采取重复交叉和突变,直到其可行,该策略极大地增大了算法的计算开销,一定意义上不适合求解 DEED 问题。2014 年 Basu 提出差分进化算法(MODE)[8]求解 DEED 问题,在差分进化的选择阶段采取 Pareto 支配关系进行优势个体的选择，通过与 NSGA-Ⅱ比较表明，MODE 获得了更为优越的效果。前一章设计了一种约束修补策略，以 NSGA-Ⅱ为基本框架，提出一种基于修补策略的约束多目标优化算法（CMEA/R）[9]求解 DEED 问题，通过与 NSGA-Ⅱ比较表明，CMEA/R 所获的污染排放减少了 480 磅，燃料成本减少了 7800 美元，且 CMEA/R 具有较快的收敛速度。2017 年 Qu 等[10]提出了基于两种选择策略的差分进化算法（MODE-ESM）求解 DEED 模型，MODE-ESM 对当前组合群或采用非支配排序选择或采用基于排序和多样性指标的选择策略，两种选择策略的执行概率为 0.5，通过数值仿真实验与 NSGA-Ⅱ比较表明 MODE-ESM 所获的 Pareto 前沿具有较好的延展性。

本章在 CMEA/R 的基础上，提出一种基于免疫系统[11]的免疫克隆进化算法（immune clonal evolutionary algorithm, ICEA）求解 DEED 问题。首先，设计一种免疫克隆与进化机制混合的算法框架；然后，在此框架下，提出了动态免疫选择和克隆、自适应突变算子等，极大地提高了算法求解大规模约束多目标优化问题的能力。数值仿真实验将 ICEA 应用于 DEED 问题的求解，并与 NSGA-Ⅱ，CMEA/R 和 MODE-ESM 进行比较，充分验证了 ICEA 所获的 Pareto 前沿具有较好的收敛性和延展性，并为电力系统调度人员提供高效合理的调度策略。

7.2　问题描述

考虑的 DEED 模型的时间周期 $T=24$ h，机组数 $N=10$。其目标函数和约束条件描述如下：

7.2.1　目标函数

（1）燃料成本

由于电力系统的常规机组的煤耗成本（\$/h）为机组有功出力的二次函数[12]，其表示为

$$f_c(x_{t,i}) = a_i + b_i x_{t,i} + c_i\,(x_{t,i})^2 \tag{7.1}$$

式中，下标 t 和 i 分别表示时段和机组；$x_{t,i}$ 为有功出力（MW）；a_i，b_i，c_i 为机组 i 耗煤成本函数的系数。另外，当汽轮机打开每个蒸汽进气阀时，都会产生一个脉冲，由此产生阀点效应成本，其表示为

$$f_v(x_{t,i}) = \left| d_i \sin[e_i(P_i^{\min} - x_{t,i})] \right| \tag{7.2}$$

式中，$P_i^{\min}$ 为机组 i 的有功出力下限；系数 e_i，d_i 为机组 i 的阀点特征参数。

由式（7.1）、式（7.2），可得计及阀点效应的燃料成本为

$$F_c(\boldsymbol{x}) = \sum_{t=1}^{T}\sum_{i=1}^{N}[\Delta_t(f_c(x_{t,i}) + f_v(x_{t,i}))] \tag{7.3}$$

式中,x 为 N 个机组在 T 个时段内的有功出力向量;Δ_t 为 t 时段的时间长度,一般取为 1 h。

(2) 环境成本

火电机组燃煤过程中产生的主要污染气体是 SO_2,CO_2,NO_x,其中 SO_2 和 CO_2 的排放量为机组有功出力的二次函数,而 NO_x 的排放量涉及的因素比较复杂,表现为指数形式[13]。其总排放可表示为二次函数和指数函数的组合,即

$$F_e(\boldsymbol{x}) = \sum_{t=1}^{T}\sum_{i=1}^{N}[\Delta_t(\alpha_i + \beta_i x_{t,i} + \gamma_i x_{t,i}^2 + \eta_i \exp(\delta_i x_{t,i}))] \tag{7.4}$$

式中,α_i,β_i,γ_i,η_i,δ_i 表示机组 i 的排放系数。

7.2.2 约束条件

(1) 有功功率平衡

$$\sum_{i=1}^{N} x_{t,i} - PL_t - PD_t = 0 \quad (t = 1,2,\cdots,T) \tag{7.5}$$

式中,$PL_t = \sum_{i=1}^{N-1}\sum_{j=1}^{N-1} x_{t,i}B_{ij}x_{t,j} + 2x_{t,N}\left(\sum_{i=1}^{N-1} B_{Ni}x_{t,i}\right) + B_{NN}x_{t,N}^2$;$B_{ij}$ 为网损系数矩阵 $\boldsymbol{B}$ 第 i 行第 j 列分量,B_{i0} 为网损向量 $\boldsymbol{B}_0$ 的第 i 分量,B_{00} 为网损常数;PD_t 为 t 时段负荷需求。

(2) 发电机各时段的出力

$$P_i^{\min} \leqslant x_{t,i} \leqslant P_i^{\max} \quad (t = 1,2,\cdots,T; i = 1,2,\cdots,N) \tag{7.6}$$

式中,$P_i^{\min}$ 和 $P_i^{\max}$ 分别为发电机的出力下限和上限。

(3) 发电机的向上和向下爬坡率

$$\begin{cases} x_{t,i} - x_{t-1,i} \leqslant UR_i,\ x_{t,i} > P_{t-1,i} \\ x_{t-1,i} - x_{t,i} \leqslant DR_i, x_{t,i} < P_{t-1,i} \\ t = 2,3,\cdots,T; i = 1,2,\cdots,N \end{cases} \tag{7.7}$$

式中,UR_i 和 DR_i 分别为机组 i 在相邻的时段出力容许的最大上升值和最大下降值。

7.3 算法描述及算子设计

针对 DEED 问题,主要从算法结构及算子设计方面提出求解 DEED 问题的新算法 ICEA,其算法描述及算子设计如下:

7.3.1 算法描述

虽对功率平衡等式和爬坡率不等式约束采用了不同的约束处理策略,但并不能

保证处理后的个体一定可行，故种群评价中个体 $\boldsymbol{x}$ 的违背度 $v(\boldsymbol{x})$ 计算如下：

$$v(\boldsymbol{x}) = \sum_{i=1}^{N}[\rho_i(\boldsymbol{x}) + \eta_i(\boldsymbol{x})]$$

其中，$\rho_i(\boldsymbol{x}) = \sum_{t=2}^{T}(|x_{t,i} - x_{t-1,i}| - UR_i)^2$ 为机组 i 爬坡率不等式约束违背度；$\eta_i(\boldsymbol{x}) = \left(\left|\sum_{t=1}^{T}x_{t,i} - PL_t - PD_t\right| - \varepsilon\right)^2$ 为机组 i 功率平衡约束违背度；ε 为预设的阈值，在此取 10^{-5}；另外，由于 $UR_i = DR_i$，故 $\rho_i(\boldsymbol{x})$ 中仅涉及 UR_i。

基于上述违背度的设计，ICEA 流程如图 7.1 所示，算法步骤描述如下：

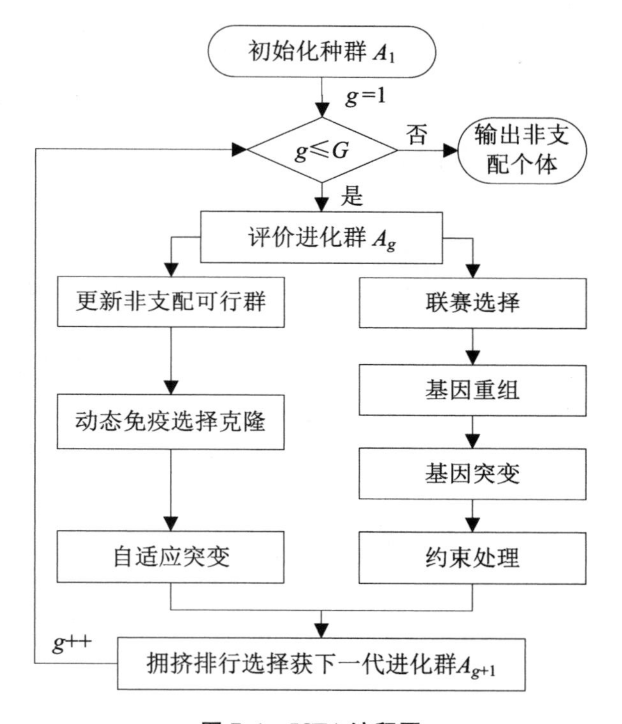

图 7.1　ICEA 流程图

步骤 1：初始化参数和种群 A_1。

步骤 2：若满足最大代数 G，输出可行的非支配个体；否则，转至步骤 3。

步骤 3：计算种群 A_g 中每一个体的目标值及违背度 $v(\boldsymbol{x})$。

步骤 4：根据 Pareto 支配关系及违背度，获当前种群 A_g 的非支配可行个体，更新非支配可行群 P。

步骤 5：执行动态免疫选择克隆算子，获种群 B_1。

步骤 6：B_1 经自适应突变，获种群 D_1。

步骤 7：对 A_g 执行联赛选择，获种群 B_2。

步骤 8：对 B_2 执行 SBX 交叉[14]，获种群 C_2。

步骤 9：C_2 经多项式突变[14]，获种群 D_2。

步骤 10：D_2 中非可行个体经约束处理，获种群 E_2。

步骤 11：组合 D_1 和 E_2，获种群 F，计算 F 中个体的目标值及违背度 $v(\boldsymbol{x})$。F 经拥挤排行选择获下一代进化群 A_{g+1}，置 $g \leftarrow g+1$，转至步骤 2。

7.3.2 算子设计

(1) 初始化

设置初始代数 $g=1$，最大迭代数为 G，种群规模为 P_s。初始非支配可行群 $P=\varnothing$，随机产生 P_s 个个体构成初始群，每个体(不失一般性，如 $\boldsymbol{x}$)按如下方式编码：

$$\boldsymbol{x}=(x_{1,1},x_{1,2},\cdots,x_{1,N},\cdots,x_{t,1},\cdots,x_{t,N},\cdots,x_{T,1},x_{T,2},\cdots,x_{T,N})$$

其中，$x_{t,i}=P_i^{\min}+(P_i^{\max}-P_i^{\min})\times r$，这里 $T=24$，机组数 $N=10$，r 表示[0,1]间均匀分布的随机数。

(2) 非支配可行群 P 的更新

非支配可行群 P 用于存放算法迭代过程中优秀的 Pareto 解，随算法的迭代，Pareto解的数量逐渐增多，故需要对其进行优选，以获较高质量的 Pareto 解。其更新方式为：对于初始代 $g=1$，当前群 A_1 中非支配可行个体直接复制到群 P 中；当迭代数 $g\geqslant 2$，当前群 A_g 中非支配可行个体与 P 中个体组合，对组合后的 P 将出现两种情况：若 $|P|>P_s$(种群规模)，则对 P 执行拥挤排行[15]，删除排行在后的冗余个体，直到 $|P|=P_s$；否则，不执行任何操作。这里的 $|\cdot|$ 表示集合的势。

(3) 动态免疫选择克隆

由于 DEED 具有大规模约束，算法初始阶段难于获得较多可行的非支配解，甚至不能获得可行解。为此，本算法提出一种动态免疫选择策略获取被克隆个体。即在进化过程中对非支配可行群 P 和进化群 A_g 执行 0-1 开关动态选择，以获一定数目的克隆个体，这些克隆个体的克隆群规模设置为 P_s。0-1 开关动态选择具体执行方式为：产生 0-1 随机数 $r\in\{0,1\}$，若 $r=0$，则对非支配可行群 P 中所有个体执行克隆，每一个体的克隆数 $cl=\mathrm{round}(P_s/|P|)$ 由 P 的规模确定；若 $r=1$，则对当前进化群 A_g 执行二人联赛选择，选择的个体数为 $\mathrm{round}(\alpha\times P_s)$ $(0<\alpha<1)$，每个被选中的个体克隆数 $cl=\mathrm{round}(1/\alpha)$。这里的 round(·) 表示取整运算，$\alpha$ 称为克隆选择率。

该动态免疫选择策略区别于以往的仅对当前群中个体进行克隆选择，而是动态的对非支配可行群 P 和当前群 A_g 执行 0-1 开关选择，避免了算法进化过程中克隆体来自单一父体群，有效地提高克隆个体的多样性，加强对非可行域的开采和探索，提高了算法的全局搜索能力。

(4) 自适应突变

自适应突变采取非均匀自适应突变方式，突变概率为 p_m。对于 C_1 中每一个体 $\boldsymbol{x}$ 的基因 x_j $(j=1,2,\cdots,T\times N)$，其具体突变方式为

$$x_j'=\begin{cases}x_j+(u_j-x_j)\times\sigma & (\text{rand}\geqslant 0.5)\\ x_j-(x_j-l_j)\times\sigma & (\text{其他})\end{cases}$$

其中，$\sigma=1-r^{(1-g/G)^{\lambda}}$，其随代数 g 自适应调整，λ 为常数，r 为[0，1]间均匀分布的随机数。这里 l_j 和 u_j 分别表示 x_j 的下界和上界；$\text{rand}\in U[0,1]$，g 和 G 分别表示当前代数和最大迭代数。注意：超界处理，若 $x_j'<l_j$，则 $x_j'=0.5\times(u_j+x_j)$；若 $x_j'>u_j$，则 $x_j'=0.5\times(l_j+x_j)$。

(5) 联赛选择

联赛选择即从 A_g 中选择 P_s 个个体构成种群 B_2。具体为：随机产生个体标号 $r_1,r_2\in[1,P_s]$，且 $r_1\neq r_2$，若个体 r_1 的排行不等于个体 r_2 的排行，则排行小的个体被选中；否则，若 r_1 的排行等于 r_2 的排行，则拥挤距离小的被选中。

(6) 约束处理

在 DEED 模型中，机组出力约束式(7.6)可通过初始化处理，而对基因重组和突变后的种群 D_2，功率平衡和爬坡率约束采用特定约束处理技术，以便获取更多的可行个体。对每时段 $t(1\leqslant t\leqslant T)$，执行如下功率平衡和爬坡率约束处理：

(7) 功率平衡等式约束处理

步骤 1：置初始修补数 $l=1$，计算功率平衡约束违背度 $p_t=PD_t+PL_t-\sum_{t=1}^{N}x_{t,i}$。

步骤 2：若$(|p_t|>\varepsilon)\wedge(l<L)$，则转入步骤 3；否则停止。

步骤 3：对每机组 $i(1\leqslant i\leqslant N)$，其出力修补为

$$x_{t,i}=x_{t,i}+p_t/N$$

步骤 4：若修补后的出力 $x_{t,i}>P_i^{\max}$，则令 $x_{t,i}=P_i^{\max}$；若 $x_{t,i}<P_i^{\min}$，则令 $x_{t,i}=P_i^{\min}$。

步骤 5：计算修补后个体的违背值 p_t，令 $l++$，转入步骤 2。

其中，$\varepsilon=10^{-5}$为设定的较小阈值，l 为修补次数计数，L 为允许的最大修补次数。

(8) 爬坡率不等式约束处理

步骤 1：判断向上爬坡率 $x_{t,i}-x_{t-1,i}$ 是否大于 UR_i。若是，按式(7.10)对 $x_{t,i}$ 修补：

$$x_{t,i}=x_{t-1,i}+UR_i-r \tag{7.10}$$

判断修补后的出力 $x_{t,i}$ 是否超出上界，若是，则令 $x_{t,i}=P_i^{\max}$。

步骤 2：判断向下爬坡率 $x_{t-1,i}-x_{t,i}$ 是否大于 DR_i。若是，按式(7.11)修补：

$$x_{t,i}=x_{t-1,i}-UR_i+r \tag{7.11}$$

判断修补后的出力 $x_{t,i}$ 是否超出下界，若是，则令 $x_{t,i}=P_i^{\min}$。其中 r 为[0，1]间的均匀分布的随机数。

(9) 拥挤排行选择

拥挤选择即从组合群 F 中选择 Ps 个优秀个体构成新一代群体 A_{g+1}，其步骤为：

步骤 1：对群体 F 进行约束支配分层[14]，按层由小到大排序。

步骤 2：依次将第 1 层、第 2 层、…、第 $k+1$ 层中个体存入 A_{g+1}，若到第 k 层时，

$|A_{g+1}|<P_s$。但若添加第 $k+1$ 层个体有 $|A_{g+1}|>P_s$，则计算第 $k+1$ 层中个体的拥挤距离[15]。

步骤 3：选取第 $k+1$ 层中拥挤距离较大的部分个体，使其与前面 k 层所有个体构成规模为 P_s 的新一代群体 A_{g+1}（即 $|A_{g+1}|=P_s$）。

7.4 数值仿真实验及结果分析

7.4.1 实验设置

为了验证 ICEA 求解 DEED 问题的有效性，本章选取著名的多目标非支配排序算法 NSGA-Ⅱ及最新的求解 DEED 问题的 CMEA/R 和 MODE-ESM 进行比较。各算法使用 C++语言在个人计算机（Intel Core，i5-4200U，2.3 GHz GB）上通过 VC 平台实现，各算法的种群规模 $P_s=40$，最大迭代数 $G=1000$，非支配可行群最大规模等于 P_s。这些算法的约束处理策略及参数设置如下：

CMEA/R 按文献[9]对功率平衡方程和爬坡率约束进行处理，功率平衡方程的最大修补次数 $L=5$。交叉概率为 0.9，突变概率采用分段设置[9]，交叉和突变方式采用 SBX 交叉和多项式突变，分布指数均为 10。

NSGA-Ⅱ按文献[15]采用约束支配规则（CDP）对个体进行选择，SBX 交叉和多项式突变后采用 CMEA/R 的修补策略对非可行个体进行修补。交叉和突变概率与 CMEA/R 相同。

MODE-ESM 按文献[10]设定放缩因子 $F=0.5$，交叉率 $CR=0.3$。平衡方程约束的阈值为 10^{-5}，最大调整次数 $T_\sigma=5$，罚函数中罚因子 σ 为 0.5。

ICEA 的克隆选择率 α 取 0.4，非均匀突变概率 $p_m=0.01$，常数 λ 取 1.0，SBX 交叉概率为 0.9，多项式突变概率为 $1/n$（n 为变量的维数），最大修补次数 $L=5$。

7.4.2 仿真结果分析及比较

为了降低随机性对仿真结果的影响，各算法对 DEED 问题独立执行 25 次，分析所获 Pareto 前沿的统计性能。本章采用的性能度量为逆世代距离（IGD）[15]，用于度量 Pareto 前沿的收敛性和分布性。由于计算 IGD 时需要真实 Pareto 前沿，而对于 DEED 问题真实的 Pareto 前沿未知。在此，将所有算法执行 25 次所获的 Pareto 解集组合，对组合后的 Pareto 解集进行非支配比较获取组合集的 Pareto 前沿，将其近似作为真实的 Pareto 前沿，进而计算 IGD 值。以下首先分析本章提出的自适应非均匀突变策略和动态免疫选择克隆策略的优点，然后比较被提出的算法与其他算法的优点。

7.4.3　提出的策略性能比较及分析

ICEA 算法主要贡献是动态免疫选择克隆、自适应非均匀突变策略，本小节分别针对该两策略进行分析，比较其优势所在。

图 7.2 为 ICEA 分别采用自适应非均匀突变、多项式突变和高斯突变求解 DEED 问题所获的平均 IGD 变化曲线。由图 7.2 获知，自适应非均匀突变策略的平均 IGD 下降速度最快，即收敛性能最好；而常用的多项式突变对求解 DEED 问题的收敛性能最差，高斯突变所获的性能为上述两者之间。主要原因是由于自适应非均匀突变在进化前期产生较大的 σ，致使个体的突变程度较大，增强对决策空间的开采能力，加速算法的收敛速度，而在后期产生的 σ 较小，相当于对已获的Pareto解进行局部探索，该动态的变化过程提高了算法适应问题求解的能力，而其他两突变策略不能达到该功能。

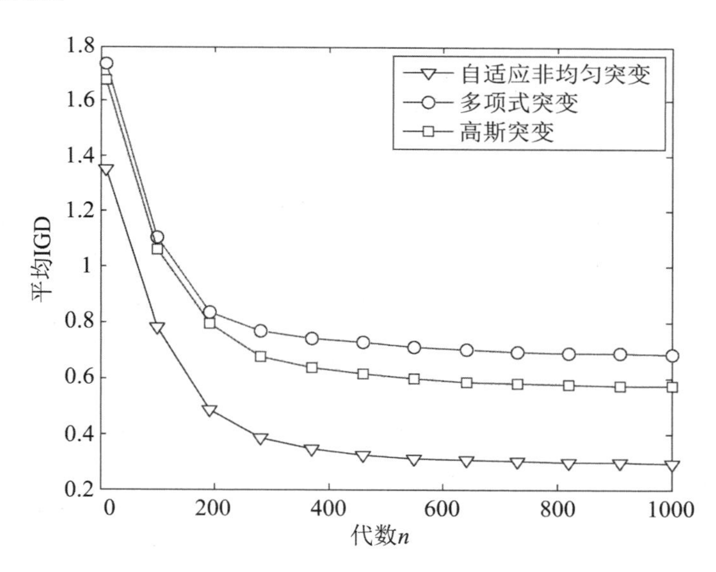

图 7.2　自适应非均匀突变策略与其他突变策略的性能比较

图 7.3 为分析被克隆的个体来自不同种群情形下所获的平均 IGD 变化曲线。由图获知，动态免疫选择群克隆策略极大地提高了算法的收敛速度，而直接用进化群克隆策略使算法的收敛性能最差。这是因为动态免疫选择群既共享了当前群的个体信息，又共享了 Pareto 解集的个体信息，体现了探索与收敛随机交错进行，增强了算法的探索和开采能力。而进化群克隆仅将当前群中的部分个体克隆，外部存档集中个体未参加克隆，不能共享当前 Pareto 解集的个体信息。

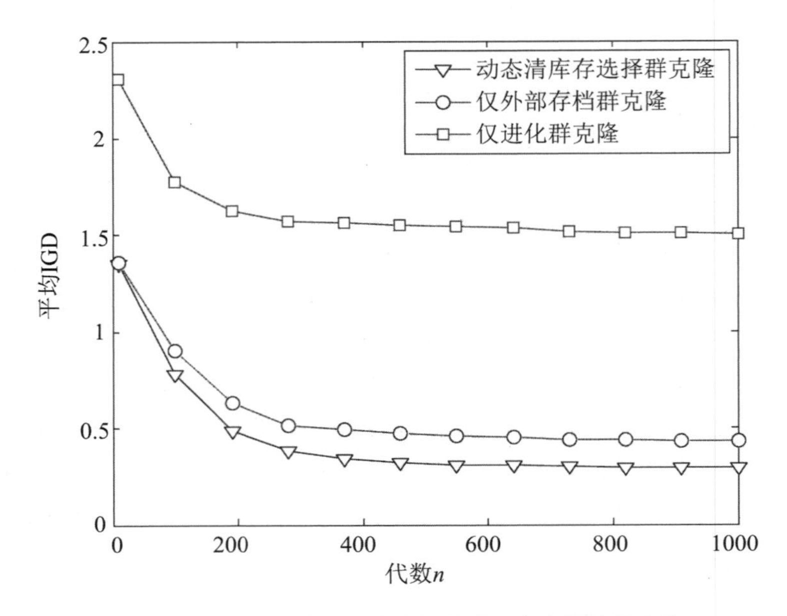

图 7.3 动态免疫选择群克隆与其他群克隆的性能比较

7.4.4 各算法的性能比较

表 7.1 比较了各算法对 DEED 问题执行 25 次所获的 IGD 统计值。其中，最小 IGD 和最大 IGD 表示 25 次执行所获 Pareto 前沿中最小的 IGD 值和最大的 IGD 值，平均 IGD 表示 25 次所获的 Pareto 前沿的 IGD 值的平均值。观察表 7.1 可知，ICEA 所获的最小 IGD、最大 IGD 及平均 IGD 值均为最小，排行第 2 的为 MODE-ESM，而 NSGA-Ⅱ最差，这些统计结果表明 ICEA 所获的 Pareto 前沿收敛性及分布性优于其他三算法。尤其是 ICEA 和 MODE-ESM 所获的 IGD 各项统计值比 NSGA-Ⅱ，CMEA/R 所获的 IGD 各项统计值小 1 个数量级（表 7.1 中最好的 IGD 值用黑体标明），这表明相对于其他算法，ICEA 和 MODE-ESM 更适合 DEED 问题的求解。

表 7.1 各算法独立执行 25 次所获的 IGD 统计值

算法	最小 IGD	最大 IGD	平均 IGD
NSGA-Ⅱ	1.932	3.160	2.084
CMEA/R	1.752	1.829	1.849
MODE-ESM	0.3558	0.3826	0.5946
ICEA	**0.1142**	**0.1350**	**0.2918**

图7.4描绘了四算法25次独立执行中所获最小IGD时对应的Pareto前沿及采用模糊最优决策方法[9]所获的模糊决策解。由图7.4知，ICEA和MODE-ESM均能获得分布均匀且延展性非常好的Pareto前沿，但ICEA收敛性能优于MODE-ESM。而NSGA-Ⅱ和CMEA/R仅能获得非常狭窄的Pareto前沿，该Pareto前沿虽具有较好的局部收敛性，但对电力系统调度人员可选择的决策方案有较大的限制。

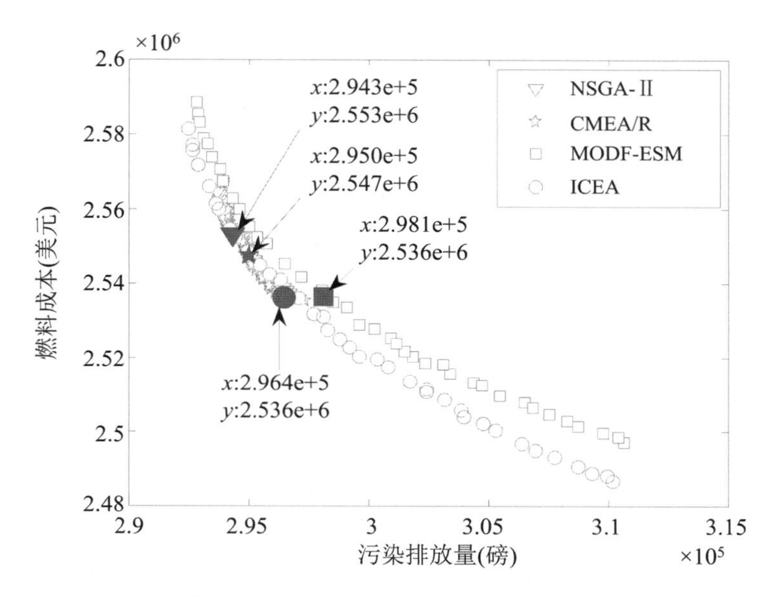

图7.4　最小IGD值所对应的Pareto前沿及模糊决策解

表7.2为各算法25次独立执行采用模糊最优决策方法所获得的污染排放和燃料成本统计值。其中，指标列的“污染排放最小”即为25次所获的Pareto解集中模糊决策污染排放最小情况下所对应的污染排放和燃料成本；“燃料成本最小”表示25次所获的Pareto解集中模糊决策燃料成本最小情况下所对应的污染排放及燃料成本；“IGD最小”表示25次执行中IGD最小所对应的Pareto解集的模糊决策所获得的污染排放及燃料成本。由表7.2知，对于以污染排放最小为指标的情形，ICEA所获的污染排放为2.9529e+5磅，比NSGA-Ⅱ和CMEA/R稍大；但ICEA对应的燃料成本仅为2.5428e+6美元，比NSGA-Ⅱ和CMEA/R均小。这表明所获的决策降低了成本但增大了污染排放量，而NSGA-Ⅱ和CMEA/R降低了污染排放量但增大了燃料成本。比较MODE-ESM与ICEA可知，ICEA的污染排放最小决策下对应的污染排放量及燃料成本均小于MODE-ESM，这表明以污染排放最小为目标，ICEA所获的最优决策优于MODE-ESM。对于以燃料成本最小为指标，ICEA的燃料成本均小于其他三算法，而对应的污染排放量比NSGA-Ⅱ和CMEA/R大、比MODE-ESM小。对于以IGD最小为指标的情形，ICEA的污染排放为2.9645e+5磅，比NSGA-Ⅱ和CMEA/R大、比MODE-ESM小；对应的燃料成本为2.5362e+6

美元，比 NSGA-Ⅱ和 CMEA/R 小、比 MODE-ESM 大。此表明，对于本书考虑的三种指标，ICEA 与 NSGA-Ⅱ和 CMEA/R 表现相当的性能，而 MODE-ESM 表现弱于其他三算法的性能，出现此现象的原因是由于NSGA-Ⅱ和 CMEA/R 所获的 Pareto 前沿局部区域收敛性较好，故其模糊决策解较优越，但其 Pareto 前沿延展性较差，这可由图 7.4 清楚地获知，NSGA-Ⅱ和 CMEA/R 仅能获得局部区域的 Pareto 前沿，而其他两算法能获得延展性较好的 Pareto 前沿。表 7.3 给出了 ICEA 的 IGD 最小目标下对应的各机组在 24 时段的出力(MW)及对应的污染排放和燃料成本。由表 7.3 获知，在 10～13 时段各机组的出力较大，这是由于这些时段负载较大，属于用电高峰期，故各机组都以较大输出满足负载要求。

表 7.2　25 次独立执行中在不同指标下的模糊决策目标值

算法	指标	污染排放(磅)	燃料成本(美元)
NSGA-Ⅱ	污染排放最小	2.9416e+005	2.5546e+006
	燃料成本最小	2.9547e+005	2.5424e+006
	IGD 最小	2.9430e+005	2.5530e+006
CMEA/R	污染排放最小	2.9478e+005	2.5572e+006
	燃料成本最小	2.9557e+005	2.5409e+006
	IGD 最小	2.9503e+005	2.5466e+006
MODE-ESM	污染排放最小	2.9652e+005	2.5456e+006
	燃料成本最小	3.0006e+005	2.5264e+006
	IGD 最小	2.9812e+005	2.5364e+006
ICEA	污染排放最小	2.9529e+005	2.5428e+006
	燃料成本最小	2.9878e+005	2.5242e+006
	IGD 最小	2.9645e+005	2.5362e+006

表 7.3　ICEA 的模糊决策解所对应的机组出力(MW)，以及对应的排放和成本[排放(磅) 2.9645e+5；成本(美元)2.5362e+6]

t	机组 1	机组 2	机组 3	机组 4	机组 5	机组 6	机组 7	机组 8	机组 9	机组 10
1	157.875	142.759	80.687	98.760	134.152	119.557	94.060	97.044	79.993	50.960
2	157.452	142.542	81.581	96.283	158.785	130.412	115.583	115.066	79.984	54.998
3	161.161	151.231	127.767	123.122	178.520	160	130	120	80	55
4	171.871	158.629	170.736	167.584	228.108	159.999	129.999	119.999	79.999	54.999

续表

t	机组 1	机组 2	机组 3	机组 4	机组 5	机组 6	机组 7	机组 8	机组 9	机组 10
5	175.167	189.919	178.362	189.451	242.880	159.880	129.760	119.880	79.880	54.880
6	208.310	238.307	223.277	219.349	243	160	130	120	80	55
7	224.195	234.672	253.509	255.588	243	160	130	120	80	55
8	244.069	256.778	278.787	267.652	243	160	130	120	80	55
9	286.556	315.507	304.950	300	243	160	130	120	80	55
10	328.698	344.901	340	300	243	160	130	120	80	55
11	379.185	386.750	340	300	243	160	130	120	80	55
12	403.675	410.853	340	300	243	160	130	120	80	55
13	370.760	357.774	340	300	243	160	130	120	80	55
14	307.025	313.942	286.333	300	243	160	130	120	80	55
15	252.551	261.481	264.278	269.129	243	160	130	120	80	55
16	181.761	193.725	205.886	228.829	243	160	130	120	80	55
17	187.523	161.142	188.777	194.506	243	160	130	120	80	55
18	199.783	228.142	229.379	231.617	243	160	130	120	80	55
19	240.022	270.427	261.886	275.044	243	160	130	120	80	55
20	313.000	337.852	309.481	299.004	243	160	130	120	80	55
21	314.590	315.093	303.288	274.499	242.999	159.999	129.999	119.999	80	55
22	236.562	235.244	224.099	225.095	216.893	159.929	129.978	119.976	79.995	49.785
23	161.416	158.967	147.562	178.703	176.224	159.999	130	120	80	55
24	160.055	145.637	114.030	129.675	146.506	131.796	130	120	80	51.891

7.5　小　　结

本章提出了一种免疫克隆与进化机制混合的免疫克隆进化算法(ICEA)求解电力系统动态环境经济调度(DEED)问题。该算法利用克隆选择机制的局部搜索能力对非支配可行群或当前进化群中的个体进行动态免疫选择,并采取自适应变异策略提高算法前期和后期的开采和探索能力,另外考虑到 DEED 问题包含大规模的强约束，采用不同的约束处理策略对等式和不等式约束进行处理，提高了可行个体的比率。数值仿真实验选取10机系统进行测试，并与同类算法展开比较分析，结果表明ICEA相对于其他算法求解DEED问题时具有一定的优势。但本章未将ICEA与其他类型的启发式算法展开比较，这将是需进一步加强的研究工作。

参 考 文 献

[1] 朱永胜，王杰，瞿博阳，等. 含风电场的多目标动态环境经济调度[J]. 电网技术，2015，39(5):1315-1322.

[2] Nwulu N I，Xia X. Multi-objective dynamic economic emission dispatch of electric power generation integrated with game theory based demand response programs[J]. Energy Conversion & Management，2015，89:963-974.

[3] Yang L，Fraga E S，Papageorgiou L G. Mathematical programming formulations for non-smooth and non-convex electricity dispatch problems[J]. Electric Power Systems Research，2013，95(1):302-308.

[4] Zhu T，Luo W，Bu C，et al. Accelerate population-based stochastic search algorithms with memory for optima tracking on dynamic power systems[J]. IEEE Transactions on Power Systems，2015，31(1):268-277.

[5] 罗中良. 经济调度问题的混合蚁群算法及序列二次规划法解[J]. 计算机应用研究，2007，24(6):112-114.

[6] Ciornei I，Kyriakides E. Recent methodologies and approaches for the economic dispatch of generation in power systems[J]. International Transactions on Electrical Energy Systems，2013，23(7):1002-1027.

[7] Basu M. Dynamic economic emission dispatch using nondominated sorting genetic algorithm-Ⅱ[J]. International Journal of Electrical Power & Energy Systems，2008，30(2):140-149.

[8] Basu M. Multi-objective differential evolution for dynamic economic emission dispatch[J]. International Journal of Emerging Electric Power Systems，2014，15(2):141-150.

[9] Qu B Y，Liang J J，Zhu Y S，et al. Solving dynamic economic emission dispatch problem considering wind power by multi-objective differential evolution with ensemble of selection method[J]. Natural Computing，2017:1-9.

[10] 钱淑渠，武慧虹，徐国峰. 基于修补策略的约束多目标动态环境经济调度优化算法[J]. 计算机应用，2015，35(8):2249-2255.

[11] 左万利，韩佳育，刘露，等. 基于人工免疫算法的增量式用户兴趣挖掘[J]. 计算机科学，2015，42(5):34-41.

[12] 翁振星，石立宝，徐政，等. 计及风电成本的电力系统动态经济调度[J]. 中国电机工程学报，2014，34(4):514-523.

[13] 李丹，高立群，王珂，等. 电力系统机组组合问题的动态双种群粒子群算法[J]. 计算机应用，

2008，28(1)：104-107.

[14] Deb K，Agrawai R B. Simulated binary crossover for continuous search space[J]. Complex Systems，1994，9(3):115-148.

[15] Deb K，Pratap A，Agarwal S，et al. A fast and elitist multiobjective genetic algorithm：NSGA-Ⅱ[J]. IEEE Transactions on Evolutionary Computation，2002，6(2):182-197.

第8章　精英克隆局部搜索的多目标动态环境经济调度差分进化算法

为有效解决复杂多目标DEED问题，本章提出一种基于精英克隆局部搜索的多目标动态环境经济调度差分进化算法。以传统的差分进化（differential evolution，DE）算法为框架，为了提高DE算法的开采和探索能力，增设精英群的克隆和突变机制，采用动态选择方式确定精英群，有效增强算法的全局搜索能力。数值试验以IEEE-30的10机、15机系统为测试实例，并将提出的算法与三种代表性算法比较。结果表明，新算法所获的Pareto最优前沿具有较好的收敛性和延展性，可为电力系统调度人员提供更灵活的决策方案。

8.1　引　　言

动态经济调度（dynamic economic dispatch，DED）是一类复杂的实时优化问题，其目标是寻优发电系统各机组各时段的出力，使得调度周期内系统运行成本最小[1]。实际运行中为了保持功率需求平衡，发电机组的蒸汽轮机需频繁启停，由此产生阀点效应成本，这使得目标函数具有高度的非线性，且含多个局部最优解，增大了全局寻优的难度[2]。然而，随着社会的发展，环境污染越来越受到政府的重视，许多研究将污染排放作为DED的另一目标，由此产生动态环境经济调度（DEED）模型[3]，DEED是一类复杂的约束优化，燃料成本和污染排放为两个极小化目标，降低任一目标必将增大另一目标。算法不仅要搜索可行域，且需寻找互为冲突的折中解，在多目标优化中称为Pareto解（PS），这些PS映射到目标空间构成Pareto最优前沿（PF）。

许多数学优化方法已应用于DEED优化，包括动态规划、梯度法和Lagrange法等[4]。但这些方法难于处理目标函数的非凸性和非可微性。因此，很多学者提出启发式随机搜索算法[5]，包括遗传算法、差分进化（DE）、克隆选择算法以及多种搜索技术的混杂等[6]。这些算法的优点是不依赖于初始点和目标函数的性态，并能一次获得多个PS供决策者作出决策；但由于DEED模型的多目标、大规模约束和高维性，现有算法求解该问题易陷入局部搜索且解的约束违背度高。

为了更好地解决 DEED 问题，本章提出一种基于精英克隆局部搜索的多目标动态环境经济调度差分进化算法(multiobjective differential evolution algorithm based on elites cloning local search, MODEECLS)，MODEECLS 以传统 DE 算法为基本框架，对精英个体实行克隆和超突变，增强新算法的局部搜索和开采效力，提高解决含多局部最优解问题的能力，并提出一种动态选择种群机制，提高算法应对大规模约束处理能力。以 10 机和 15 机系统为例，测试分析 MODEECLS 的有效性及所获 PS 的质量，并与三种代表性的算法比较，验证了 MODEECLS 的优越性。

8.2 问题描述

考虑时间周期 24 h，设 1 h 为一个时段，机组数为 U。DEED 的目标是在满足各约束下确定 U 台机组在 T 时段内的最优出力 $\boldsymbol{p}$，使得燃料成本及污染排放尽可能小。设 $p_{t,i}$ 为 t 时段机组 i 的有功出力(MW)，则其决策向量(周期 T 内各机组的出力)可表示为

$$\boldsymbol{p}=(\underbrace{p_{1,1},p_{1,2},\cdots,p_{1,U}}_{t=1},\underbrace{p_{2,1},p_{2,2},\cdots,p_{2,U}}_{t=2},\cdots,\underbrace{p_{T,1},p_{T,2},\cdots,p_{T,U}}_{t=T}) \tag{8.1}$$

其数学模型可描述为：

目标函数 1：燃料成本

$$f_1(\boldsymbol{p})=\sum_{t=1}^{T}\sum_{i=1}^{U}[f_c(p_{t,i})+f_v(p_{t,i})] \tag{8.2}$$

式中，$f_c(p_{t,i})$为常规机组的煤耗成本[7]，这里 $f_c(p_{t,i})=a_i+b_ip_{t,i}+c_i\,(p_{t,i})^2$，下标 t 和 i 分别表示时段和机组标号，a_i，b_i，c_i 为机组 i 耗煤成本函数的系数；$f_v(p_{t,i})$为汽轮机需要的阀点效应成本，$f_v(p_{t,i})=|d_i\sin[e_i(p_i^{\min}-p_{t,i})]|$，其中 $p_i^{\min}$ 为机组 i 的出力下限，系数 e_i，d_i 为机组 i 的阀点特征参数。

目标函数 2：污染排放

$$f_2(\boldsymbol{p})=\sum_{t=1}^{T}\sum_{i=1}^{U}[\alpha_i+\beta_ip_{t,i}+\gamma_ip_{t,i}^2+\eta_i\exp(\delta_ip_{t,i})] \tag{8.3}$$

式中，α_i，β_i，γ_i，η_i，δ_i 表示机组 i 的排放系数。

约束条件 1：有功功率平衡方程

$$\sum_{i=1}^{U}p_{t,i}-PL_t-PD_t=0\quad(t=1,2,\cdots,T) \tag{8.4}$$

式中，$PL_t=\sum_{i=1}^{U-1}\sum_{j=1}^{U-1}p_{t,i}B_{ij}p_{t,j}+2p_{t,U}\left(\sum_{i=1}^{U-1}B_{Ui}p_{t,i}\right)+B_{UU}p_{t,U}^2$，其中 B_{ij} 为网损系数矩阵 $\boldsymbol{B}$ 第 i 行第 j 列元素，B_{i0} 为网损向量 $\boldsymbol{B}_0$ 的第 i 元素，B_{00} 为网损常数；PD_t 为 t 时段负荷需求。

约束条件 2:各时段的出力限制

$$p_i^{\min} \leqslant p_{t,i} \leqslant p_i^{\max} \quad (t=1,2,\cdots,T;i=1,2,\cdots,U) \tag{8.5}$$

式中,$p_i^{\min}$ 和 $p_i^{\max}$ 分别为机组 i 的出力下限和上限。

约束条件 3:发电机的向上和向下爬坡率

$$\begin{cases} p_{t,i}-p_{t-1,i} \leqslant UR_i, p_{t,i} > p_{t-1,i} & (t=2,3,\cdots,T;i=1,2,\cdots,U) \\ p_{t-1,i}-p_{t,i} \leqslant DR_i, p_{t,i} < p_{t-1,i} & (t=2,3,\cdots,T;i=1,2,\cdots,U) \end{cases} \tag{8.6}$$

式中,UR_i 和DR_i 分别为机组 i 在相邻的时段出力容许的最大上升值和最大下降值。

该模型的目标函数具有非线性,并含多个局部最优解;决策变量维数为 $U\times T$ 维,约束条件 2 是决策向量中各变量的上下界,约束条件 1 包含 T 个等式约束,约束条件 3 包含 $2(T-1)\times U$ 个不等式约束。

8.3 动态环境经济调度算法

由于 DEED 模型来源于实际,故受众多学者的关注,出现了许多启发式随机搜索算法,但由于其优化难度极大,仅依靠独立随机算子不能获得理想的 PF。然而,启发式随机算子与其他优化技术的结合为解决 DEED 问题提供了新的思路,这正是本章的研究动机。本部分主要评述这类算法对 DEED 问题的应用,关于其他类算法可参考文献[8]。

近来,学者们已发展了多种混杂算法。Elaiw 等[9]以 DE 和粒子群(PSO)为全局搜索算法,将序列二次规划(sequential quadratic programming, SQP)[10]作为局部搜索,提出混杂的单目标 DE-SQP 和 PSO-SQP,采用权重方法将多目标 DEED 问题转化为单目标问题,以罚函数法处理约束。Zhang 等[11]将模拟退火和熵多样性技术与 DE 结合提出混杂 DE 算法(multi-objective hybrid DE with simulated annealing technique, MOHDE-SAT),为了提高初始群的多样性,以正交化方法产生初始群,通过存档精英保存策略提高收敛性,利用模拟退火交叉技术增强全局搜索能力,提出粗调整和精调整两步法修补非可行个体,采用模糊决策方法(fuzzy decision method, FDM)获取最好的折中解(best compromise solution, BCS)。Roy 等[12]提出混杂化学响应 DE 算法,化学响应用于提高解的质量和加速收敛速度,通过两个 DEED 测试例子表明了新算法的有效性。Mason 等[13]提出差分进化的多目标神经网络方法(multi-objective neural network trained with DE, MONNDE),网络以连续两个状态的功率需求及适应度为输入,DE 用于寻优网络的拓扑结构及连接权值,在优化的拓扑结构及权值下通过网络训练输出机组的出力。以 5 机、10 机和 15 机系统验证了新算法的有效性。Shen 等[14]提出有效适应度 DE 算法,采用存档集保存当前及以前群,为算法提供更多的候选解,根据进化群的相似性自适应执行 DE/rand/1 或

DE/best/1，并提出随机变异因子和交叉学习率以产生高质量的解，采用 4 个基本的 DEED 实例验证了算法的有效性。Zhu 等[15]提出一种改进的分解进化算法（improved multiobjective evolutionary algorithm based on decomposition with constraints handling，IMOEA/D-CH），采用实时启发式约束调整方法和自适应阈值惩罚机制处理约束，并设计控制技术避免算法偏向某一目标而过度搜索。通过 6 机、10 机和 14 机系统验证新算法的有效性，并采用 FDM 得到 BCS。闫莺等[16]为解决 DEED 问题，设计多学习策略和小概率变异策略，增强鸽群的多样性，提出改进的鸽群算法，但该算法未对更高维 DEED 模型进行验证。张大等[17]利用物理学中分子间相互作用的势能改进 DE 中的变异机制，提出改进的 DE 算法求解大规模含风电的 DEED 模型，然而该算法在解决包含 10 台火电机和 100 台 1 MW 的风机构成的发电系统时需要 5000 次迭代，算法耗时较长。

8.4　MODEECLS 算法

8.4.1　差分进化

DE 由 Storn 和 Price 提出[18]，主要包括变异、交叉和选择。由于其结构简单、参数少，已得到广泛应用。各算子描述如下：

(1) 变异

DE 的变异方式有 6 种[19]，分别记为 DE/rand/1，DE/rand/2，DE/best/1，DE/best/2，DE/rand-to-best/1，DE/current-to-best/1，其中 DE/rand/1 为常用的变异方式。具体为设第 g 代第 i 个体记为 $\boldsymbol{x}_i^g=(x_{i,1}^g,x_{i,2}^g,\cdots,x_{i,n}^g)$，计算式为

$$\boldsymbol{v}_i^g = \boldsymbol{x}_{r_1}^g + F(\boldsymbol{x}_{r_2}^g - \boldsymbol{x}_{r_3}^g) \tag{8.7}$$

式中，r_1,r_2,r_3 为不同个体标号，x_{best} 为当前群中最好个体，F 为压缩因子。

(2) 交叉

变异产生的个体 $\boldsymbol{v}_i^g$ 经交叉变为 $\boldsymbol{u}_i^g$，计算式为

$$u_{ij}^g = \begin{cases} v_{ij}^g, & (\text{rand} \leqslant CR \text{ 或 } j = \text{jrand}) \\ x_{ij}^g & (\text{其他}) \end{cases} \tag{8.8}$$

式中，rand 为[0,1]间的随机数，CR 为交叉概率，jrand 为[1,n]间的随机整数，u_{ij}^g，x_{ij}^g 和 v_{ij}^g 分别为个体 $\boldsymbol{u}_i^g$，$\boldsymbol{x}_i^g$ 和 $\boldsymbol{v}_i^g$ 的第 j 元素。

(3) 选择

父体 x_i^g 经变异、交叉后产生的 $\boldsymbol{u}_i^g$，经选择产生下一代个体 $\boldsymbol{x}_i^{g+1}$，计算式为

$$\boldsymbol{x}_i^{g+1} = \begin{cases} \boldsymbol{u}_i^g & (\text{fit}(\boldsymbol{u}_i^g) > \text{fit}(\boldsymbol{x}_i^g)) \\ \boldsymbol{x}_i^g & (\text{其他}) \end{cases} \tag{8.9}$$

式中,fit(·)表示个体的适应度。

8.4.2 MODEECLS 算法步骤及流程

结合 DEED,定义个体 $\boldsymbol{p}$ 的约束违背度

$$v(\boldsymbol{p}) = \sum_{i=1}^{n}\left\{\left[\sum_{t=2}^{T}\left[\max(|p_{t,i}-p_{t-1,i}|-UR_i,0)\right]^2 + \left[\max\left(\left|\sum_{t=1}^{T}p_{t,i}-PL_t-PD_t\right|-\varepsilon,0\right)\right]^2\right]\right\}$$

式中,$\varepsilon=0.001$ 为给定的阈值。$v(\boldsymbol{p})=0$ 表示 $\boldsymbol{p}$ 是可行的,否则为非可行的。

MODEECLS 以 DE 为基本框架,每一个体对应 DEED 问题的一个候选解。主要算子设计将在后面的部分详细介绍,算法流程如图 8.1 所示。

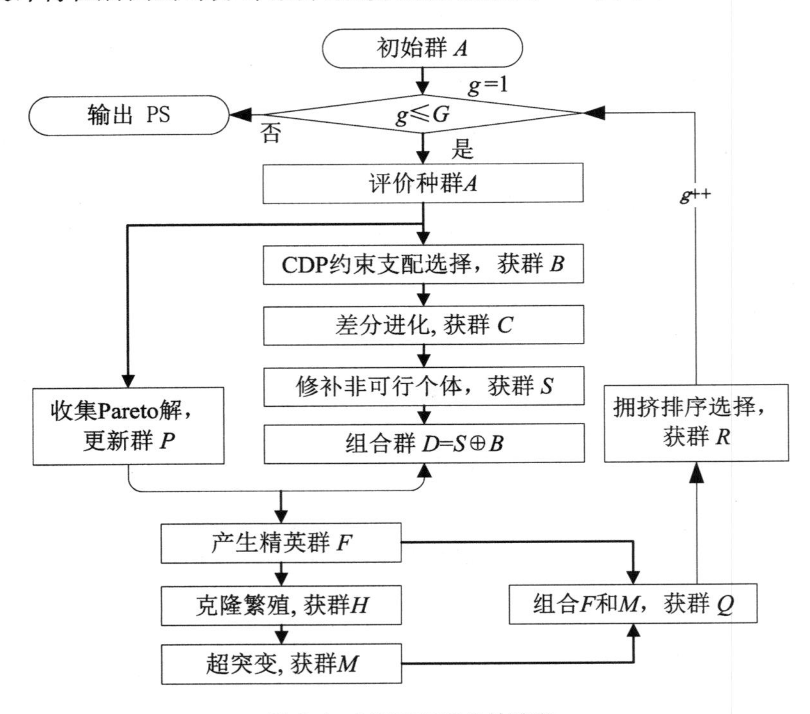

图 8.1　MODEECLS 的流程

其步骤描述如下:

步骤 1:产生规模为 N 的初始种群 A,个体按式(8.1)方式进行编码,置初始迭代数 $g=1$。

步骤 2:判断 $g\leqslant G$ 是否成立。若是,转入步骤 3;否则,输出 PS 集。

步骤 3:评价种群 A,计算个体的目标及约束违背度。

步骤 4:对 A 中可行个体进行非支配排序,所有非支配个体构成当前代 Pareto 解集,更新群 P。

步骤 5:对 A 施行 CDP 约束支配选择,获规模为 $N/2$ 的群 B。

步骤6:群B经差分进化,获群C。

步骤7:群C中非可行个体经修补,获新群S。

步骤8:组合群B和S,并删除相同个体,获群D。

步骤9:由群P和D产生精英群F。

步骤10:群F经克隆繁殖,获群H。

步骤11:群H经超突变,获群M。

步骤12:F与M组合,获群Q。

步骤13:Q施行拥挤排序选择,获新一代群R。

步骤14:置$A \leftarrow R, g \leftarrow g+1$,转入步骤2。

评注　(1) 步骤8将群B与S组合,目的是最优保存,避免精英个体的丢失。由于组合后的种群规模增大,为减小种群规模增大而增大计算开销,故在步骤5中将种群B的规模设定为$N/2$,使得步骤8中生成的群D规模不超过N。

(2) 步骤9中群P和D经动态选择产生精英群F,并设定F的规模为$N/2$,这是为了控制步骤10中克隆群的规模,以保证克隆后群H规模不超过N。

(3) 图8.1中$S \oplus B$意指删除组合群中相同个体后构成的新群。

8.4.3　算子设计

1. 个体编码

约束条件(式8.5)给出了各机组的出力上下限,由于不同时段各机组的出力上下限相同,故对于包含U台机组的发电系统,个体$\boldsymbol{p}=(p_{1,1}, p_{1,2}, \cdots, p_{T,U})$中的

$$p_{t,i} = p_i^{\min} + (p_i^{\max} - p_i^{\min}) \times \mathrm{rand}$$

2. CDP约束支配选择

记$\boldsymbol{x}$和$\boldsymbol{y}$为两个个体,称$\boldsymbol{x}$约束支配$\boldsymbol{y}$(记为:$\boldsymbol{x} \prec_c \boldsymbol{y}$),若满足下列条件之一:

(1) 若$\boldsymbol{x}$和$\boldsymbol{y}$均为可行个体,且$\boldsymbol{x}$支配$\boldsymbol{y}$;

(2) 若$\boldsymbol{x}$为可行个体,$\boldsymbol{y}$为非可行个体;

(3) 若$\boldsymbol{x}$和$\boldsymbol{y}$均为非可行的,且$\boldsymbol{x}$违背度小于$\boldsymbol{y}$。

根据约束支配关系的定义,则CDP约束支配选择如下:随机选取A中两个不同个体,记为$\boldsymbol{x}$和$\boldsymbol{y}$。若$\boldsymbol{x} \prec_c \boldsymbol{y}$,则$\boldsymbol{x}$被选择;否则,$\boldsymbol{y}$被选择。经过$N/2$次上述选择操作,获规模为$N/2$的群$B$。

3. 差分进化

群B中的个体(设为$\boldsymbol{x}_i^g$)经式(8.7)突变和式(8.8)交叉产生$\boldsymbol{u}_i^g$。由于传统DE适用单目标优化,而对于多目标优化,采用CDP约束支配关系比较,以产生下一代个体$\boldsymbol{x}_i^{g+1}$,计算式为

$$\boldsymbol{x}_i^{g+1} = \begin{cases} \boldsymbol{u}_i^g & (\boldsymbol{u}_i^g \prec_c \boldsymbol{x}_i^g) \\ \boldsymbol{x}_i^g & (\text{其他}) \end{cases}$$

其中,$\prec_c$表示CDP约束支配关系。

4. 非可行个体修补

DEED 问题包含大量的功率平衡等式和爬坡率不等式约束，已有算法所获的解违背度较大，进化种群中可行个体少。因此，为了增大可行个体数，设计非可行个体修补策略能有效提高收敛速度。在每代，对于非可行个体 $\boldsymbol{p}$ 采用两阶段法进行修补。

(1) 第一阶段：爬坡率不等式约束处理

对于 $t(t=1,2,\cdots,T)$ 时段机组 i 出力的下界 $p_i^{\min}$ 和上界 $p_i^{\max}$ 按如下方式调整：

$$p_i^{\min}=\begin{cases}p_i^{\min} & (t=1)\\ \max\{p_i^{\min},p_{t,i}-DR_i\} & (\text{其他})\end{cases} \tag{8.10}$$

$$p_i^{\max}=\begin{cases}p_i^{\max} & (t=1)\\ \min\{p_i^{\max},p_{t-1,i}+UR_i\} & (\text{其他})\end{cases} \tag{8.11}$$

式(8.10)和(8.11)分别给出了机组 i 出力的下界和上界调整策略，该策略将爬坡率约束嵌入到机组出力的上下界，只要各维变量不超越调整后的上下界，即可保证个体既满足原上下界约束又满足爬坡率约束。对于调整后的超限情况的调整方式为

$$p_{t,i}=\begin{cases}p_i^{\min} & (p_{t,i}<p_i^{\min})\\ p_i^{\max} & (p_{t,i}>p_i^{\max})\\ p_{t,i} & (\text{其他})\end{cases} \tag{8.12}$$

(2) 第二阶段：功率平衡等式约束处理

给定阈值 $\varepsilon=0.001$ 及最大修补次数 L，对于 $t(t=1,2,\cdots,T)$ 时段机组 i 的各变量按如下步骤进行修补。

步骤 1：设置初始修补次数 $l=1$。

步骤 2：计算功率平衡约束违背度 $\Delta p_t=PD_t+PL_t-\sum_{t=1}^{N}p_{t,i}$，若$(|\Delta p_t|>\varepsilon)\wedge(l<L)$，则转入步骤 3，否则停止。

步骤 3：机组 $i(1\leqslant i\leqslant N)$ 的出力修补为

$$p_{t,i}=p_{t,i}+\frac{\Delta p_t}{N}$$

步骤 4：若修补后的出力 $p_{t,i}$ 超限，则按式(8.12)调整；否则令 $l\leftarrow l+1$，转入步骤步骤 2。

5. 精英克隆和超突变

由于 DEED 问题的强约束性，算法在进化初始阶段非可行个体占住整个空间，致使易于陷入局部搜索且可行个体非常少。为了突破该难点，MODEECLS 采取精英克隆和超突变策略。在初始阶段，P 群中 PS 数目非常少，将其作为精英群 F，很大程度影响算法的开采能力，故 MODEECLS 采用动态方式确定精英群 F，具体为：当 P 群中 PS 的数目超过 $N/2$，则从 P 群中随机选取 $N/2$ 个个体作为精英群 F；否

则，从当前群 D 中随机选取 $N/2$ 个体作为精英群 F。确定 F 后对其执行克隆繁殖，每一个体的克隆数为 2，经克隆后的群 H 包含 N 个个体；再对 N 个体执行超突变。设被突变个体 $\boldsymbol{p}=(p_1,p_2,\cdots,p_n)$，则各变量以概率 1 进行突变，计算式为

$$p_j = p_j + \delta(p_j^{\max} - p_j^{\min})$$

式中

$$\delta=\begin{cases}[2r+(1-2r)(1-\alpha)^{(\eta+1)}]^{\frac{1}{\eta+1}}-1 & (r\leqslant 0.5)\\ 1-[2(1-r)+2(r-0.5)(1-\alpha)^{\eta+1}]^{\frac{1}{\eta+1}} & (其他)\end{cases}$$

其中，η 为变异系数，$\eta=20$；$\alpha=\dfrac{\min\{p_j-p_j^{\min},p_j^{\max}-p_j\}}{p_j^{\max}-p_j^{\min}}$；$r$ 为[0,1]间均匀分布的随机数。

6. 拥挤排序选择

图 8.1 组合群 Q 中个体数超过 N。为了从 Q 中选取 N 个优秀个体，对 Q 进行 CDP 约束支配排序[6]，序值为 1 的非支配个体（DEED 问题的 Pareto 解）构成集合 F_1，序值越大，其质量越差。经排序后按算法 8.1 选取 N 个个体构成下一代种群 R。

算法 8.1　拥挤排序选择

1. $R=\varnothing$
2. for $i=1:N$
3. $R=r\cup F_i$
4. 　if $|R|>N/2$ then
5. 　　$k=\dfrac{N}{2}-|R-F_i|$
6. 　　$(p_1,p_2,\cdots,p_k,\cdots)=crowdingDisSort(F_i)$
7. 　　$R=(R-F_i)\cup\{p_1,p_2,\cdots,p_k\}$
8. 　　break
9. 　end if
10. end for

注：$|\cdot|$ 表示种群中个体的数目；$crowdingDisSort(F_i)$ 表示对 F_i 按拥挤距离从大到小排序。

8.5　数值仿真试验

8.5.1　试验设计

（1）测试问题

常用 DEED 测试实例为 5，10 机系统，本书为了提高测试实例难度，选取 10，15

机系统,模型参数可参考文献[13]。

(2) 测试算法

为了验证 MODEECLS 的有效性,选取代表性的 MOHDE-SAT,MONNDE 及 IMOEA/D-CH 作为比较算法。其中,MOHDE-SAT 是将模拟退火和熵多样性技术与 DE 混合,采用粗调整和精调整两步法对非可行个体进行修补;MONNDE 是多目标神经网络算法,DE 用于优化网络的权重和拓扑结构;IMOEA/D-CH 是由 MOEA/D 改进的,采用实时启发式约束调整方法和自适应阈值惩罚机制处理约束。所有算法的种群规模为 40,目标评价数达到 80000 时停机。MODEECLS 的最大修补次数 $L=10$,DE 中的 F 为[0,2]间的随机数,CR 为[0.75,1.0]间的随机数。

(3) 评价准则

为了从多角度评价算法的性能,选择收敛性指标 IGD、超体积 HV 及覆盖范围 SP 作为评价准则[20]。在试验仿真分析中,为了减少随机性对性能评价的影响,各算法对每个测试问题独立执行 25 次,对所获的 Pareto 解计算上述各评价指标的平均值进行统计分析。

8.5.2 结果比较及分析

为了计算 IGD 值,需要真实 PF,以获得均匀分布的参考点,然而 DEED 问题真实 PF 未知,在此采取如下方法产生参考点:对于给定的测试问题,首先,各算法独立执行 25 次,由所获的 Pareto 解组合成较大的解集;其次,对新解集进行非支配排序,将排序后的非支配点近似为真实 PF;然后,从近似的 PF 上均匀选取一定数目的点,对这些点进行多项式插值获插值曲线;最后,在曲线上选取均匀分布的点作为参考点,如图 8.2 所示。计算 HV 时,对 10 机系统选取(3.2×10^5,2.6×10^6)作为目标参考点,对于 15 机系统选取点(5.5×10^5,7.25×10^5),该点是各算法 25 次独立执行所获的最大排放和最大成本。图 8.2 给出了四算法对 10 机系统所获的全部 PF,由各图比较可知,MODEECLS(图 8.2(d))所有的 PF 均保持较好的收敛性,每次所获得 PF 上的点分布较均匀,且具有较好的延展性,凸显了该算法解决 DEED 问题的优越性能。IMOEA/D-CH(图 8.2(c))所得的 PF 分布性较均匀,然而收敛性相对于 MODEECLS 差,PF 偏向排放目标方向,远离成本目标,且多数次执行所获得的 PF 非常远离参考点,说明该算法稳定性较差,易于陷入局部搜索。MOHDE-SAT(图 8.2(b))在多次执行中收敛性、延展性和 PF 的分布性均表现较差;MONNDE 表现出一定的收敛性和稳定性,然而其延展性非常差,仅能获取部分 PF,表明该算法的开采能力差,易于陷入局部搜索。由上述分析获知,MODEECLS 表现较好的整体优化效果,这主要是由于精英个体的克隆繁殖和超突变,有效地提高了算法对 Pareto 最优前沿的局部开采和探索能力,多样性的增加使得算法通过局部探索以达到全局搜索的能力。图 8.3 给出四算法对 10 机系统独立执行 25 次所获 IGD 和 HV 的统计盒图。由图 8.3 可知,MODEECLS 所获的 IGD 统计值最好(最小),HV 值最好

(最大),其次为 IMOEA/D-CH,而 MOHDE-SAT 表现最差。

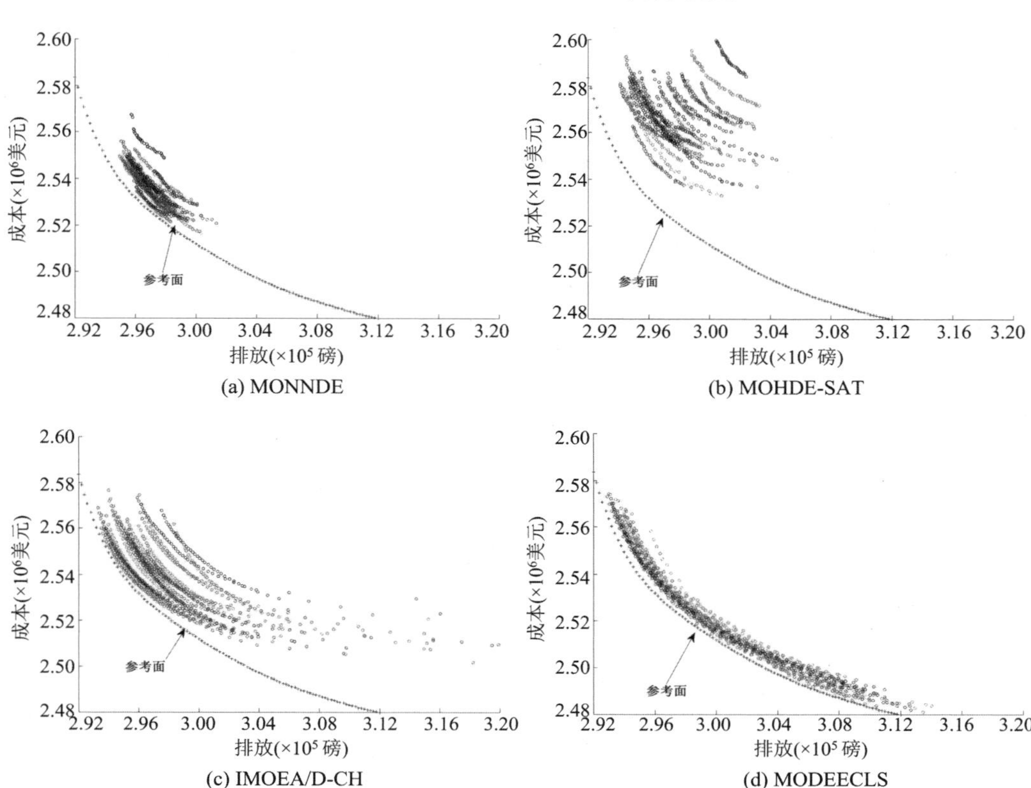

图 8.2　四算法对 10 机系统独立执行 25 次所获的所有 PF

图 8.2 和图 8.3 从可视化角度比较了算法的优越性,表 8.1 给出了四算法对 10 机系统独立执行 25 次所获的 IGD,HV 及 SP 指标的均值和方差。分析表 8.1 可知,MODEECLS 获得的 IGD 均值最小、HV 均值最大,这充分表明了 MODEECLS 所获 PF 具有最好的收敛性和分布性,由 SD 最小表明该算法每次独立执行的优化性能最稳定。从数值上比较发现,MODEECLS 的 SP 指标劣于 IMOEA/D-CH的,原因可由图 8.2(c)获知,IMOEA/D-CH 所获的 PF 在排放和成本目标方向显示出较大的延展性,但其与近似 PF 偏离非常大,由此引起 SP 指标非常大。

表 8.1　四算法对 10 机系统独立执行 25 次所获各评价指标均值和方差

算法	IGD		HV		SP	
	均值/10^4	方差/10^{-4}	均值/10^9	方差/10^{-8}	均值/10^{-2}	方差/10^{-2}
MONNDE	2.479	0.439	1.733	1.367	2.624	0.717
MOHDE-SAT	4.679	1.099	1.036	2.924	3.669	1.133
IMOEA/D-CH	1.544	0.407	1.951	1.947	**16.328**	**4.700**
MODEECLS	**0.316**	**0.094**	**2.475**	**0.575**	7.659	1.047

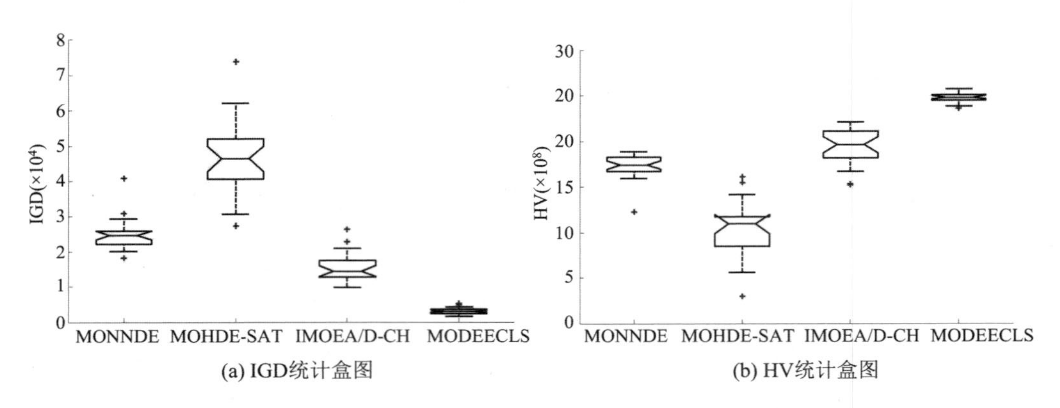

图 8.3　四算法对 10 机系统独立执行 25 次所获 IGD 和 HV 的统计盒图

为了评价算法对复杂性更高的 DEED 问题的优化能力，类似于 10 机系统，各算法对 15 机系统独立执行 25 次所获的 PF 如图 8.4 所示。由图 8.4 可知，相对于 10 机系统结果，MODEECLS 所获的 PF 表现出更好的收敛性和分布均匀性；IMOEA/D-CH 所获的 PF 分布具有一定的均匀性，但其收敛性较差，且表现不稳定性；MONNDE 和 MOHDE-SAT 表现更差的优化效果。表 8.2 同样给出了四算法所获

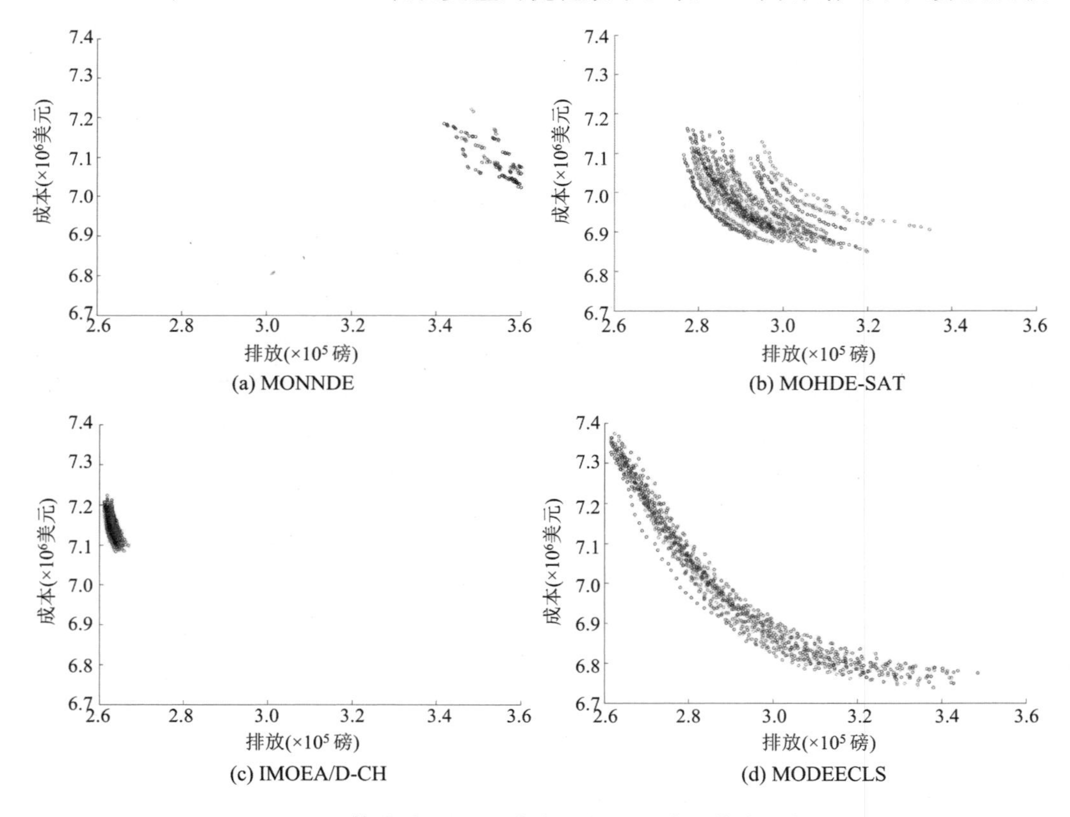

图 8.4　四算法对 15 机系统独立执行 25 次所获的所有 PF

各评价指标的均值和方差。观察表8.2可知，与其他算法相比，MODEECLS获得最小的IGD均值和最大的HV均值，对于本测试例子，MODEECLS表现出最好（最大）的SP均值，表明随着机组数量增大（问题难度增大），MODEECLS反而表现更好的SP统计性能，这表明MODEECLS受问题难度影响较小。

表8.2　四算法对15机系统独立执行25次所获各评价指标均值和方差(SD)

算法	IGD		HV		SP	
	均值/10^{-4}	方差/10^{-4}	均值/10^{-9}	方差/10^{9}	均值/10^{-2}	方差/10^{-2}
MONNDE	8.413	2.756	3.800	1.012	4.277	2.996
MOHDE-SAT	1.743	0.209	9.441	0.586	4.775	0.872
IMOEA/D-CH	4.351	0.102	4.126	0409	2.215	0.735
MODEECLS	0.506	0.131	12.436	0.453	8.104	1.408

图8.5给出了各算法对10机、15机系统执行25次所获最小IGD情形下的PF，并采FDM给出各PF上的最好折中解（BCS）[6]。由图8.5(a)和(b)获知，MODEECLS所获的PF具有更好的分布均匀性，且延展性非常好，这表明MODEECLS具有较好的全局搜索性能。对于每个PF上的BCS，以图8.5(a)的10机系统为例，MONNDE的排放（2.983×10^5磅）比MODEECLS的（2.991×10^5磅）低0.27%，而MONNDE的成本（2.527×10^6美元）比MODEECLS的（2.519×10^6美元）却高0.32%。MOHDE-SAT的排放（2.975×10^5磅）比MODEECLS的（2.991×10^5磅）低0.54%，而MOHDE-SAT的成本（2.544×10^6美元）比MODEECLS的（2.519×10^6美元）却高0.98%。IMOEA/D-CH的成本（2.511×10^6美元）比MODEECLS的（2.519×10^6美元）低0.32%，而IMOEA/D-CH的排放（3.028×10^5磅）比MODEECLS的（2.991×10^5磅）却高1.22%。对于15机系统也有类似的结论，在此需要强调的是图8.5(b)中IMOEA/D-CH所获的PS虽能支配MODEECLS的部分PS，但IMOEA/D-CH只能获得非常窄的PS。整体上观察，MODEECLS具有比其他算法更好的优化性能。对10机系统各算法所获的BCS的对应出力见表8.3～8.6。由表8.3～8.6可以看出机组5～10在各时段基本以最大功率运行，而机组1～4根据不同时段负载需求而作适当调整。

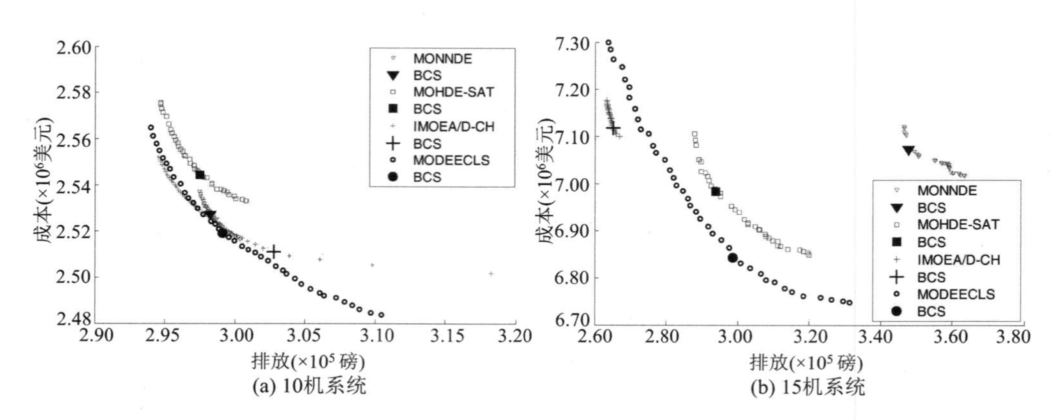

(a) 10机系统　(b) 15机系统

图 8.5　各算法对不同系统执行 25 次所获最小 IGD 情形下的 PF 及对应的 BCS

表 8.3　MONNDE 的 BCS 对应的各机组在 24 个时段的出力

t	机组 1	机组 2	机组 3	机组 4	机组 5	机组 6	机组 7	机组 8	机组 9	机组 10
1	150.50	135.57	108.73	116.20	123.14	121.52	86.16	88.63	77.54	47.62
2	150.03	135.10	104.76	117.31	159.95	131.61	94.13	114.39	79.29	45.85
3	151.26	141.30	146.04	133.14	188.54	152.56	120.40	119.27	80.00	54.07
4	159.16	144.57	186.90	181.54	224.67	159.88	129.98	119.95	79.99	54.99
5	167.97	207.68	182.54	173.96	243.00	160.00	130.00	120.00	80.00	55.00
6	226.35	223.97	219.72	219.26	243.00	160.00	130.00	120.00	80.00	55.00
7	238.03	240.96	238.63	250.87	242.87	159.94	129.98	119.96	79.98	54.94
8	252.38	242.61	268.26	283.95	243.00	160.00	130.00	120.00	80.00	55.00
9	301.56	304.47	301.01	300.00	243.00	160.00	130.00	120.00	80.00	55.00
10	326.22	349.48	337.87	300.00	243.00	160.00	130.00	120.00	80.00	55.00
11	350.71	415.20	340.00	299.95	243.00	160.00	130.00	120.00	80.00	55.00
12	384.17	430.34	339.99	300.00	243.00	159.99	130.00	119.99	79.99	54.99
13	349.16	379.86	339.92	299.96	242.93	159.98	129.97	119.84	79.99	54.84
14	303.01	308.39	295.83	299.97	243.00	159.98	130.00	119.99	79.99	54.98
15	230.72	288.96	271.47	256.49	242.97	159.97	129.97	119.97	79.97	55.00
16	190.75	222.53	198.85	213.50	227.99	160.00	129.98	119.98	79.98	54.99
17	162.66	216.08	191.59	181.32	223.95	160.00	129.55	120.00	80.00	55.00
18	223.11	223.88	225.44	217.38	242.87	159.96	129.83	119.97	79.86	54.96

续表

t	机组 1	机组 2	机组 3	机组 4	机组 5	机组 6	机组 7	机组 8	机组 9	机组 10
19	239.38	273.50	271.15	263.58	242.99	159.99	129.96	119.86	79.99	54.99
20	308.34	318.67	333.19	299.79	242.95	159.79	129.58	119.97	79.74	54.96
21	308.43	310.02	314.99	273.85	242.99	160.00	130.00	120.00	80.00	55.00
22	229.80	230.62	238.08	224.89	226.51	143.04	129.87	119.88	79.89	54.93
23	151.54	153.08	182.57	175.02	184.08	133.14	130.00	119.88	79.91	54.84
24	150.87	135.68	129.44	127.86	175.26	130.72	126.99	116.09	67.56	48.90

表 8.4　MOHDE-SAT 的 BCS 对应的各机组在 24 个时段的出力

t	机组 1	机组 2	机组 3	机组 4	机组 5	机组 6	机组 7	机组 8	机组 9	机组 10
1	150.14	135.12	100.39	121.54	124.71	119.19	95.82	87.07	76.51	45.11
2	151.85	136.07	87.34	120.27	167.49	135.22	95.68	112.92	77.95	47.68
3	152.94	138.74	142.96	129.64	190.82	154.41	124.55	118.24	79.68	54.65
4	161.39	161.11	175.09	173.84	227.01	159.86	130.00	120.00	78.52	55.00
5	167.20	201.86	185.75	186.30	237.64	159.27	129.27	119.27	79.27	54.25
6	217.75	249.45	203.36	218.95	243.00	160.00	130.00	120.00	80.00	55.00
7	220.18	259.16	236.32	252.52	243.00	160.00	130.00	120.00	80.00	55.00
8	230.02	292.30	263.59	262.36	243.00	160.00	130.00	120.00	80.00	54.26
9	291.86	313.52	302.35	300.00	243.00	160.00	129.59	119.75	80.00	55.00
10	321.18	355.31	337.14	300.00	243.00	160.00	130.00	120.00	80.00	55.00
11	385.01	409.55	320.94	291.39	242.78	160.00	129.94	119.96	79.94	54.94
12	410.27	405.66	339.86	299.92	242.91	159.87	129.56	119.92	79.69	54.92
13	376.34	378.74	314.18	299.86	243.00	160.00	129.83	120.00	80.00	55.00
14	299.90	333.49	303.97	270.15	243.00	160.00	130.00	120.00	80.00	55.00
15	247.59	295.05	260.29	245.07	243.00	159.81	130.00	120.00	80.00	55.00
16	192.78	222.95	192.32	202.58	243.00	160.00	130.00	120.00	80.00	55.00
17	164.57	193.88	188.90	184.64	243.00	160.00	130.00	120.00	80.00	55.00
18	197.90	225.48	234.29	231.67	242.89	159.89	129.97	119.97	79.97	54.97
19	238.97	267.66	283.68	257.05	243.00	160.00	130.00	120.00	80.00	55.00

续表

t	机组 1	机组 2	机组 3	机组 4	机组 5	机组 6	机组 7	机组 8	机组 9	机组 10
20	303.63	339.54	337.30	280.15	242.89	159.66	129.60	119.85	79.84	54.82
21	299.10	355.63	295.31	258.03	242.96	160.00	129.95	119.98	79.91	54.98
22	220.41	276.88	217.15	208.76	222.32	155.45	129.09	116.40	79.49	51.96
23	152.84	202.40	141.34	167.22	183.07	136.08	129.58	119.66	78.34	54.01
24	150.46	136.52	105.53	121.45	173.39	150.88	129.31	112.38	77.42	52.08

表 8.5　IMOEA/D-CH 的 BCS 对应的各机组在 24 个时段的出力

t	机组 1	机组 2	机组 3	机组 4	机组 5	机组 6	机组 7	机组 8	机组 9	机组 10
1	150.00	135.00	73.00	105.55	122.58	133.54	124.24	116.16	50.08	45.48
2	150.00	135.27	105.69	125.30	171.72	157.14	96.56	88.47	54.73	47.43
3	174.66	161.98	106.17	135.16	215.66	132.51	120.75	116.50	78.79	44.93
4	172.69	158.32	183.69	182.68	220.10	139.47	130.00	120.00	80.00	55.00
5	198.81	188.31	184.40	185.22	222.91	155.70	129.92	120.00	80.00	55.00
6	191.73	213.68	254.83	228.56	243.00	160.00	130.00	120.00	80.00	55.00
7	218.55	209.81	295.46	243.87	243.00	160.00	130.00	120.00	80.00	55.00
8	255.40	246.67	295.19	250.72	243.00	159.35	130.00	120.00	80.00	55.00
9	259.90	308.10	338.56	300.00	243.00	160.00	130.00	120.00	80.00	55.00
10	306.01	367.52	340.00	300.00	243.00	160.00	130.00	120.00	80.00	55.00
11	372.24	393.57	340.00	300.00	243.00	160.00	130.00	120.00	80.00	55.00
12	398.20	416.14	340.00	300.00	243.00	160.00	130.00	120.00	80.00	55.00
13	355.22	373.17	340.00	300.00	243.00	160.00	130.00	120.00	80.00	55.00
14	275.97	293.91	340.00	296.73	243.00	160.00	130.00	120.00	80.00	55.00
15	239.89	231.51	278.87	296.67	243.00	160.00	130.00	120.00	80.00	55.00
16	181.00	166.01	216.70	248.14	243.00	160.00	128.10	120.00	80.00	55.00
17	190.36	175.35	184.35	207.56	218.45	159.65	130.00	120.00	79.30	55.00
18	184.78	201.73	254.44	247.65	243.00	160.00	130.00	120.00	80.00	55.00
19	227.78	232.60	303.54	282.91	243.00	160.00	130.00	120.00	80.00	55.00

续表

t	机组 1	机组 2	机组 3	机组 4	机组 5	机组 6	机组 7	机组 8	机组 9	机组 10
20	306.28	312.57	340.00	300.00	243.00	160.00	130.00	120.00	80.00	55.00
21	298.19	301.30	332.09	275.44	243.00	160.00	130.00	120.00	80.00	55.00
22	218.69	221.80	252.59	225.94	213.16	160.00	130.00	120.00	80.00	55.00
23	157.50	146.16	193.88	176.63	172.43	160.00	129.36	112.78	71.30	43.91
24	160.08	142.54	122.36	127.29	168.80	115.41	129.32	120.00	77.67	46.10

表 8.6　MODEECLS 的 BCS 对应的各机组在 24 个时段的出力

t	机组 1	机组 2	机组 3	机组 4	机组 5	机组 6	机组 7	机组 8	机组 9	机组 10
1	154.08	139.35	83.11	75.95	133.93	122.18	92.80	119.84	79.84	54.84
2	156.17	138.18	97.80	101.14	149.06	128.60	106.66	120.00	80.00	55.00
3	155.30	139.45	130.13	126.11	192.51	160.00	128.15	120.00	80.00	55.00
4	157.16	155.25	181.11	168.75	235.16	159.83	130.00	119.83	79.84	54.83
5	174.82	151.29	197.60	208.01	243.00	160.00	130.00	120.00	80.00	55.00
6	192.92	226.31	222.23	247.50	243.00	160.00	130.00	120.00	80.00	55.00
7	223.20	223.42	259.52	261.71	243.00	160.00	130.00	120.00	80.00	55.00
8	223.89	253.17	280.68	289.26	243.00	160.00	130.00	120.00	80.00	55.00
9	289.67	302.44	314.78	300.00	243.00	160.00	130.00	120.00	80.00	55.00
10	328.59	345.01	340.00	300.00	243.00	160.00	130.00	120.00	80.00	55.00
11	377.60	388.33	340.00	300.00	243.00	160.00	130.00	120.00	80.00	55.00
12	406.96	407.58	340.00	300.00	243.00	160.00	130.00	120.00	80.00	55.00
13	361.65	366.85	340.00	300.00	243.00	160.00	130.00	120.00	80.00	55.00
14	291.11	319.22	296.80	300.00	243.00	160.00	130.00	120.00	80.00	55.00
15	233.66	274.33	266.93	272.43	243.00	160.00	130.00	120.00	80.00	55.00
16	172.70	210.68	196.56	230.35	243.00	160.00	130.00	120.00	80.00	55.00
17	165.77	165.08	194.96	205.93	243.00	160.00	130.00	120.00	80.00	55.00
18	192.13	224.28	226.02	246.49	243.00	160.00	130.00	120.00	80.00	55.00
19	234.53	251.43	285.39	275.76	243.00	160.00	130.00	120.00	80.00	55.00

续表

t	机组 1	机组 2	机组 3	机组 4	机组 5	机组 6	机组 7	机组 8	机组 9	机组 10
20	304.95	313.97	340.00	300.00	243.00	160.00	130.00	120.00	80.00	55.00
21	303.07	311.66	292.47	300.00	243.00	160.00	130.00	120.00	80.00	55.00
22	230.18	235.65	213.93	251.63	201.11	160.00	130.00	120.00	80.00	55.00
23	153.21	160.11	151.79	205.15	176.28	132.65	130.00	120.00	80.00	55.00
24	155.10	138.54	89.13	162.10	156.92	132.83	120.16	120.00	79.75	55.00

8.6 结　　论

本研究针对电力系统DEED模型的多局部最优解等复杂性，基于精英个体克隆及超突变局部搜索技术提出改进的DE算法。为了提高传统DE算法解决复杂DEED问题的能力，提出了精英个体克隆及超突变策略，有效地增强了DE算法解决DEED问题的收敛性能，并根据DEED问题的强约束性，设计了动态选择精英群的机制，克服了算法陷入局部搜索的不足。数值试验选取IEEE-30的10机、15机系统为测试实例，并将被提出的算法与同类算法比较，仿真结果充分表明了新算法解决DEED问题的优越性，能获得较其他算法收敛性、延展性和均匀性更优越的Pareto最优前沿。

由于常用的5机系统相对于10机、15机系统更易于求解，故本算法未给出测试结果。另外，本算法虽能较好地应用于高维DEED模型的求解，但其对国际基准测试问题未开展测试研究，这需要接下来开展大量测试，从而提高更具有广泛应用价值的高级算法。

参 考 文 献

[1] Zaman M F, Elsayed S M, Ray T, et al. Evolutionary algorithms for dynamic economic dispatch problems[J]. Power Systems: IEEE Transactions on, 2016, 31(2):1486-1495.

[2] Zhang Y, Gong D W, Geng N. Hybrid bare-bones PSO for dynamic economic dispatch with valve-point effects[J]. Applied Soft Computing, 2014, 18:248-260.

[3] Li X B. Study of multi-objective optimization and multi-attribute decision-making for dynamic economic emission dispatch[J]. Electric Power Components and Systems, 2009, 37(10):1133-

1148.

[4] Li Z G, Wu W C, Zhang B M, et. al. Dynamic economic dispatch using lagrangian relaxation with multiplier updates based on a Quasi-Newton method[J]. IEEE Transactions on Power Systems, 2013, 28(4):4516-4527.

[5] Jebaraj L , Venkatesan C , Soubache I , et al. Application of differential evolution algorithm in static and dynamic economic or emission dispatch problem: A review[J]. Renewable and Sustainable Energy Reviews, 2017, 77(9):1206-1220.

[6] Li Z Y, Zou D X, Kong Z. A harmony search variant and a useful constraint handling method for the dynamic economic emission dispatch problems considering transmission loss[J]. Engineering Applications of Artificial Intelligence, 2019, 84:18-40.

[7] Basu M. Dynamic economic emission dispatch using nondominated sorting genetic algorithm-Ⅱ[J]. International Journal of Electrical Power and Energy Systems, 2008, 30(2):140-149.

[8] Qu B Y, Zhu Y S, Jiao Y C, et al. A survey on multi-objective evolutionary algorithms for the solution of the environmental/economic dispatch problems[J]. Swarm and Evolutionary Computation, 2018, 38:1-11.

[9] Elaiw A M, Xia X, Shehata A M. Hybrid DE-SQP and hybrid PSO-SQP methods for solving dynamic economic emission dispatch problem with valve-point effects[J]. Electrical Power System Research, 2013,103:192-200.

[10] Gill P E, Saunders M. An SQP algorithm for large-scale constrained optimization[J]. Siam Review, 2005, 47(1):99-131.

[11] Zhang H F, Yue D, Xie X P, et. al. Multi-elite guide hybrid differential evolution with simulated annealing technique for dynamic economic emission dispatch[J]. Applied Soft Computing, 2015, 34:312-23.

[12] Roy P K, Bhui S. A multi-objective hybrid evolutionary algorithm for dynamic economic emission load dispatch[J]. International Transactions on Electrical Energy Systems, 2015, 26(1): 49-78.

[13] Mason K, Duggan J, Howley E. A multi-objective neural network trained with differential evolution for dynamic economic emission dispatch[J]. International Journal of Electrical Power & Energy Systems, 2018, 100:201-221.

[14] Shen X, Zou D X, Duan N, et al. An efficient fitness-based differential evolution algorithm and a constraint handling technique for dynamic economic emission dispatch[J]. Energy, 2019, 186:1-28.

[15] Zhu Y S, Qiao B H,Dong Y, et. al. Multiobjective dynamic economic emission dispatch using evolutionary algorithm based on decomposition[J]. IEEJ Transactions on Electrical and Electronic Engineering, 2019, 14(4):1-11.

[16] 闫李，李超，柴旭朝，等. 基于多学习多目标鸽群优化的动态环境经济调度[J]. 郑州大学学报(工学版)，2019，40(4):8-14.

[17] 张大，彭春华，孙惠娟. 大规模风电机组并网的多目标动态环境经济调度[J]. 华东交通大学学报，2019，36(5):129-135.

[18] Storn R, Price K . Differential Evolution: A simple and efficient adaptive scheme for global op-

timization over continuous spaces[J]. Journal of Global Optimization, 1995, 23(1):119-123.
[19] Sarker R, Abbass H A. Differential evolution for solving multi-objective optimization problems [J]. ASIA Pacific Journal of Operational Research, 2004, 21(2):225-240.
[20] 钱淑渠，徐国峰，武慧虹，等. 计及排放的动态经济调度免疫克隆演化算法[J]. 山东大学学报(工学版), 2018, 48(4):1-9.

附录1　第6章软件程序

```
#include <stdio.h>
#include <stdlib.h>
#include <iostream.h>
#include <time.h>
#include <math.h>
#include <fstream.h>
#include <cstring>        //** 创建文件夹 need
#include <direct.h>       // construct one folder
#include "engine.h"
/************************************************************/
#define  squ(m) (m) * (m)      //  平方
#define  infinity 10e7       // infinity number;
#define  pi 4.0 * atan(1.0)
const int T=24;  // time segment
const int unit_n=10;  // generator units
/************************************************************/
int      Dim,
         ObjectiveNumber,
         ConstraintNumber,
         ParetoSize,
         Fnum[1000],
         gen,
         current_n,
         maxRun=1,  // maximum of run
         Ps=40,         // population size
         maxGen=100;  // maximum of iteration
double   LowerLimit[400],
         UpperLimit[400],
         Eps=pow(10,-2),
         PL[T],
```

```
        p_max[ ] = {470,470,340,300,243,160,130,120,80,55},
        p_min[ ] = {150,135,73,60,73,57,20,47,20,10},
        UR[ ] = {80,80,80,50,50,50,30,30,30,30}, // upper ramp rate
        DR[ ] = {80,80,80,50,50,50,30,30,30,30}, //lower ramp rate
        PD[ ] = {1036,1110,1258,1406,1480,1628,1702,1776,1924,2022,2106,2150,2072,
            1924,1776,1554,1480,1628,1776,1972,1924,1628,1332,1184}; //PD[t]
/************************* /
typedef struct individual
{
  doublevariable[400],
        value[3],  //value of ObjectiveNumber function
        aff,
        crowdistance,
        vioerror;
int     rank,
        flag;
}Array;
Array  pop[1000],
       newpop[1000],
       pareto[1000],
       Parent[1000],
       globpop[200][300],
       FP[1000];
/******   函数申明 ********* /
void strand(unsigned int seed);
int CombineQnPn();
/****** 设置初始参数 ****** /
void InputParameters( )
{
  Dim= T * unit_n;
  ObjectiveNumber= 2;  //number of ObjectiveNumber;
  ConstraintNumber = 2;
  for (int t= 0;t<T;t++)
  {
    for (int i= 0;i<unit_n;i++)
    {
      LowerLimit[t * unit_n+i] =  p_min[i];
      UpperLimit[t * unit_n+i] =  p_max[i];
    }
```

```
    }
}
/********** 修补爬坡率 ******** /
void RepairRamper(individual * ind)
{
    double pp[T][unit_n];
    for (int t= 0; t<T; t++)
    {
        for (int u= 0; u<unit_n; u++)
            pp[t][u] = ind-> variable[t * unit_n+u];
    }
    for (t= 1; t<T; t++)
    {
        for (int u= 0; u<unit_n; u++)
        {
            if (pp[t][u] > pp[t-1][u])
            {
                if (pp[t][u] - pp[t-1][u] > UR[u])
                {
                    double val = pp[t][u];
                    pp[t][u] = pp[t-1][u] + UR[u] - 1.0 * (rand()%1001)/1000.0;
                    if (pp[t][u] > p_max[u])
                        pp[t][u] = 0.5 * (val + p_max[u]);
                }
            }else
            {
                if (pp[t-1][u] - pp[t][u] > DR[u])
                {
                    double val = pp[t][u];
                    pp[t][u] = pp[t-1][u] - DR[u] + 1.0 * (rand()%1001)/1000.0;
                    if (pp[t][u] <p_min[u])
                        pp[t][u] = 0.5 * (val +p_min[u]);
                }
            }
        }
    }
for (t= 0; t<T; t++)
{
        for (int u= 0; u<unit_n; u++)
```

```
            ind-> variable[t * unit_n + u] = pp[t][u];
        }
    }
    /******** 计算目标向量****** /
    double obj_value(int obj,struct individual Ab)
    {
      int i,  // generator
        t,  // time
        row = 500,
        col = 400;
      double ** p;
      p = new double * [row];  // 500 row
      for (i= 0;i<row;i++)
        p[i] = new double[col];  // 400 colum
      for (t= 0;t<T;t++)
      {
        for(i= 0;i<unit_n;i++)   // unit_n 机组数目
        {
          p[t][i]= Ab. variable[t * unit_n+i];
        }
      }
    double a[] = {786.7988,451.3251,1049.9977,1243.5311,1658.5696,1356.6592,1450.7045,1450.7045,1455.6056,1469.4026};
    double b[] = {38.5397,46.1591,40.3965,38.3055,36.3278,38.2704,36.5104,36.5104,39.5804,40.5407};
    double c[] = {0.1524,0.1058,0.0280,0.0354,0.0211,0.0179,0.0121,0.0121,0.1090,0.1295};
    double d[] = {450,600,320,260,280,310,300,340,270,380};
    double e[] = {0.041,0.036,0.028,0.052,0.063,0.048,0.086,0.082,0.098,0.094};
    double alpha[] = {103.3908,103.3908,300.3910,300.3910,320.0006,320.0006,330.0056,330.0056,350.0056,360.0012};
    double beta[] = {-2.4444,-2.4444,-4.0695,-4.0695,-3.8132,-3.8132,-3.9023,-3.9023,-3.9524,-3.9524};
    double gama[] = {0.0312,0.0312,0.0509,0.0509,0.0344,0.0344,0.0465,0.0465,0.0465,0.0470};
    double yeta[] = {0.5035,0.5035,0.4968,0.4968,0.4972,0.4972,0.5163,0.5163,0.5475,0.5475};
    double lamta[] = {0.0207,0.0207,0.0202,0.0202,0.02,0.02,0.0214,0.0214,0.0234,0.0234};
```

```
    double f= 0;
    if (obj ==  0)    // Emission
    {
      for (t= 0;t<T;t++)
      {
        for(i= 0;i<unit_n;i++)
        {
          f +=  alpha[i] + beta[i] * p[t][i] + gama[i] * p[t][i] * p[t][i] + yeta[i] * exp
(lamta[i] * p[t][i]);
        }
      }
    }
    if (obj ==  1)   // Cost
    {
      for (t= 0;t<T;t++)
      {
        for (i= 0;i<unit_n;i++)
        {
          f +=  a[i] + b[i] * p[t][i] + c[i] * p[t][i] * p[t][i] + fabs(d[i] * sin(e[i] * (p
_min[i]-p[t][i])));
        }
      }
    }
    //释放申请的空间
    for (i= 0;i<row;i++)
      delete []p[i];
    delete []p;
    return f;
}
double PtN(double x[], int t)
{
    int i,j;
    double B[][unit_n] =  {
      {49,14,15,15,16,17,17,18,19,20},
      {14,45,16,16,17,15,15,16,18,18},
      {15,16,39,10,12,12,14,14,16,16},
      {15,16,10,40,14,10,11,12,14,15},
      {16,17,12,14,35,11,13,13,15,16},
      {17,15,12,10,11,36,12,12,14,15},
```

```
        {17,15,14,11,13,12,38,16,16,18},
        {18,16,14,12,13,12,16,40,15,16},
        {19,18,16,14,15,14,16,15,42,19},
        {20,18,16,15,16,15,18,16,19,44}};
        //
        double s0 =  0;
        for (i= 0;i<unit_n-1;i++)
          s0 +=  B[unit_n-1][i] * x[i] * pow(10,-6);
        double s1 =  2 * x[unit_n-1] * s0 + B[unit_n-1][unit_n-1] * squ(x[unit_n-1]) *
pow(10,-6);
        //
        double s2 =  0;
        for (i= 0; i<unit_n-1; i++)
        {
          for (j= 0;j<unit_n-1;j++)
          {
            s2 +=  x[i] * B[i][j] * x[j] * pow(10,-6);
          }
        }
    double PL =  s1 + s2;
    double P_sum =  0;
    for (i= 0; i<unit_n; i++)
    P_sum +=  x[i];
    double c =  PD[t] + PL - P_sum; // c <=  0;
    return c;
}
/** 计算约束函数 *****/
double con_value(int con,struct individual Ab)
{
    int u, t;
    double p[24][10],pp[unit_n];
    double g =  0;
    if (con ==  0)   // 爬坡率约束
    {
      for (t= 0; t<T; t++)
      {
        for(u= 0; u<unit_n; u++)   // unit_n 机组数目
        p[t][u] =  Ab. variable[t * unit_n + u];
    }
```

```
    for(g= 0, t= 1; t<T; t++)
    {
        for(u= 0; u<unit_n; u++)
        {
          double s0 =  fabs(p[t][u] - p[t-1][u]) - UR[u];
          g +=  s0<= 0? 0 : s0;
        }
    }
}
if (con ==  1)  // 平衡方程约束
{
    for (g= 0, t= 0; t<T; t++)
    {
      for ( u= 0; u<unit_n; u++)
        pp[u] =  Ab.variable[t * unit_n + u];
      double s0 =  PtN(pp,t);
      g +=  (fabs(s0) - Eps)<= 0? 0 : (fabs(s0) - Eps);
    }
  }  return g;
}
    /**********************************/
//— 若返回值是0,则个体Ab是可行解;
//— 返回值为总的约束违背量。
//================================
double Violate(struct individual Ab)
{
    double VioSum= 0;
    for (int i= 0;i<ConstraintNumber;i++)
    {
      double s0 =  con_value(i,Ab);
      VioSum +=  (s0<= 0? 0 : s0);
    }
    return VioSum;
}
// general dominations
int dominate(individual x, individual y)
{
    int val, q1= 0, q2= 0;
    for (int h= 0;h<ObjectiveNumber;h++)
```

```
    {
      if (x.value[h] <=  y.value[h])
        q1++;
      if (x.value[h] <y.value[h])
        q2++;
    }
    if ( q1 ==  ObjectiveNumber && q2 >=  1 )
      val =  1; // x dominate y;
    else
      val =  0;
    return val;
}
// 约束控制规律
int CDP(individual x, individual y)
    {
    int val;
    if (x.vioerror ==  0)
    {
        if (y.vioerror ==  0)
        {
          if (dominate(x,y))
          {
            val =  1;
          }else{
            val =  0;
          }
    }else{ // y infeasible
            val =  1;
        }
    }
    else
    { // x infeasible
      if (y.vioerror ==  0)
      {
            val =  0;
        }else { // x y are infeasible
          if (x.vioerror <y.vioerror)
              val =  1;
          else
```

```
                val = 0;
            }
        }
        return val;  // return 1 denotes x dominate y
}
int dominatePop(int k, individual *p, int N){
        int val,dominated_n= 0;
        for (int i= 0; i<N; i++)
        {
            if ( k != i)
            {
              if (CDP(p[i],p[k])) //p[k] dominated p[i]
              {
                dominated_n++;
                break;
              }
            }
        }
        if (dominated_n == 0) // k is nondominated
          val = 0;
        else
          val = 1; // k is dominated
        return val;
}
        /********** 初始化群体******** /
        void InitialPopulation()
{
        int i= 0,u,t;
        double pp[unit_n];
        for (i= 0; i<Ps; i++)
        {
          for (t= 0; t<T; t++)
          {
            for (u= 0; u<unit_n; u++)
              pp[u] = p_min[u] + (p_max[u] - p_min[u]) * (rand()%1001)/1000.0;
            int l = 0, L = 10;
            double violate = PtN(pp,t);

            // 对平衡方程约束处理,修补
```

```
            if ( fabs(violate) >  Eps)
            {
              while( fabs(violate) >  Eps || l<L)
              {
                double ut =  1.0 * violate/unit_n;
                for(u= 0; u<unit_n; u++)
                {
                  pp[u] =  pp[u] + ut;
                  if (pp[u] <p_min[u])
                    pp[u] =  p_min[u];
                  if (pp[u] >  p_max[u])
                    pp[u] =  p_max[u];
                }
                l++;
                violate =  PtN(pp,t);
              }
            }
            for (u= 0; u<unit_n; u++)
              pop[i].variable[t * unit_n + u] =  pp[u];
        }
        // 对第 i 个体的爬坡率约束进行处理
        RepairRamper(&pop[i]);
        // 计算目标及违背度
        for (int h= 0; h<ObjectiveNumber; h++)
          pop[i].value[h] =  obj_value(h,pop[i]);
        pop[i].vioerror =  Violate(pop[i]);
        for ( h= 0; h<ConstraintNumber; h++)
        {
          double s0 =  con_value(h, pop[i]);
          double VioSum =  (s0<= 0? 0 : s0);
        }
    }
}
/******** 保存非支配个体 ****** /
void Parent_Pareto()
{
        int i;
        // storage the Pareto-opatimal solutions from the 2nd generation
        if (gen >  1)
```

```
    {
      ParetoSize =  0;
      for (i= 0; i<Ps; i++)
      {
        if (pop[i]. rank ==  0 && pop[i]. vioerror ==  0)
          pareto[ParetoSize++] =  pop[i];
      }
    }
    // storage the pop
    for (i= 0;i<Ps;i++)
      Parent[i]= pop[i];
}
/*********** 二人联赛选择************* /
void TournamentSelection(individual * p,int N)
{
    individual * temp;
    temp =  new individual[1000];
    for( int i= 0; i<Ps; i++)
    {
      int p1= rand()%N;
      int p2= rand()%N;
      while(p1 ==  p2)
    {
        p2 =  rand()%N;
    }
    if ((p[p1]). vioerror== 0 && (p[p2]). vioerror == 0)
    {
      if (CDP(p[p1],p[p2])== 1) // p[p1] dominate p[p2]
        temp[i]= p[p1];
      else if (CDP(p[p2],p[p1])== 1) // p[p2] dominate p[p1]
        temp[i]= p[p2];
      else                    // nondominated interection
      {
        double rnd= rand()%1001/1000. 0;
        if (rnd<0. 5)
          temp[i]= p[p1];
        else
          temp[i]= p[p2];
      }
```

```
        }
        else if ((p[p1]).vioerror <(p[p2]).vioerror)
          temp[i]= p[p1];
        else
          temp[i]= p[p2];
      }
      for (i= 0;i<Ps;i++)
        newpop[i] =  temp[i];
      delete[] temp;
}
/********** 拥挤比较选择 **************** /
void CrowdedSelection(individual  * p,int N)
{
      individual  * temp;
      temp =  new individual[1000];
      for (int i= 0;i<Ps;i++)
      {
        int p1= rand()%N;
        int p2= rand()%N;
        while(p1 ==  p2)
        {
          p2 =  rand()%N;
        }
        if ((p[p1]).rank <(p[p2]).rank)   //
          temp[i] =  p[p1];
        else if ((p[p1]).rank >  (p[p2]).rank)
          temp[i] =  p[p2];
        else //(p[p1]).rank ==  (p[p2]).rank
        {
        if ((p[p1]).crowdistance <(p[p2]).crowdistance)
          temp[i] =  p[p2];
        else
          temp[i] =  p[p1];
      }
    }
    for (i= 0;i<Ps;i++)
      newpop[i] =  temp[i];
    delete[] temp;
}
```

```
// ************ SBX交叉**************** //
void Crossover(individual * ind1,individual * ind2)
{
    double pc   =  0.9;
    double rnd, par1, par2, chld1, chld2, betaq, beta, alpha;
    double y1, y2, yu, yl, expp, eeta =  20.0;
    //Loop over no of variables /
    for (int j =  0; j <Dim; j++)
    {
      //Selected Two Parents/
      par1 =  ind1-> variable[j];
      par2 =  ind2-> variable[j];

      yl =  LowerLimit[j];
      yu =  UpperLimit[j];
      rnd =  (rand()%1001)/1000.0;
      // Check whether variable is selected or not
      if (rnd <=  pc)
      {
        if (fabs (par1 - par2) >  0.000001)
      {
        if (par2 >  par1)  // y2 > y1
        {
          y2 =  par2;
          y1 =  par1;
        }
        else
          {
          y2 =  par1;
        y1 =  par2;
        }
        //Find beta value //
        if ((y1 - yl) >  (yu - y2))
        {
          beta =  1 + (2 * (yu - y2)/(y2 - y1));
          //printf("beta =  %f\n",beta);
        }
        else
        {
```

```
        beta =  1 + (2 * (yl - yl)/(y2 - y1));
        //printf("beta =  %f\n",beta);
      }
      //Find alpha //
      expp =  eeta + 1.0;
      beta =  1.0/beta;
      alpha =  2.0 - pow (beta, expp);
      if (alpha <0.0)
      {
        printf ("crossover ERRRROR %f %f %f\n", alpha, par1,par2);
        exit (-1);
      }
      rnd =  rand()%1001/1000.0;
      if (rnd <=  1.0/alpha)
      {
        alpha =  alpha * rnd;
        expp =  1.0/(eeta + 1.0);
        betaq =  pow(alpha, expp);
      }
      else
      {
        alpha =  alpha * rnd;
        alpha =  1.0/(2.0 - alpha);
        expp =  1.0/(eeta + 1.0);
        if (alpha <0.0)
        {
          printf ("ERRRORRR \n");
          exit (-1);
        }
        betaq =  pow (alpha, expp);
      }
      //Generating two children /
      chld1 =  0.5 * ((y1 + y2) - betaq * (y2 - y1));
      chld2 =  0.5 * ((y1 + y2) + betaq * (y2 - y1));
    }
    else
    {
      betaq =  1.0;
      y1 =  par1;
```

```
        y2 = par2;

        //Generation two children /
        chld1 = 0.5 * ((y1 + y2) - betaq * (y2 - y1));
        chld2 = 0.5 * ((y1 + y2) + betaq * (y2 - y1));

      }
      if (chld1 <yl)
        chld1 = yl;
      if (chld1 > yu)
        chld1 = yu;
      if (chld2 <yl)
        chld2 = yl;
      if (chld2 > yu)
        chld2 = yu;
      }
      else
      {
        //Copying the children to parents /
        chld1 = par1;
        chld2 = par2;
      }
      ind1-> variable[j] = chld1;
      ind2-> variable[j] = chld2;
    }
}
//***** 多项式突变******** //
void Mutation(individual * ind)
{
    double delta, indi, deltaq;
    double y, yl, yu, xy, val, ym = 20;
    double pm;
    int n1 = int(1.0 * maxGen/3.0);
    if (gen <= n1)
      pm = 0.02;
    else
      pm = 1.0/gen;
    for (int j = 0; j <Dim; j++)
    {
```

```
double part1 =  ind-> variable[j]; // template save ind[]
double rnd =  rand()%1001/1000.0;
//For each variable find whether to do mutation or not
if (rnd <=  pm)
{
  y =  ind-> variable[j];
  yl =  LowerLimit[j];
  yu =  UpperLimit[j];
  if (y >  yl)
  {
    //Calculate delta //
    if ((y - yl) <(yu - y))
      delta =  (y - yl) / (yu - yl);
    else
    delta =  (yu - y) / (yu - yl);
    rnd =  rand()%1001/1000.0;
    indi =  1.0 / (ym + 1.0);
    if (rnd <=  0.5)
    {
      xy =  1.0 - delta;
      val = 2 * rnd + (1 -2 * rnd) * (pow (xy, (ym + 1)));
      deltaq =  pow (val, indi) - 1.0;
    }
    else
    {
      xy =  1.0 - delta;
      val = 2.0 * (1.0 - rnd) + 2.0 * (rnd -0.5) * (pow (xy,(ym+ 1)));
      deltaq =  1.0 - (pow (val, indi));
    }
    y =  y + deltaq * (yu - yl);
    if (y <yl)
      y =  yl;
    if (y >  yu)
      y =  yu;
    ind-> variable[j] =  y;
  }
  else                  // y ==  yl
  {
    xy =  rand()%1001/1000.0;
```

```
            ind-> variable[j] =  xy * (yu - yl) + yl;
        }
    } // end   if (rnd <=  pm)
    else
    ind-> variable[j] =  part1;
    }
}
    /*********************** /
void Evolution(individual  * p,int N)
{
    int index[200];
    for (int i= 0;i<N;i++)
      index[i] =  i;
    for (i= 0; i<N; i++)
    {
      int point =  rand()%(N-i);
      int temp =  index[i];
      index[i] =  index[point+i];
      index[point+i] =  temp;
    }
    for (i= 0; i<N-1; i +=  2)
      Crossover(&p[index[i]], &p[index[i+1]]);
    for ( i= 0; i<N; i++)
      Mutation(&p[i]);
}
//******  修补不可行解 ******** //
void RepairInidividual(individual  * p, int N)
{
    double pp[unit_n];
      for (int i= 0; i<N; i++)
      {
        for (int t= 0; t <T; t++)
        {
          for (int u= 0; u<unit_n; u++)
            pp[u] =  (p[i]). variable[t * unit_n + u];
          int l =  0, L =  10;
          double violate =  PtN(pp,t);
          if ( fabs(violate) >  Eps )
          {
```

```
            while( fabs(violate) >  Eps || l<L)
            {
              double ut =  1.0 * violate/unit_n;
              for (u= 0; u<unit_n; u++)
              {
                double val =  pp[u];
                pp[u] =  pp[u] + ut;
                if (pp[u] <p_min[u])
                  pp[u] =  0.5 * (val + p_min[u]);
                if (pp[u] >  p_max[u])
                  pp[u] =  0.5 * (val + p_max[u]);
              }
              l++;
              violate =  PtN(pp,t);
            }
          }
          for (u= 0; u<unit_n; u++)
            (p[i]).variable[t * unit_n + u] =  pp[u];
        }
        RepairRamper(&p[i]);
        for (int h= 0; h<ObjectiveNumber; h++)
      {
        (p[i]).value[h] =  obj_value(h,p[i]);
        }
        (p[i]).vioerror =  Violate(p[i]);
        for ( h= 0; h<ConstraintNumber; h++)
        {
          double s0 =  con_value(h, p[i]);
          double VioSum =  (s0<= 0? 0 : s0);
        }
    }
}
/******* 计算拥挤距离 ***** /
void CrowdingDistance(struct individual  * p,int N)
{
    individual te;
    for (int i= 0;i<N;i++)
        (p[i]).crowdistance= 0.0;
    for (int k= 0;k<ObjectiveNumber;k++)
```

```
    {
        for (i= 0;i<N-1;i++)
        {
          for (int j= i+1;j<N;j++)
          {
            if ((p[i]).value[k]> (p[j]).value[k])   // '> '按目标值由小到大排序
            {
              te= p[i];   p[i]= p[j];   p[j]= te;
            }
          }
        }
        (p[0]).crowdistance =  infinity;
        (p[N-1]).crowdistance =  infinity;/////////////////////////
        for (i= 1;i<N-1;i++)
        {(p[i]).crowdistance+= fabs((p[i-1]).value[k]-(p[i+1]).value[k])/((p[N-
1]).value[k]-(p[0]).value[k]+0.001);
        }
    }
    for (i= 0;i<N;i++)
    {
        (p[i]).crowdistance= (p[i]).crowdistance/ObjectiveNumber;
    }
}
// ************ 排序********* //
void sorting(individual  * p,int N,char  * str)
{
    individual te;
    if (strcmp(str,"aff") ==  0) // aff
    {
        for (int i= 0;i<N-1;i++)
        {
          for (int j= i+1;j<N;j++)
          {
            if ((p[i]).aff<(p[j]).aff)
            {
              te= p[i];
              p[i]= p[j];
              p[j]= te;
            }
```

```
            }
          }
      }
      if (strcmp(str,"obj") ==  0)    //obj
      {
        for (int i= 0;i<N-1;i++)
        {
          for (int j= i+1;j<N;j++)
          {
            if ((p[i]).value[0] <(p[j]).value[0])
            {
              te= p[i];
              p[i]= p[j];
              p[j]= te;
            }
          }
        }
      }
      if (strcmp(str,"dis") ==  0) // aff
      {
        for (int i= 0;i<N-1;i++)
        {
          for (int j= i+1;j<N;j++)
          {
            if ((p[i]).crowdistance <(p[j]).crowdistance)
            {
              te= p[i];
              p[i]= p[j];
              p[j]= te;
            }
          }
        }
      }
}
/******** 拥挤比较排行选择********** /
void SortRankSelection(individual *p,int N)
{
      int i= 0,
        l= 0,
```

```
    layer= 0,          // 标记层数,注意:全局变量
    Nn= N;              //当前可行解的数目
  individual *Pop = p;  //定义结构体指针变量
  do
  {
    for (i= 0; i<Nn; i++)
      Pop[i]. flag = 1;
    // determine the layer-rank individuals and the number of the individuals in this rank;
    Fnum[layer] = 0;   //the number of in layer rank
    for (i= 0; i<Nn; i++)
    {
      if (dominatePop(i,Pop,Nn) == 0)
      {
        globpop[layer][Fnum[layer]] = Pop[i];
        globpop[layer][Fnum[layer]]. rank = layer;
        Fnum[layer]++;
        Pop[i]. flag = 0;
      }
    }
    CrowdingDistance(globpop[layer],Fnum[layer]);
    l= 0;
    for ( i= 0;i<Nn;i++)  //将剩下的保存;
    {
      if (Pop[i]. flag == 1)
        Pop[l++] = Pop[i];
    }
    Nn= l;  // 记录未排完的个体数
    layer++;   //层数增加 1;
  }while(Nn> 0);
  printf(" — layer   = %d\n",layer);
  printf(" — the fist rank = %d\n", Fnum[0]);
  //======= Crowded-Comparison Operator ========== //
  l = 0;
  layer = 0;
  int TotalSum = Fnum[0];
  while (TotalSum <= Ps)
  {
    for (i= 0; i<Fnum[layer]; i++)
    {
```

```
        pop[l++] = globpop[layer][i];   // save pop
      }
      layer++;
      TotalSum += Fnum[layer];
    }
    TotalSum -= Fnum[layer]; // wipe off the individuals of the layer-rank individuals if Totalsum > Ps
    // ========== 按拥挤距离由大到小排序 ===========
    sorting(globpop[layer],Fnum[layer],"dis");
    for (i= 0; i<Ps-TotalSum; i++)
      pop[l++] = globpop[layer][i];   // save pop
}
/************ 更新非支配集************* /
void UpdateArchive(int gen)
    {
    int i,j;
    individual *temp;
    temp = new individual[1000];
    if (gen == 1) // gen = 1
    {
      for (i= 0; i<ParetoSize; i++)
        FP[i] = pareto[i];
      current_n = ParetoSize;
    }
    else // gen = 2 3 4
    {
      // combine between the last pareto individual and the current parato individual
      for (j= 0; j<ParetoSize; j++)
        temp[j] = pareto[j];
      for (i= 0; i<current_n; i++)
        temp[j++] = FP[i];
      // checking nondominated individuals
      for (ParetoSize= 0, i= 0; i<j; i++)
        if (dominatePop(i,temp,j) == 0)
          pareto[ParetoSize++] = temp[i];
        int fresize = Ps; // pre-define pareto size
        if (ParetoSize > fresize)
        {
          // calculate crowding distance of combined population
```

```
            CrowdingDistance(pareto,ParetoSize);
            // sorting the individuals according to crowding distance
            sorting(pareto,ParetoSize,"dis");
            // select the first 'fresize' individual
            ParetoSize = fresize;
        }
        printf(" — paretosize = %d\n",ParetoSize);////////////////////
        for (i= 0; i<ParetoSize; i++)
            FP[i] = pareto[i];
        current_n = ParetoSize;
    }
    delete[] temp;
}
/**** 调研 Matlab 软件画非支配 Pareto 前沿 ***** /
#pragma comment( lib, "libeng. lib" )
#pragma comment( lib, "libmx. lib" )
#pragma comment( lib, "libmat. lib" )
void MatlabPlot(individual  * ind, int N)
{
    double x[1000],y[1000];
    for (int i= 0; i <N; i++)
    {
        x[i] = ind[i]. value[0];
        y[i] = ind[i]. value[1];
    }
    //启动 matlab 引擎
    Engine  * ep;    //定义 Matlab 引擎指针。
    if (! (ep= engOpen(NULL)))    //测试是否成功启动 Matlab 引擎。
    {
        cout <<"Can't start Matlab engine!" <<endl;
        exit(1);
    }
    //定义 mxArray,创建 1 行 N 列的实数数组。
    mxArray  * xx = mxCreateDoubleMatrix(1,N, mxREAL);    //mxREAL 为实数型变量
标志
    mxArray  * yy = mxCreateDoubleMatrix(1,N, mxREAL);
    memcpy(mxGetPr(xx), x, N * sizeof(double));    //将数组 x 复制到 mxArray 数组
xx 中。
    memcpy(mxGetPr(yy), y, N * sizeof(double));    //将数组 y 复制到 mxArray 数组
```

yy 中。

engPutVariable(ep, "xxx",xx); //将 mxArray 数组 xx 写入到 Matlab 工作空间,命名为 xxx。

engPutVariable(ep, "yyy",yy); //将 mxArray 数组 yy 写入到 Matlab 工作空间,命名为 yyy。

```
    //向 Matlab 引擎发送画图命令。plot 为 Matlab 的画图函数,参见 Matlab 相关文档。
    engEvalString(ep, "hold on;\
      plot(xxx, yyy,'bo','MarkerFaceColor','r','MarkerSize',7);\
      xlabel('污染排放(磅)');ylabel('成本(美元)');\
      set(get(gca,'XLabel'),'FontSize',14,'FontName','Times New Roman');\
      set(get(gca,'YLabel'),'FontSize',14,'FontName','Times New Roman');\
      set(gca,'FontSize',12);");
    mxDestroyArray(xx);  //销毁 mxArray 数组 xx 和 yy。
    mxDestroyArray(yy);
    cout <<"Press any key to exit!" <<endl;
}
/******** 保存非支配 Pareto 前沿数据******************** /
void SaveParetoFront(FILE * fpareto, FILE * fvariable)
{
    int i,h;
    sorting(pareto, ParetoSize,"obj");
    for (i= 0;i<ParetoSize;i++)
    {
      for (h= 0; h<ObjectiveNumber; h++)
        printf("%.15e\t",pareto[i].value[h]);
      printf("violate degree = %0.4f\n",pareto[i].vioerror);
    }
    // PF
    for (int n1= 0; n1<ObjectiveNumber; n1++) {
      for (int k11= 0;k11<ParetoSize;k11++) {
        fprintf(fpareto,"%.10e\t",pareto[k11].value[n1]);
      }fprintf(fpareto,"\n");
    }
    // PS
      for (int k11= 0; k11<ParetoSize; k11++)
      {
        for (int n2= 0; n2<Dim; n2++)
        {
          if (n2%unit_n == 0)
```

```
            fprintf(fvariable,"\n");
          fprintf(fvariable,"%.3f\t",pareto[k11].variable[n2]);
        } fprintf(fvariable,"\n");

        for (n1 = 0; n1 <ObjectiveNumber; n1++)
        {
          fprintf(fvariable,"%.10e\t",pareto[k11].value[n1]);
        }fprintf(fvariable,"\n\n");
    }
}
/************ 主程序 main(void)************* /
int main()
{
    char str[100]      = "md DDE"; system(str); // create a folder
    FILE * fpareto      = fopen ("DDE\\pareto_cishu.txt", "w");
    FILE * fvariable    = fopen ("DDE\\pareto_variable.txt", "w");
    InputParameters();// set initial parameters
    for (int cishu= 1; cishu <= maxRun; cishu++)
    {
      srand((unsigned)time(NULL));
      gen = 1;
      InitialPopulation( );// initiolization
      Parent_Pareto( );// save parent
      TournamentSelection(pop,Ps);// tournament selection according to domination
      Evolution(newpop,Ps);                // crossover and mutation operation
      RepairInidividual(newpop,Ps);        // repair infeasible individual
      int n_com = CombineQnPn( );
      SortRankSelection(pop,n_com);   // combination and selection N individual by sorting
and rank
      for (gen= 1; gen<= maxGen; gen++)
      {
        Parent_Pareto( );
        CrowdedSelection(pop,Ps);      // selection by crowding distance
        Evolution(newpop, Ps);
        RepairInidividual(newpop,Ps);
        n_com = CombineQnPn( );
        SortRankSelection(pop,n_com);
        UpdateArchive(gen);       // update archive set
        printf(" — iterative counter = %d\n — run counter = %d\n\n",gen, cishu);
```

```
        }
        SaveParetoFront(fpareto, fvariable);
        MatlabPlot(pareto,ParetoSize);      // plot figure of PF
    }
    fclose(fpareto); fclose(fvariable);
    return 0;
}
/************ /
int CombineQnPn()
{
    for (int i= 0;i<Ps;i++)
    {
        pop[i] = newpop[i];
        pop[i+Ps] = Parent[i];    // Parent individual
    }
    return i+Ps;
}
```

附录2　第7章软件程序

```
#include <stdio.h>
#include <stdlib.h>
#include <iostream.h>
#include <time.h>
#include <math.h>
#include <fstream.h>
#include <cstring>
#include <direct.h> // construct one folder
/************************ /
#define infinity 10e7   // infinity number;
#define pi 4.0 * atan(1.0)
const int
  T = 24,
  unit_n = 10,
  PopSize = 40,
  nObj = 2,
  nCon = 2;
/*****  globle var ***** /
int
  Dim,
  ParetoSize,
  current_n,
  Fnum[3 * PopSize],
  gen,
  maxGen = 1000,
  run,
  maxRun = 25;
double
  lBound[T * unit_n],
  uBound[T * unit_n],
```

```
    Eps = pow(10, -4);
   /************************** /
   typedef struct individual
   {
     double
       var[T * unit_n],
       gene[T * unit_n],
       value[nObj],
       norvalue[nObj],
       crowdistance,
       violateValue,
       aff;
     int
       rank,
       flag;
  }individual;
  individual
    pop[3 * PopSize],
    newpop[3 * PopSize],
    pareto[3 * PopSize],
    Parent[3 * PopSize],
    globpop[3 * PopSize][3 * PopSize],
    FP[2 * PopSize],
    qq[2 * PopSize],
    clpop[3 * PopSize];
  double
    PL[T],
    p_max[] = {470,470,340,300,243,160,130,120,80,55},
    p_min[] = {150,135,73,60,73,57,20,47,20,10},
    UR[] = {80,80,80,50,50,50,30,30,30,30},
    DR[] = {80,80,80,50,50,50,30,30,30,30},
    PD[] = {1036,1110,1258,1406,1480,
            1628,1702,1776,1924,2022,
            2106,2150,2072,1924,1776,
            1554,1480,1628,1776,1972,
            1924,1628,1332,1184}; //PD[t]
/************************** /
int consDominate(individual,individual);
int dom_check_p(int,individual * ,int );
```

```
int CombineQnPn(int);
void Parent_Pareto();
void Output();
double con_value(int,individual);
double obj_value(int,individual);
double Violate(individual);
double PtN(double [], int);
/************************************************************/
/*  Utility Functions                                      */
/************************************************************/
int randomBit()
{
    return (rand()%2);
}
double randNumber(double low, double high)
{
    return ((double)(rand()%10001)/10000.0) * (high - low) + low;
}

int sign(double value)
{
    if (value == 0.0) return 0;
    else return (value > 0.0? 1 : -1);
}
template <typename T>
void swap(T *x, T *y)
{
    T temp;
    temp = *x;
    *x = *y;
    *y = temp;
}
double min(double a, double b)
{
    if (a <b)return a;
    elsereturn b;
}
double max(double a, double b)
{
```

```
    if (a <b)return b;
    elsereturn a;
}
/************************************************************/
/*  Random sequence generator:                           */
/*     Generates a random sequence of seqSize numbers from  */
/*     the natural number array [0, 1, ..., numSize-1]    */
/************************************************************/
void randomSequence(int * seqArr, int seqSize, int numSize)
{
    int i, j, idx, count, numleft;
    // constructs a natural number array
    int number[100000];
    for (i= 0; i<numSize; ++i)
      number[i] = i;
    // select seqSize numbers from number[] without repeat
    numleft = numSize;
    for (i= 0; i<seqSize; ++i)
    {
    idx = rand()%numleft;
    count = 0;
    for (j= 0; j<numSize; ++j)
    {
      if (number[j] != -1)    // found one not selected number
        ++count;
      if (count >  idx)
        break;    // found the idx-th not selected number
    }
    seqArr[i] = number[j];
    number[j] = -1;    // marked as selected
    --numleft;
  }
}
double Nrand(double y,double x)
{
    int i;
    double Ra[13],sum= 0;
    for (i= 0;i<12;i++)
    {
```

```
        Ra[i]= (rand()%10001)/10000.0;
        sum+= Ra[i];
    }
    return y+x*(sum-6);
}
// repair ramper rate
void RepairRamper(individual *ind)
{
    double pp[T][unit_n];
      for (int t= 0; t<T; t++)
      {
        for (int u= 0; u<unit_n; u++)
          pp[t][u] = ind-> var[t*unit_n + u];
      }
      for (t= 1; t<T; t++)
      {
        for (int u= 0; u<unit_n; u++)
        {
          double x = pp[t][u];
          if (pp[t][u] - pp[t-1][u] > UR[u])
          {
            pp[t][u] = pp[t-1][u] + UR[u] - randNumber(0,1);
            if (pp[t][u] > p_max[u])
              pp[t][u] = p_max[u];
            if (pp[t][u] <p_min[u])
              pp[t][u] = p_min[u];
          }
          else if (pp[t-1][u] - pp[t][u] > DR[u])
          {
            pp[t][u] = pp[t-1][u] - DR[u] + randNumber(0,1);
            if (pp[t][u] > p_max[u])
              pp[t][u] = p_max[u];
            if (pp[t][u] <p_min[u])
              pp[t][u] = p_min[u];
          }
        }
    }
    for (t= 0; t<T; t++)
    {
```

```
            for (int u= 0; u<unit_n; u++)
                ind-> var[t * unit_n + u] = pp[t][u];
        }
}
// repair power balance equation
void RepairBalance(double * pp, int t)
{
        // cout<<t<<endl;
        int u,l= 0,L= 50;
        while (1)
        {
            double delta = PtN(pp,t);   // cout<<"delta= "<<delta<<endl;
            if (fabs(delta) <Eps || l >  L)
                break;
            else
            {
                for (u= 0; u<unit_n; u++)
                {
                    double val = pp[u];
                    pp[u] = pp[u] + delta/unit_n;
                    if (pp[u] <p_min[u])
                        pp[u] = 0.5 * (val + p_min[u]);
                    if (pp[u] >  p_max[u])
                        pp[u] = 0.5 * (val + p_max[u]);
                }
                l++;
            }
        }
}
//  initialization population //
void Initial()
{
        int i= 0,u,t;
        Dim   = T * unit_n;
        gen = 1;
        for (t= 0;t<T;t++)
        {
            for (i= 0;i<unit_n;i++)
            {
```

```
            lBound[t * unit_n+i] = p_min[i];
            uBound[t * unit_n+i] = p_max[i];
        }
    }
    for (i= 0; i<PopSize; i++)
    {
        for (int j= 0; j<Dim; j++)
            pop[i]. var[j] = lBound[j] + (uBound[j]-lBound[j]) * randNumber(0,1);
    }
    for (i= 0; i<PopSize; i++)
    {
        RepairRamper(&pop[i]);
        for (t= 0; t<T; t++)
        {
            double pp[unit_n];
            for (u= 0; u<unit_n; u++)
                pp[u] = pop[i]. var[t * unit_n + u];
            RepairBalance(pp,t);
            for (u= 0; u<unit_n; u++)
            {
                pop[i]. var[t * unit_n + u] = pp[u]; // in [p_min[u],p_max[u]]
                pop[i]. gene[t * unit_n + u] = (pp[u]-p_min[u])/(p_max[u]-p_min[u]); //
in [0,1]
            }
        }
        for (int h= 0; h<nObj; h++)
            pop[i]. value[h] = obj_value(h,pop[i]);
        pop[i]. violateValue = Violate(pop[i]);
    }
}
// *** evaluation objective function**** //
double obj_value(int obj,individual Ab)
{
    int i,  // generator
        t,  // time
        row = 500,
        col = 400;
    double ** p;
    p = new double * [row];   // 500 row
```

```
    for (i= 0;i<row;i++)
        p[i] = new double[col];   // 400 colum
    for (t= 0;t<T;t++)
    {
        for (i= 0;i<unit_n;i++)   // unit_n
        {
            p[t][i]= Ab. var[t * unit_n+i];
        }
    }
    double
a[] =
{786. 7988,451. 3251,1049. 9977,1243. 5311,1658. 5696,1356. 6592,1450. 7045,1450. 7045,
1455. 6056,1469. 4026};
    double
b[] = {38. 5397,46. 1591,40. 3965,38. 3055,36. 3278,38. 2704,36. 5104,36. 5104,39. 5804,40.
5407};
    double c[] = {0. 1524,0. 1058,0. 0280,0. 0354,0. 0211,0. 0179,0. 0121,0. 0121,0. 1090,0.
1295};
    double d[] = {450,600,320,260,280,310,300,340,270,380};
    double e[] = {0. 041,0. 036,0. 028,0. 052,0. 063,0. 048,0. 086,0. 082,0. 098,0. 094};
    double
alpha[] =
{103. 3908,103. 3908,300. 3910,300. 3910,320. 0006,320. 0006,330. 0056,330. 0056,350. 0056,
360. 0012};
double beta[] =
{-2. 4444, -2. 4444, -4. 0695, -4. 0695, -3. 8132, -3. 8132, -3. 9023, -3. 9023, -3.
9524,-3. 9864};
    double gama[] =
{0. 0312,0. 0312,0. 0509,0. 0509,0. 0344,0. 0344,0. 0465,0. 0465,0. 0465,0. 0470};
    double yeta[] = {0. 5035,0. 5035,0. 4968,0. 4968,0. 4972,0. 4972,0. 5163,0. 5163,0.
5475,0. 5475};
    double lamta[] = {0. 0207,0. 0207,0. 0202,0. 0202,0. 02,0. 02,0. 0214,0. 0214,0. 0234,0.
0234};
    double f= 0;
    if (obj == 0)   // Emission
    {
        for (t= 0;t<T;t++)
        {
            for (i= 0;i<unit_n;i++)
```

```
        {
          f+= alpha[i] +beta[i] * p[t][i] +gama[i] * p[t][i] * p[t][i] +
yeta[i] * exp(lamta[i] * p[t][i]);
        }
      }
    }
    if (obj == 1)    // Cost
    {
      for (t= 0;t<T;t++)
      {
        for (i= 0;i<unit_n;i++)
        {
          f += a[i] + b[i] * p[t][i] + c[i] * p[t][i] * p[t][i] +
fabs(d[i] * sin(e[i] * (p_min[i]-p[t][i])));
        }
      }
    }
    for (i= 0;i<row;i++)
      delete []p[i];
    delete []p;
    return f;
}
/*********************************/
Violation degree calculation
//=================================
double Violate(individual Ab)
{
    double VioSum= 0;
    for (int i= 0;i<nCon;i++)
    {
        double g = con_value(i,Ab);
        VioSum += (g<= 0? 0 : g);
    }
    return VioSum;
}
double con_value(int con,individual Ab)
{
    int u, t;
    double p[T][unit_n],pp[unit_n],g;
```

```
    if (con == 0)
    {
      for (t= 0; t<T; t++)
      {
        for (u= 0; u<unit_n; u++) // unit_n
          p[t][u] = Ab.var[t * unit_n + u];
      }
      for (g= 0, t= 1; t<T; t++)
      {
        for (u= 0; u<unit_n; u++)
        {
          double s0 = fabs(p[t][u] - p[t-1][u]) - UR[u];
          g += (s0<= 0? 0 : s0);
        }
      }
    }
    if (con == 1)
    {
      for (g= 0, t= 0; t<T; t++)
      {
        for ( u= 0; u<unit_n; u++)
          pp[u] = Ab.var[t * unit_n + u];
        double s0 = fabs(PtN(pp,t));
        g += ((s0-Eps)<= 0? 0 : (s0-Eps));
      }
    }
    return g;
}
double PtN(double x[], int t)
{
    int i,j;
    double B[][unit_n] = {
    {49,14,15,15,16,17,17,18,19,20},
    {14,45,16,16,17,15,15,16,18,18},
    {15,16,39,10,12,12,14,14,16,16},
    {15,16,10,40,14,10,11,12,14,15},
    {16,17,12,14,35,11,13,13,15,16},
    {17,15,12,10,11,36,12,12,14,15},
    {17,15,14,11,13,12,38,16,16,18},
```

```
        {18,16,14,12,13,12,16,40,15,16},
        {19,18,16,14,15,14,16,15,42,19},
        {20,18,16,15,16,15,18,16,19,44}};
    double s0 = B[0][0] * pow(10,-6);
    double s1 = 0;
    for (i= 0; i<unit_n; i++)
        s1 += x[i] * B[i][0] * pow(10,-6);
    double s2 = 0;
    for (i= 0; i<unit_n; i++)
    {
        for (j= 0;j<unit_n;j++)
        {
            s2 += x[i] * B[i][j] * x[j] * pow(10,-6);
        }
    }
    double PL = s0 + s1 + s2;
    double P_sum = 0;
    for (i= 0; i<unit_n; i++)
        P_sum += x[i];
    double vioValue = PD[t] + PL - P_sum;
    return vioValue;
}
// general dominations
int dominate(individual x, individual y)
{
    int val, q1= 0, q2= 0;
    for (int h= 0;h<nObj;h++)
    {
        if (x.value[h] <= y.value[h])
            q1++;
        if (x.value[h] <y.value[h])
            q2++;
    }
    if ( q1 == nObj && q2 >= 1 )
        val = 1;    // x dominate y;
    else
    val = 0;
    return val;
}
```

```
// constraint domination principle
int consDominate(individual x, individual y)
{
    int val;
    if (x. violateValue == 0)
    {
      if (y. violateValue == 0)
      {
        if (dominate(x,y))
        {
          val = 1;
        }else{
          val = 0;
        }
      } else{ // y infeasible
        val = 1;
      }
    }
    else
    { // x infeasible
      if (y. violateValue == 0)
      {
        val = 0;
      } else { // x y are infeasible
        if (x. violateValue <y. violateValue)
          val = 1;
        else
          val = 0;
      }
    }
    return val;   // return 1 denotes x dominate y
}
int dom_check_p(int k, individual * p, int N)
{
      int val,dominated_n= 0;
      for (int i= 0; i<N; i++)
      {
        if ( k ! = i)
        {
```

```
                if (consDominate(p[i],p[k])) //p[k] dominated p[i]
                {
                    dominated_n++;
                    break;
                }
            }
        }
        if (dominated_n == 0)    // k is nondominated
            val = 0;
        else
            val = 1;    // k is dominated
        return val;
}
void sorting(individual *p,int N,char *str)
{
        individual te;
        if (strcmp(str,"aff") == 0)    // aff
        {
            for (int i= 0;i<N-1;i++)
            {
                for (int j= i+1;j<N;j++)
                {
                    if ((p[i]).aff<(p[j]).aff)
                    {
                        te= p[i];
                        p[i]= p[j];
                        p[j]= te;
                    }
                }
            }
        }
        if (strcmp(str,"obj") == 0)    //obj
        {
            for (int i= 0;i<N-1;i++)
            {
                for (int j= i+1;j<N;j++)
                {
                    if ((p[i]).value[0] <(p[j]).value[0])
                    {
```

```
                te= p[i];
                p[i]= p[j];
                p[j]= te;
            }
        }
    }
}
if (strcmp(str,"dis") == 0) // aff
{
    for (int i= 0;i<N-1;i++)
    {
        for (int j= i+1;j<N;j++)
        {
            if ((p[i]).crowdistance <(p[j]).crowdistance)
            {
                te= p[i];
                p[i]= p[j];
                p[j]= te;
            }
        }
    }
}
}
/**** crowding distance calculation **** /
void CrowdingDistance(individual *p,int N)
{
    double maxFit[2] = {-infinity,-infinity};
    double minFit[2] = {infinity,infinity};
    for (int h= 0; h<nObj; h++)
    {
        for (int i= 0; i<N; i++)
        {
            if ((p[i]).value[h] >maxFit[h])
                maxFit[h] = (p[i]).value[h];
            if ((p[i]).value[h] <minFit[h])
                minFit[h] = (p[i]).value[h];
        }
    }
    for (int i= 0; i<N; i++)
```

```
    {
      for (h= 0; h<nObj; h++)
      {
        (p[i]).norvalue[h] = ((p[i]).value[h] - minFit[h])/(maxFit[h] - minFit[h] +
0.001);
      }
    }
    individual te;
    for (i= 0;i<N;i++)
      (p[i]).crowdistance= 0.0;
    for (int k= 0;k<nObj;k++)
    {
      for (i= 0;i<N-1;i++)
      {
        for (int j= i+1;j<N;j++)
        {
          if ((p[i]).norvalue[k]>(p[j]).norvalue[k])
          {
            te = p[i];
            p[i] = p[j];
            p[j] = te;
          }
        }
    }
    (p[0]).crowdistance = infinity;
    (p[N-1]).crowdistance = infinity;/////////////////////////
    for (i= 1;i<N-1;i++)
    {
        (p[i]).crowdistance += fabs((p[i-1]).norvalue[k]-(p[i+1]).norvalue[k])/((p
[N-1]).norvalue[k]-(p[0]).norvalue[k]+0.001);
      }
    }
    for (i= 0;i<N;i++)
    {
      (p[i]).crowdistance= (p[i]).crowdistance/nObj;
    }
}
/***** crowding selection operator ******* /
void CrowdingSelection(individual *p,int N)
```

```
{
        int i= 0,
          l= 0,
          layer= 0,
          tempnum= N;
      individual  * temppop = p;
      while (1)
      {
        for (i= 0; i<tempnum; i++)
          temppop[i]. flag = 1;
        // determine the layer-rank individuals and the number of the individuals in this rank;
        Fnum[layer] = 0;    //the number of in layer rank
        for (i= 0; i<tempnum; i++)
        {
          if (dom_check_p(i,temppop,tempnum) == 0)
          {
            globpop[layer][Fnum[layer]] = temppop[i];
            globpop[layer][Fnum[layer]]. rank = layer;
            //fprintf(rep,"%d\n",globpop[layer][Fnum[layer]]. rank);
            Fnum[layer]++;
            temppop[i]. flag = 0;
          }
        }
        CrowdingDistance(globpop[layer],Fnum[layer]);
        l= 0;
        for ( i= 0;i<tempnum;i++){
          if (temppop[i]. flag == 1)
            temppop[l++] = temppop[i];
        }
        tempnum= l;
        layer++;
        if (tempnum <= 0)
          break;
}
      printf(" - layer   = %d\n",layer);
      printf(" - the fist rank = %d\n", Fnum[0]);
      //======= Crowded-Comparison Operator ========== //
      l = 0;
      layer = 0;
```

```
    int TotalSum = Fnum[layer];
    while (1)
    {
      if (TotalSum > PopSize)
        break;
      else
      {
        for (i= 0; i<Fnum[layer]; i++)
        {
          pop[l++] = globpop[layer][i];   // save pop
        }
        layer++;
        TotalSum += Fnum[layer];
      }
    }
    TotalSum -= Fnum[layer];
    // =====================
    sorting(globpop[layer],Fnum[layer],"dis");
    for (i= 0; i<PopSize-TotalSum; i++)
        pop[l++] = globpop[layer][i];   // save pop
}
/******** tournament selection operator ******** /
void TournamentSelection(individual *p,int N)
{
    individual *temp;
    temp = new individual[1000];
    for (int i= 0; i<PopSize; i++)
    {
      int p1= rand()%N;
      int p2= rand()%N;
      while(p1 == p2)
      {
        p2 = rand()%N;
      }
      if ((p[p1]).violateValue== 0 && (p[p2]).violateValue== 0)
      {
        if (dominate(p[p1],p[p2])== 1) // p[p1] dominate p[p2]
          temp[i]= p[p1];
        else if (dominate(p[p2],p[p1])== 1) // p[p2] dominate p[p1]
```

```
          temp[i]= p[p2];
        else                    // nondominated interection
        {
          double rnd= randNumber(0,1);
          if (rnd<0.5)
            temp[i]= p[p1];
          else
            temp[i]= p[p2];
        }
      }
      else if ((p[p1]).violateValue <(p[p2]).violateValue)
        temp[i]= p[p1];
      else
        temp[i]= p[p2];
    }
    for (i= 0;i<PopSize;i++)
      newpop[i] = temp[i];
    delete[] temp;
}
//*******  rank selection operator ************
void rankSelection(individual *p,int N)
{
    individual *temp = new individual[1000];
    for (int i= 0;i<PopSize;i++)
    {
      int p1= rand()%N;
      int p2= rand()%N;
      while (p1 == p2)
      {
        p2 = rand()%N;
      }
      if ((p[p1]).rank <(p[p2]).rank)   //
        temp[i] = p[p1];
      else if ((p[p1]).rank >(p[p2]).rank)
        temp[i] = p[p2];
      else   //(p[p1]).rank == (p[p2]).rank
      {
        if ((p[p1]).crowdistance <(p[p2]).crowdistance)
          temp[i] = p[p2];
```

```
            else
              temp[i] = p[p1];
          }
       }
       for (i= 0;i<PopSize;i++)
         newpop[i] = temp[i];
       delete[] temp;
}
// crossover operator
void Crossover(individual *ind1,individual *ind2)
{
       double pc = 0.9;
       double rnd, par1, par2, chld1, chld2, betaq, beta, alpha;
       double y1, y2, yu, yl, expp, eeta = 10.0;
       //Loop over no of variables /
       for (int j = 0; j <Dim; j++)
       {
         //Selected Two Parents/
         par1 = ind1->gene[j];
         par2 = ind2->gene[j];
         yl = 0;
         yu = 1;
         rnd = (rand()%10001)/10000.0;
         // Check whether gene is selected or not
         if (rnd <= pc)
         {
           if (fabs (par1 - par2) >0.000001)// changed by Deb (31/10/01)
           {
             if (par2 >par1)   // y2 >y1
             {
               y2 = par2;
               y1 = par1;
             }
             else
             {
               y2 = par1;
               y1 = par2;
             }
             //Find beta value //
```

```
if ((y1 - yl) > (yu - y2))
{
  beta = 1 + (2 * (yu - y2)/(y2 - y1));
  //printf("beta = %f\n",beta);
}
else
{
  beta = 1 + (2 * (y1 - yl)/(y2 - y1));
  //printf("beta = %f\n",beta);
}
//Find alpha //
expp = eeta + 1.0;
beta = 1.0/beta;
alpha = 2.0 - pow (beta, expp);
if (alpha <0.0)
{
  printf ("crossover ERRRROR %f %f %f\n", alpha, par1,par2);
  exit (-1);
}
rnd = rand()%10001/10000.0;
if (rnd <= 1.0/alpha)
{
  alpha = alpha * rnd;
  expp = 1.0/(eeta + 1.0);
  betaq = pow(alpha, expp);
}
else
{
  alpha = alpha * rnd;
  alpha = 1.0/(2.0 - alpha);
  expp = 1.0/(eeta + 1.0);
  if (alpha <0.0)
  {
    printf ("ERRRORRR \n");
    exit (-1);
  }
  betaq = pow (alpha, expp);
}
//Generating two children /
```

```
            chld1 = 0.5 * ((y1 + y2) - betaq * (y2 - y1));
            chld2 = 0.5 * ((y1 + y2) + betaq * (y2 - y1));
          }
          else
          {
            betaq = 1.0;
            y1 = par1;
            y2 = par2;
            //Generation two children /
            chld1 = 0.5 * ((y1 + y2) - betaq * (y2 - y1));
            chld2 = 0.5 * ((y1 + y2) + betaq * (y2 - y1));
          }
          // added by deb (31/10/01)
          if (chld1 <yl)
            chld1 = yl;
          if (chld1 >yu)
            chld1 = yu;
          if (chld2 <yl)
            chld2 = yl;
          if (chld2 >yu)
            chld2 = yu;
        }
        else
        {
          //Copying the children to parents /
          chld1 = par1;
          chld2 = par2;
        }
        ind1->gene[j] = chld1;
        ind2->gene[j] = chld2;
      }
}
// mutation operator
void Mutation(individual *ind)
{
    double delta, indi, deltaq;
    double y, yl, yu, xy, val, ym = 10;
    double Delta = 0.01, b= 5, alpha = 0.5;
    double v = -b + 2 * b * gen/maxGen;
```

```
double pm = Delta/(1.0+exp(alpha * v));
for (int j = 0; j <Dim; j++)
{
   double part1 = ind->gene[j]; // template save ind[]
   double rnd = rand()%10001/10000.0;
   //For each gene find whether to do mutation or not
   if (rnd <= pm)
   {
      y = ind->gene[j];
      yl = 0;
      yu = 1;
      if (y > yl)
      {
         //Calculate delta //
         if ((y - yl) <(yu - y))
            delta = (y - yl) / (yu - yl);
         else
            delta = (yu - y) / (yu - yl);
         rnd = rand()%10001/10000.0;
         indi = 1.0 / (ym + 1.0);
         if (rnd <= 0.5)
         {
            xy = 1.0 - delta;
            val = 2 * rnd + (1 -2 * rnd) * (pow (xy, (ym + 1)));
            deltaq = pow (val, indi) - 1.0;
         }
         else
         {
            xy = 1.0 - delta;
            val = 2.0 * (1.0 - rnd) + 2.0 * (rnd -0.5) * (pow (xy,(ym+ 1)));
            deltaq = 1.0 - (pow (val, indi));
         }
         //Change the value for the ind //
         //   * ptr   = * ptr + deltaq * (yu-yl);
         // Added by Deb (31/10/01)
         y = y + deltaq * (yu - yl);
         if (y <yl)
            y = yl;
         if (y >yu)
```

```
            y = yu;
          ind->gene[j] = y;
        }
        else                  // y == yl
        {
          xy = rand()%10001/10000.0;
          ind->gene[j] = xy * (yu - yl) + yl;
        }
      } // end   if (rnd <= pm)
      else
        ind->gene[j] = part1;
    }
}
//============================== //
void Evolution(individual *p,int N)
{
    // generate pair
    int i,index[200];
    randomSequence(index,N,N);
    for (i= 0; i<N-1; i += 2)
      Crossover(&p[index[i]], &p[index[i+1]]);
    for ( i= 0; i<N; i++)
      Mutation(&p[i]);
}
void uniformMutation(individual *ind)
{
    double lamta = 1.0; // 1.0 optimal
    for (int j= 0; j<Dim; j++)
    {
      double x = ind->var[j];
      if (randNumber(0,1) <0.01) // pm = 0.01 optimal
      {
        double r = randNumber(0,1);
        double delta = 1-pow(r,pow(1-1.0 * gen/maxGen,lamta));
        if (randNumber(0,1)>= 0.5)
        {
          ind->var[j] = x+(uBound[j]-x) * delta;
          if (ind->var[j] > uBound[j])
            ind->var[j] = 0.5 * (uBound[j]+x);
```

```
            }
            else
            {
              ind->var[j] = x-(x-lBound[j]) * delta;
              if (ind->var[j] <lBound[j])
                 ind->var[j] = 0.5 * (lBound[j]+x);
            }
          }
        }
}
/******* immune clone operator************** /
int immuneOperator()
{
        int m,i,h,l;
        if (gen%5 <= 3)
        {
          int numClone = PopSize;
          if (ParetoSize <= 0)
             l = 0;
          else
          {
             int M = (int)(1.0 * numClone/ParetoSize);
             int M0 = numClone - M * (ParetoSize-1);
             for (l= 0; l<M0; l++)
             {
                qq[l] = pareto[0];
                uniformMutation(&qq[l]);
                //sbxMutation(&qq[l]);
                //gaussMutation(&qq[l]);
                for (h= 0; h<nObj; h++)
                   qq[l].value[h] = obj_value(h,qq[l]);
                qq[l].violateValue = Violate(qq[l]);
                if (consDominate(pareto[0],qq[l]))
                   qq[l] = pareto[0];
             }
             for (i= 1; i<ParetoSize; i++,l++)
             {
                qq[l] = pareto[i];
                uniformMutation(&qq[l]);
```

```
            //sbxMutation(&qq[l]);
            //gaussMutation(&qq[l]);
            for (h= 0; h<nObj; h++)
                qq[l]. value[h] = obj_value(h,qq[l]);
            qq[l]. violateValue = Violate(qq[l]);
            if (consDominate(pareto[i],qq[l]))
                qq[l] = pareto[i];
        }
    }
}
else
{
    double alpha = 0. 4; // 0. 4 optimal
    int cl_size = (int)(alpha * PopSize);
    for (i= 0; i<cl_size; i++)
    {
        int r1 = rand()%PopSize;
        int r2 = rand()%PopSize;
        while (r1 == r2)
            r2 = rand()%PopSize;
        if (pop[r1]. rank <pop[r2]. rank)
            clpop[i] = pop[r1];
        else if (pop[r1]. rank >pop[r2]. rank)
            clpop[i] = pop[r2];
        else
        {
            if (pop[r1]. crowdistance <pop[r2]. crowdistance)
                clpop[i] = pop[r2];
            else
                clpop[i] = pop[r1];
        }
}
for (l= 0, i= 0; i<cl_size; i++)
{
    for (m= 0; m<(int)(1. 0/alpha); m++,l++)
    {
        qq[l] = clpop[i];
        uniformMutation(&qq[l]);
        //sbxMutation(&qq[l]);
```

```
            //gaussMutation(&qq[l]);
            for (int h= 0; h<nObj; h++)
              qq[l]. value[h] = obj_value(h,qq[l]);
              qq[l]. violateValue = Violate(qq[l]);
              if (consDominate(clpop[i],qq[l]))
                qq[l] = clpop[i];
            }
          }
        }
        return l;
}
void RepairInidividual(individual *p, int N)
{
        double pp[unit_n];
        for (int i= 0; i<N; i++)
        {
          for (int t= 0; t<T; t++)
          {
            for (int u= 0; u<unit_n; u++)
              (p[i]). var[t * unit_n + u] = p_min[u]+ (p_max[u] - p_min[u]) * (p[i]). gene
[t * unit_n + u];
          }
          RepairRamper(&p[i]);
          for ( t= 0; t <T; t++)
          {
            for (int u= 0; u<unit_n; u++)
              pp[u] = (p[i]). var[t * unit_n + u];
            RepairBalance(pp,t);
            for (u= 0; u<unit_n; u++)
            {
              (p[i]). gene[t * unit_n + u] = (pp[u]-p_min[u])/(p_max[u] - p_min[u]);
              (p[i]). var[t * unit_n + u] = pp[u];
            }
          }
          for (int h= 0; h<nObj; h++)
            (p[i]). value[h] = obj_value(h,p[i]);
          (p[i]). violateValue = Violate(p[i]);
        }
}
```

```
//******** update archive set ************ /
void UpdateArchive(int gen)
{
    int i,j;
    individual * temp = new individual[1000];
    if (gen <= 1) // gen = 1
    {
      for (i= 0; i<ParetoSize; i++)
        FP[i] = pareto[i];
      current_n = ParetoSize;
    }
    else // gen = 2 3 4
    {
      for (j= 0; j<ParetoSize; j++)
        temp[j] = pareto[j];
      for (i= 0; i<current_n; i++)
        temp[j++] = FP[i];
      for (ParetoSize= 0, i= 0; i<j; i++)
        if (dom_check_p(i,temp,j) == 0)
          pareto[ParetoSize++] = temp[i];
      int fresize = PopSize; // pre—define pareto size
      if (ParetoSize > fresize)
      {
        CrowdingDistance(pareto,ParetoSize);
        sorting(pareto,ParetoSize,"dis");
        ParetoSize = fresize;
      }
      printf(" — paretosize = %d\n",ParetoSize);//////////////////////
      for (i= 0; i<ParetoSize; i++)
        FP[i] = pareto[i];
      current_n = ParetoSize;
    }
    delete[] temp;
}
// function CSA()
void CSA()
{
    srand((unsigned)time(NULL));
    char fileroad[256];
```

```
    sprintf(fileroad,"../results/time.run%d.txt",run);
    FILE *ftime = fopen(fileroad,"w");
    clock_t start_time,end_time;
    start_time = clock();
    Initial();
    Parent_Pareto();
    TournamentSelection(pop,PopSize);
    Evolution(newpop,PopSize);
    RepairInidividual(newpop,PopSize);
    int n_com = CombineQnPn(0);
    CrowdingSelection(pop,n_com);
    for (gen = 1; gen <= maxGen; gen++)
    {
    printf("\n - gen = %d\n",gen);
    Eps = 0.1/gen;
    Parent_Pareto();
    int cl_size = immuneOperator();
    rankSelection(pop,PopSize);
    Evolution(newpop,PopSize);
    RepairInidividual(newpop,PopSize);
    n_com = CombineQnPn(cl_size);
    CrowdingSelection(pop,n_com);
    UpdateArchive(gen);
    // UpdateArchive_fine(gen);
  }
  end_time = clock();
  double dif = difftime(end_time,start_time)/1000.0;
  fprintf(ftime,"%f\t%f\n",dif/maxGen,dif);
  Output();
  fclose(ftime);
}
//**** main function
void main( )
{
    // char str[256] = "md results"; system(str);
    for (run= 1; run<= maxRun; run++)
    {
      ICEA();
    }
```

```
}
/************** /
void Parent_Pareto()
{
    int i;
    // storage the Pareto-opatimal solutions from the 2nd generation
    if (gen > 1)
    {
      ParetoSize = 0;
      for (i= 0; i<PopSize; i++)
      {
        // if (pop[i]. rank == 0 && pop[i]. violateValue == 0)
        if (pop[i]. rank == 0 )
          pareto[ParetoSize++] = pop[i];
      }
    }
    // storage the pop
    for (i= 0;i<PopSize;i++)
      Parent[i]= pop[i];
}
/***********/
int CombineQnPn(int cl_size)
{
    for (int j= 0,i= 0;i<PopSize;i++,j++)
      pop[j] = newpop[i];
    for (i= 0; i<PopSize; i++,j++)
      pop[j] = Parent[i];   // Parent individual
    for (i= 0; i<cl_size; i++,j++)
      pop[j] = qq[i];
    return j;
}
/****************************/
void Output()
{
    char fileroad1[256],fileroad2[256];
    sprintf(fileroad1,"../results/pof. run%d. txt",run);
    FILE *fpof = fopen(fileroad1,"w");
    sprintf(fileroad2,"../results/pos. run%d. txt",run);
    FILE *fpos = fopen(fileroad2,"w");
```

```
    int i,h;
    for (i= 0;i<ParetoSize;i++)
    {
      for (h= 0; h<nObj; h++)
        printf ("%f\t",pareto[i].value[h]);
      printf ("violate degree = %f\n",pareto[i].violateValue);
    }
    // print pareto PF
    for (int k11= 0;k11<ParetoSize;k11++)
    {
      for (int n1= 0; n1<nObj; n1++)
        fprintf(fpof,"%f\t",pareto[k11].value[n1]);
      fprintf(fpof,"\n");
    }
    // PS
    for (k11= 0; k11<ParetoSize; k11++)
    {
      for (int n2= 0; n2<<Dim; n2++)
      {
        if (n2%unit_n == 0)
          fprintf (fpos,"\n");
        fprintf (fpos,"%f\t",pareto[k11].var[n2]);
      }
      fprintf (fpos,"\n");
      for (int n1 = 0; n1 <<nObj; n1++)
        fprintf (fpos,"%f   ",pareto[k11].value[n1]);
      fprintf (fpos,"\n\n");
      }
      fclose (fpof);fclose(fpos);
}
```

全称与缩略词对照表

全称	缩略词
constrained multiobjective optimization problems	CMOPs
pareto-optimal set	PS
pareto-optimal front	PF
unconstrained multiobjective optimization problems	UCMOPs
genetic algorithm	GA
immune algorithm	IA
ant colony optimization	ACO
differential evolution	DE
constrained multiobjective optimization algorithms	CMOAs
clone selection algorithm	CSA
artificial immune network algorithm	aiNet
constrained handling technologi	CHTs
constraint domination principle	CDP
stochastic ranking	SR
nondomination sort genetic algorithm Ⅱ	NSGA-Ⅱ
constrained test problem	CTP
multiobjective evolutionary algorithm based on decomposition	MOEA/D
constrained function	CF
infeasible degree	ID
dynamic constraintd multiobjective immune optimization algorithm	CMIOA
constrained multiobjective particle swarm optimization	CMOPSO
constrained multiobjective artificial bee colony	CMABC
hydro-thermal power scheduling problem	HTPSP
inverted generational distance	IGD

续表

全称	缩略词
hypervolume	HV
multiobjective evolutionary algorithms	MOEAs
multiobjective optimization promblems	MOPs
dynamic economic dispatch	DE
multiobjective dynamic economic emission dispatch	MODEED
single-objective environment/economic dispatch	SOEED
constrained multiobjective evolutionary algorithm based on repairing strategy	CMEA/R
multiobjective differential evolution algorithm based on elites cloning local search	MODEECLS

后　记

本书针对传统的数学优化方法对优化目标或约束的敏感性高，难于处理复杂的（如非凸的、离散的、动态的等）Pareto 最优前沿类约束多目标优化问题，充分挖掘了生物系统的内部运行机制，开发智能技术设计高级的约束多目标优化算法解决复杂的静态约束多目标问题和动态约束多目标问题，并设计改进的智能优化算法解决工程中的实际问题（电力系统动态环境经济调度问题）。该研究体现了现代科学发展的多层次、多学科和多领域的相互渗透、相互交叉和相互促进的特点，对信息科学、控制理论及计算机科学技术的发展具有深远意义，同时也为工程实践人员提供了诸多富有成效的技术和方法，对实际工程优化问题的解决具有重要的现实意义。主要研究工作总结如下：

(1) 首先给出了 CMOAs 的研究意义及研究目的；接着综述了 CMOAs 的国内外研究现状，分别对静态约束多目标优化算法和动态约束多目标优化算法进行了阐述；然后介绍了约束多目标优化标准测试函数集，包括静态约束多目标优化测试问题和动态约束多目标优化测试问题；最后，通过电力系统调度优化问题阐述了群智能算法在工程实践中的应用。

(2) 介绍了重要的群体智能优化算法——遗传算法和免疫算法。首先介绍了遗传算法基本原理及涉及的相关概念，给出了遗传算法基本框架和算法流程，详细介绍了遗传算法选择、交叉和变异算子的设计；然后介绍了免疫算法的基本原理和相关概念，给出了免疫算法相关理论和算法基本框架，描述了基本免疫算法的流程和算子设计，包括亲和度的设计、免疫选择、免疫克隆和超突变等算子。

(3) 针对多模态的、高维的、复杂的 Pareto 最优前沿的静态约束多目标问题，提出了一种多层响应免疫算法（CMIGA）。算法设计中，采用可行群和非可行群独立进化的策略，在子群间发生通信和交流达到探索全局最优解的效果；以记忆细胞中优秀基因为转移基因，对劣势个体进行转移操作，加强算法对非可行域边界 Pareto 最优解的开采。数值仿真比较结果充分表明了 CMIGA 在处理约束多目标问题时呈现较强的约束处理能力，对多数测试问题均能收敛于真实的 Pareto 最优前沿。

(4) 为了克服已有约束处理技术对非可行解直接淘汰而仅保留可行解，致使算法易于陷入局部搜索或早熟的现象，基于生物免疫系统的固有免疫和自适应免疫交互运行模式，提出目标约束融合的并行约束多目标免疫算法（PCMIOA）。该目标约束融合的评价方法增强了对约束边界的搜索与开采；针对已有的性能评价准则存在的不足，给出一种改进的支配范围评价方法。数值仿真实验将其与多种著名的算法进行比较，结果表明：与其他同类算法相比，PCMIOA 所获的 Pareto 最优前沿能较好地逼近真实的 Pareto 最优前沿，且在目标空间的分布较均匀。

(5) 针对动态约束多目标优化的测试函数目前研究还不成熟，基于静态约束多目标优化问题的基准测试函数探索性地提出一系列动态约束多目标优化测试问题。结合 CMIGA 的设计框架提出了一种邻域搜索的免疫算法(DCMOIA)。该邻域搜索策略提高了 DCMOIA 的局部探索能力；设计了高斯迁移的环境响应方法、加速算法跟踪动态的 Pareto 最优前沿的速度。数值仿真实验将 DCMOIA 求解提出的 DCMOPs，并与同类算法进行了比较。结果表明：被提出的测试问题对这些算法具有一定的挑战，虽然 DCMOIA 不能获得期望的跟踪效果，但相对于其他算法具有一定的优势。

(6) 针对多目标动态环境经济调度模型。首先，根据模型约束特征，设计了一种约束修补策略；其次，将该策略嵌入非支配排序算法(NSGA-Ⅱ)，进而提出一种修补策略的约束多目标优化算法(CMEA/R)；然后，借助模糊决策理论给出了多目标问题的最优解决策解；最后，以经典的 10 机系统为例，验证了 CMEA/R 的求解能力，并比较了不同群体规模下 CMEA/R 与 NSGA-Ⅱ的性能。结果表明，在不同群体规模下，与 NSGA-Ⅱ相比，CMEA/R 的污染排放平均减少了 4.8e+2 磅，燃料成本平均减少了 7.8e+3 美元。

(7) 结合免疫系统的克隆选择原理和遗传进化机制，提出了一种免疫克隆进化算法(ICEA)。ICEA 建立了克隆选择算法与进化算法的动态结合机制，引入动态免疫选择和自适应非均匀突变算子，并针对 DEED 问题设计了不同的等式和不等式约束的修补策略，使其适合大规模约束的 DEED 问题求解。数值实验将 ICEA 应用于 10 机系统进行测试，并与同类算法展开比较，充分验证了所提出的算法具有很好的解决动态环境经济调度问题的优越性。

(8) 提出一种基于精英克隆局部搜索的多目标动态环境经济调度差分进化算法。以传统的差分进化算法为框架，为了提高算法的开采和探索能力，增设精英群的克隆和突变机制，采用动态选择方式确定精英群，有效增强算法的全局搜索能力。数值试验以 IEEE-30 的 10 机、15 机系统为测试实例，并将提出的算法与三种代表性算法比较。结果表明，新算法所获的 Pareto 最优前沿具有较好的收敛性和延展性，可为电力系统调度人员提供更灵活的决策方案。

本书对约束多目标优化算法及其应用做了初步的讨论和研究，该领域仍然有许多问题需要更深入地探究：

(1) 约束多目标优化算法实现框架的设计。免疫系统是一个非常复杂的系统，其包括丰富的资源，之所以能在复杂的环境中维持机体长期有效的运行，其内部还有很多可挖掘的运行机制，如独特型免疫网络原理，这种原理反映了免疫系统中抗体分子之间相互协调、相互促进及相互抑制关系，这种网络即使在没有抗原的作用下也能进行。同时网络调节能使网络中抗体的总数目获得控制，并调节各种类型的抗体在免疫系统的数目，使所有抗体的数目达到总体上平衡。当抗原入侵免疫系统时，这种平衡遭到破坏，应答抗原能力强的 B 细胞进行增殖，并导致免疫应答，待抗原被清除后，依赖于免疫网络调节使抗体数目达到新的平衡，这种机制类似于进化论中小生境技术，起到维持群体多样性作用。同时这种机制有利于减轻动态平衡维持中抗体选择压力。如何类推这种机制提炼更高级的智能技术处理复杂的 CMOPs 将是智能优化技术领域长期面临的问题。

(2) 约束多目标处理策略的提炼。CMOPs 是优化领域内很复杂的类问题，已有的约束处理技术多数是来自于单目标约束处理策略的提高或改进，对约束多目标问题的求解效果不佳。对于可行域及 Pareto 最优前沿的性状分析，结合数学优化方法设计高级的约束处理策略也是智能优化领域亟待解决的问题。

(3) 参数及算子的自适应性设计。任何算法的设计必将涉及部分参数的调节，合适的参数选择也是算法设计的关键技术，极大地影响算法的优化性能。一般的参数调节方法是针对不同的优化对象，经多次数值仿真实验比较所获结果的优越性，根据最好的结果确定最终的参数。因此算法的应用性受特定问题的限制，往往出现不同的问题需要调节不同的参数。如何设计自适应技术，提高算法的鲁棒性、普适性也是今后的重要研究内容。

(4) 混杂技术的设计。一种算法的提出往往是针对一类具有独立特征的优化问题，其他算法机理混杂技术的提炼必将提高算法解决多类问题的能力。因此，混杂技术的设计也成为优化技术的另一研究课题。

(5) 动态 CMOPs 标准测试函数的设计。动态 CMOPs 的基准测试函数目前在国际上甚少，已有的动态 CMOPs 测试函数很不完善，测试问题的特征不明显，很难评价提出的新算法的优势。因此，设计新的动态 CMOPs 测试函数为设计动态 CMOAs 的基础，故提出各种新的动态 CMOPs 的测试函数将是优化领域的一个有意义的课题。